瓷砖原料车间生产技术管理

CERAMIC TILE

王银川 著

暨南大學出版社
JINAN UNIVERSITY PRESS
中国·广州

图书在版编目（CIP）数据

瓷砖原料车间生产技术管理/王银川著．—广州：暨南大学出版社，2017.9
ISBN 978－7－5668－2176－8

Ⅰ.①瓷…　Ⅱ.①王…　Ⅲ.①瓷砖—生产技术—生产管理　Ⅳ.①TQ174.76

中国版本图书馆 CIP 数据核字（2017）第 210579 号

瓷砖原料车间生产技术管理

CIZHUAN YUANLIAO CHEJIAN SHENGCHAN JISHU GUANLI

著　者：王银川

出 版 人：徐义雄
策　　划：黄圣英
责任编辑：郑晓玲　颜　彦　雷晓琪
责任校对：何　力
责任印制：汤慧君　周一丹

出版发行：暨南大学出版社（510630）
电　　话：总编室（8620）85221601
营销部（8620）85225284　85228291　85228292（邮购）
传　　真：（8620）85221583（办公室）　85223774（营销部）
网　　址：http://www.jnupress.com
排　　版：广州市天河星辰文化发展部照排中心
印　　刷：佛山市浩文彩色印刷有限公司
开　　本：787mm×1092mm　1/16
印　　张：19.625
彩　　插：2
字　　数：477 千
版　　次：2017 年 9 月第 1 版
印　　次：2017 年 9 月第 1 次
定　　价：88.00 元

序

中国是当之无愧的瓷砖生产大国。时势造英雄，建陶行业涌现过让不少外国同行震惊的现象。房地产的高速发展成就了建陶行业的辉煌，但也埋下了产能过剩的隐患。随着市场饱和、产能过剩，陶瓷墙地砖生产企业之间的竞争已经加剧。环保要求趋严、人工成本攀升，企业需要提升综合竞争力，唯靠精细化管理。

但纵观行业，粗放管理的企业多，精细化管理的企业少。从原料进仓到成品出厂，中间有很多门道。好的生产团队，或能有效控制成本，提高价格优势；或在产品研发方面超前一步，让新品成为市场竞争利器。与之相反，如果生产得不到保障，产品频频出问题，则往往预示着企业的灭顶之灾。

本书作者王银川先生长期在陶瓷墙地砖生产企业从事一线生产管理工作，对瓷砖制造各大环节都很熟悉。尤为可贵的是，他花费大量精力，将自身经验结合实际生产需要，撰写了多篇文章，在《陶城报》连载。其文章以很强的实操性受到读者的广泛喜爱。也正因如此，我们计划将其结集出版，以期为一线技术人员提供实操技能参考书。

我认为，一个产业是否强大，往往取决于基层人员的素养高低。学无止境，可市面上的陶瓷墙地砖生产相关专业书籍太少。相信本书能给大家带来实实在在的惊喜与收获。

陶城报社管委会主任　李新良

2017 年 8 月

CONTENTS

目录

第一章　原料车间的生产现场管理

第一节　现场管理的原则

原料车间的生产现场管理是陶瓷生产的起点。在现实工作中，往往存在这样的情况：有的班长责任心不足，整日无所事事，一旦出现产品质量事故，不是努力地寻找解决问题的办法，而是认为自己运气不好；有的班长在实施现场管理过程中，自己不动手动脑处理和解决问题，只对员工呼呼喝喝，至于别人干得怎么样、效果如何，他从不过问、不检查，认为万无一失，领导检查起来，一副死猪不怕开水烫的样子，认为反正工作已经安排下去，其余事项便与自己无关；有的班长从上班忙到下班，一个人干个不停，喂料也干，入球也干，放浆也干，甚至泵浆、除铁、清筛、换筛等工作都是一个人埋头苦干，似乎自己一人就可以包揽整个车间的活，结果是自己满身大汗、辛苦劳累，员工却清闲无聊、连连犯规，临到头来，工作是这也没有完成，那也留着尾巴；还有的班长人也管了，工作也干了，任务也分配了，可仍然不时有这样那样的问题出现，对已出现的问题并不知怎么处理，或者处理问题时顾此失彼。

以上四种情形，笔者把它归结为四种倾向：第一种倾向是，既不管人，也不做事，这种人该被开除；第二种倾向是只管人，不做事，这种人该罚；第三种倾向是只做事，不管人，这种人是累了活该；第四种倾向是既管了人，又干了事，虽然成绩不是很理想，但孺子可教。

那么，我们进行现场管理时应该怎么做呢？笔者的观点是，在现场管理工作中，既要管人又得管事，同时还得讲究一套现实可行的实施方法。下面就分四个方面来说明这个问题：

一、生产任务的安排

目前，陶瓷市场的需求变化很快，企业为了生存发展，就必须不断地生产具有适应性的产品，原料车间作为陶瓷制品生产的首个场所，必须不断适应生产变化的要求。当然，为适应生产变化，其生产任务的工作性质也自然处于一种不断调整的状态之中。

班长在接受具有一定变换性的生产任务时，就应该充分研究以下几点：第一，该生产计划适应于哪些工段，提出了什么具体要求，计划实施工作中对哪些工段的具体工作性质和内容需要做一定的调整，哪些工段的工作性质和内容可保留不变；第二，这个计划的实施和执行需要多少人手、多长时间来解决，计划实施时，可能出现哪些问题，该怎样解决；第三，本计划可分为几个步骤来实施，完成时应达到什么效果，取得什么成绩；第四，这个计划的实施会对下道工序产生什么影响，有哪些方面需要和下道工序进行协调与沟通，在各方面的共同努力下会取得什么成效。

通过以上四个方面的考虑，就可以在自己头脑里对生产计划进行充分的认识和理解，然后将一个完整的计划进行分解，下达具体的操作岗位，分配给具体人员承担工作责任，同时在具体实施过程中对各个部分进行监督抽查，从而达到良好的效果。

例如：①球磨入料配方的改变。②微粉配料过程的进行。③喷雾干燥塔喷粉工作更改执行。④压机转产、转型的工作提前安排。

二、工作中的人员安排

在现场管理工作中，保证将生产任务下达给具体岗位的操作人员，以及在日常工作中将每个人的工作量调整得张弛有度，是搞好现场管理、取得良好效果不可忽视的重要内容。我们上面提到的四种管理方式中的第二、第三种，都没有充分地认识到群体的重要性，也就没有充分地发挥和体现班组成员中每个人的重要作用。大家都应该有这样的认识和体验：个人的智慧和能力再强，没有众人的帮助，是始终成不了事的。俗话说，“人多力量大，柴多火焰高”，说的就是要充分地利用和发挥群体力量的道理。大家也知道，整个原料车间工序繁多，细节繁杂，需要车间各工序每一位人员的良好配合，如果某个岗位上的工作人员在思想上疏忽大意，工作上出现误差，就可能会影响整个生产过程的顺利进行，也必然延误生产任务完成的进度，甚至产生负面效果。因此，在现场管理工作中，必须适度地调派工作给每一位员工，才能把管理思想体现得淋漓尽致。如果在现场管理过程中，班长对部分员工存在偏袒、护短的心理，就会在很大程度上挫伤群体意识，从而导致生产计划在执行过程中产生问题。

那么，究竟怎样才算适度地安排工作呢？首先，要根据生产任务的轻重与工作内容的多寡和难易，权衡大概需要多少人，花费多长时间完成；其次，要针对各工序的工作特征，考虑需抽调哪些岗位人员，用什么样的方式来解决最经济、最合算，并将注意要点及解决问题的办法交代给任务的执行者，以供参考；再次，需要考虑被临时抽走人手后的工作岗位的工作成绩及效果会不会受影响，应当采取什么样的措施进行补救；最后，当一项工作任务完成后，如果剩余的工作时间还很充裕，要看看车间内各工序的工作量，考虑还需要进行哪些量的调整，以使每一位员工在工作期间都能处于张弛有度的工作状态之中，坚决杜绝一部分人工作任务太多太重，从上班到下班没有喘气的时间，另一部分人则清闲无聊、袖手旁观的片面管理情况存在。

下面，就用压机转产的准备工作来举例说明人员安排的紧凑性和必要性。假设总共给20分钟转产时间，前一品种粉料供完，要立即做如下工作：第一，安排一人清理放粉配料秤及粉箱口（5～10分钟）；第二，安排一人用风管吹整条送粉线，如果送粉线距离过长，则可分两段、三段分别安排专人处理（各5～10分钟）；第三，安排一人清扫余粉、废粉，清洁地面、楼面卫生（10～15 分钟）。根据以上工作安排来看，如果人员调派合理，并且每一个环节的人员都能及时充分地发挥职能作用，应该说 20 分钟完成生产任务轻松有余；但如果人员安排不合理、不紧凑，则转产时间有可能花费 40 分钟到 1 小时，若转产途中突然出现设备故障，则可能耽误更多的时间，这样一来，对企业就产生了由于管理不善而引起的损失，如果按一年时间累计，这笔损失将相当惊人。

因此，在现场管理过程中，对人员的安排，一定要经过多方面思考，进行统筹安排，以达到最佳效果，取得良好的工作成绩。

三、生产过程的监督与跟踪

在实施现场管理过程中，即使工作任务已经明确，并及时地下达各具体操作岗位，也合理地调派了人手，但如果出现像我们上面提到的班长在执行过程中对工作任务不闻不问的"老爷作风"，是依旧无法搞好生产，取得良好的工作效果的。

为保障生产任务的顺利进行，使生产任务的执行取得良好的效果，作为班长，对生产任务执行过程中出现的新问题、新情况，应该适时跟踪，严格监督，并及时开动脑筋，寻找解决问题的良好途径，以保障生产任务的顺利进行。比如配色浆，由于固有设备的局限性，色料不能经过球磨机碾碎再配，只能用搅拌稀释的方式进行，那么，稀释调色的过程中，可能出现如下情况：色料易结块，搅拌时不易调匀，调好的色料不易过筛、不好放浆等。如果班长及时跟踪到位，并积极地开动脑筋，那么以上问题出现时，就可以得到及时解决。另外，配浆过程中，还要对下面的问题进行跟踪：浆有没有泵错和泵够，化工色料有没有拉错和是否够量，混浆的比例是否正确，色料浆与白浆混配时有没有放错浆池等。配浆完成后，班长对试烧的色板是什么样的，与原板是否对色等都要及时跟踪了解。作为班长，如果对生产中某一问题展开全方位的跟踪，并多次进行监督，反复检查，那么，一切问题都可以迎刃而解，工作质量和工作效率自然得到提升。

所以在实施现场管理的过程中，班长对生产操作过程的监督与跟踪是取得良好工作成绩的必要保证。如果班长只是传达工作任务，而不去跟踪和监督，对工作任务执行中的问题不了解、不解决，那么，对自己的管理情况只会一知半解，或者一问三不知，这样自以为是的班长是不称职的班长。

四、设备运行状况的监督与检查

在现代陶瓷企业的生产中，设备是生产的主体，人的主要作用是监控和操作。那么，为保障生产正常有序地进行，必须保证设备的正常运转。作为班长，在实施现场管理的过程中，必须对设备的运行状况时刻加以关注，比如，设备运行时声音异常，震动过大，气味异常等情况，都有可能是设备故障导致的，因此，出现以上问题时都要及时予以解决。

在实施现场管理过程中，保障设备的正常运转，必须从以下几个方面着手：其一，设备运行开启前，对其进行空转，全面检查，发现问题不论大小及时进行整改；其二，运行生产过程中，进行巡查跟踪，出现危及生产正常进行的故障，及时整改，出现异常情况但不危及生产的，多次跟踪做好记录，生产结束后，对异常部位加以维修整改；其三，设备运行结束后，对整个系统进行全面检修、清洁和保养；其四，日常管理工作中，对传动部件定期加润滑脂加以保养。只有做好以上四个方面的工作，才能够保证设备长期正常运行，生产长期顺利进行。

现以喷雾干燥塔喷粉设备的运行状况为例，说明对设备的跟踪问题。首先，开塔前，必须做好以下检修工作：①燃料是否充足，喷枪是否干净正常，各风门是否处于正常生产的位置；②各支喷枪闸阀是否完好，枪支是否变形、损坏，喷片是否完好，炉、塔体密封性是否完好；③柱塞泵工作是否正常，泵压是否稳定，油路、浆管是否畅通，各浆阀是否完好，是否有泄漏；④所喷浆料品种是否与要求相符，浆料性能是否符合喷粉工艺要求，在现有浆料特性下，燃料工艺是否要做调整；⑤粉料运输设备是否正常，是否清理干净，是否安装除铁设备，粉料箱是否已置于放粉位置等。如果在开塔之前，已充分地做好了以上各个方面的检查和准备工作，那么在生产中出现问题的概率至少可降低 90%；如此一来，既保证了生产的正常进行，又保证了产品质量的提高，同时也避免了生产中因设备故障而造成的手忙脚乱、增添产品缺陷、增加不必要损失等不良局面。

其次，喷粉过程中，班长要进一步跟踪以下方面：①浆阀、管道是否有泄漏，柱塞泵压力是否稳定正常；②热风炉、风机、油枪、喷枪各设备是否稳定正常；③送粉线设备是否正常。跟踪好以上各方面，可防止因突发性设备事故而造成不必要的批量产品的损失。

最后，喷粉任务结束后，再对以上所提及的各部分进行检查、清洁、保养、维修，从而保证下次生产的顺利进行。

生产现场管理过程中，如果班长严格按照以上操作程序管理生产，原料车间的各项生产指标基本上是稳定可靠的。

第二节　现场管理中的点、面、体

所谓的点，是指重点，也就是说，班长在当班期间，对每日的工作必须有所选择，重在抓中心环节，才能取得良好的效果。抓重点，也就是抓问题的主要矛盾。现场管理中的重点，往往是影响产品质量和完成工作任务的关键点。班长在实施现场管理的过程中，必须把主要精力放在关键环节上，确保生产的顺利进行和产品质量的稳步提高。

所谓的面，是指工作中的全面。日常管理工作中，班长要对车间内每一个环节、每一个方面、每一个细小的变化都细心地观察，并且事事跟踪到位，从而将车间内生产运作的每一个过程、每一种变化、每一个方面的特点，都完全置于自己的掌握和监控之中，一旦哪个环节出现问题，可立即组织人手，对问题进行技术解决。

所谓的体，指的是班长和企业内部各个方面的协调与联系。这些联系主要包括：①班长与车间领导及上级部门领导的联系；②班长之间的横向联系与沟通；③班长与本班员工之间的纵向联系；④班长与技术部门、电力部门、设备部门、质检部门、后勤部门等的联系。在现场管理控制中，如果我们能够做到点、面、体的良好结合，那么，我们的现场管理工作一定会取得事半功倍的效果。

一、现场管理中对生产的全面控制与跟踪

上面我们已经提到过，面是全面，是对整个生产过程的控制与管理。那么，在日常现场管理工作中，怎样才能全面掌握生产情况，良好地控制生产呢？主要分为四个步骤来完成：第一步，全面了解生产情况；第二步，随时跟踪生产动态；第三步，及时解决生产中的问题；第四步，掌握生产过程的重点。

下面根据以上四个步骤，从球磨、喷雾干燥塔、配料三个工段来说明原料车间的全面生产管理控制问题。

1. 球磨工段

其一，全面了解生产动态。了解情况是班长搞好生产控制工作最基本的出发点，只有对全盘工作有了充分的了解，才能有效组织解决生产中的问题。本工段应了解的情况包括以下几个方面：①铲车、喂料机、喂料输送线运行是否正常，是否有故障；②原料的配方、品种和化工料的添加量是否有改变；③本班应进多少球，分别是哪些球，是什么时候开球，该什么时候停球，什么时候可以开始投料；④各浆池浆料的储存情况如何，本班需要泵什么浆，泵往什么地方，泵多少；⑤浆料过筛除铁设备运转情况如何，气动泵的运行情况如何；⑥喷雾干燥塔有没有开塔喷粉，喷哪些粉，将喷多长时间，会用掉多少浆料；⑦本班是否需要调配色浆，调什么品种，调多少等。班长应对车间工作中的所有问题进行全面了解以后，再进行实地生产的安排。

其二，全面监督与跟踪生产过程。班长应在对生产动态全面了解的基础上，再对工作进行全面跟踪，以保证良好的效果。本工段应了解的情况包括：①铲车铲料时是否严格按工艺要求进行；②喂料人员对化工料、球石的添加是否按工艺要求进行；③停球后所测浆料是否符合工艺要求，球石内空是否严格控制在要求范围之内；④放浆时，是否按要求放入相符的管道、浆池，放浆管道各阀门是否泄漏；⑤再次投料前，球内浆料是否已放空，管道是否已拆开，阀门是否已关严；⑥开球时，设备是否有异常情况；⑦泵浆、除铁、过筛是否按要求进行，各设备是否有损坏，是否需要及时更换；⑧配浆、喷粉时浆料品种是否符合要求，各输浆管道是否泄漏等。所有的生产情况都需要进行适时跟踪。

其三，解决问题。在生产过程的全面监督与跟踪中，如果发现问题，比如球磨效率不好、浆不好放、放浆管破损、球磨机损坏、喂料机和筛动设备等产生异常情况等，就必须及时地组织人手对生产问题妥善地加以解决。

其四，控制重点。对生产中影响工艺标准执行的情况，要进行重点跟踪，细心观察，包括以下方面：①球磨效率问题控制；②过筛除铁工作控制；③配色浆工作控制；④设备（喂料机、球磨机、气动泵）运行状况控制。

2. 喷雾干燥塔工段

需要了解的情况有：①喷雾干燥塔燃烧工艺；②粉料的质量状况（颗粒级配、水分、含杂质情况）；③各浆管、浆阀是否有泄漏；④各浆池、粉箱何时喷完、喷满等。

3. 配料工段

需要了解的生产情况包括：①压机正使用什么粉料，生产什么品种；②压制次数多

少，粉料使用量多大；③送什么粉料，哪些粉箱的粉料可以使用，哪些粉箱的粉料不能使用；④送上压机的粉料质量如何，粉的储量是多少，还需喷多少，喷什么品种进哪些箱，可以进哪些箱等。以上问题同样需要跟踪到位，才能保障生产。

二、现场管理中的重点控制

在现场管理控制中，抓好产品的质量是生产控制的中心环节。那么，实施生产现场控制时，究竟怎样才能保证产品质量一步一个台阶地上档次呢？我们的现场管理思维要始终围绕着这一问题，在生产管理过程中寻求多方面解决。

在实际生产操作中，往往会出现这样那样的问题，造成突发性事故，从而影响品质的稳定与提高。那么，在生产管理控制中，有没有一个确实可行的办法，将质量事故的发生率尽量控制在最小范围内，以避免对生产造成不良影响呢？这个问题，正是影响生产稳定的中心环节问题，因此，我们必须把它列为管理工作的重点，从而解决现场管理控制中的难点。

根据原料车间的生产特征，我们的工作重点可以列为以下几个方面：

（1）球磨效率控制。球磨机是陶瓷生产的能耗大户，有效地减少球磨时间、提高球磨效率将对陶瓷制品成本的降低具有不可估量的作用。因此，在生产实践中，球磨班长就应确实地把降低球磨时间、提高球磨效率和球磨机的利用率列为日常管理工作的重点，并作为一个难关来加以研究。经过长期生产实践的观察、研究和积累，切实地寻找出一条解决球磨效率问题的良好途径。

（2）浆料的过筛除铁工艺控制。在抛光砖的生产工艺中，搞好浆料的过筛除铁工作，是降低产品杂质率、提高产品质量的最根本有效的途径。因此，在现场管理控制中，班长要特别注意加强对浆料过筛除铁工艺过程的监督与跟踪，并适时抽查过筛除铁效果，将筛网是否符合要求、是否有破损、更换是否及时等方面列为重点的跟踪对象，以保证良好的过筛除铁效果。

（3）色浆配制工艺控制。微粉料、颗粒料、斑点料等都要经过精确的色浆配置过程，如果配置时粗心大意，有可能导致颜色变化，也可以说配浆工艺过程直接决定了产品的最终效果。因此，在色浆配制工艺过程中，班长要对该项工作进行重点跟踪，甚至亲自操作，以保证良好的效果和产品质量。

（4）燃烧工艺控制。喷雾干燥塔良好的燃烧效果，是生产的前提和保障，班长在实施现场管理控制时，必须时刻确保燃烧充分，雾化效果良好。

（5）粉料质量工艺控制。在陶瓷墙地砖的生产工艺中，喷雾粉料质量的好坏，即喷雾粉料的颗粒、级配、水分、流动性等因素的好坏，直接关系到产品是否能成型及是否能有好的质量效果。压机成型过程中，分层、粘模、裂纹等缺陷，多少都与粉料的质量有直接的关系。因此，在喷粉过程中，要多次检查，反复核对，以确保生产正常有序进行和产品质量提高。

（6）供粉过程控制。送粉上压机是原料车间的最后一道工序，也是原料车间的形象标识和对外的窗口，车间管理工作控制的好坏可以直接由供粉过程体现出来。在系统供粉时，要以满足压机的生产需要为最终目的，因而必须时刻关注压机的动态，保证粉料供应充足，并且良好地保证粉料在供应过程中不受污染、潮湿、风干等外界因素的干扰。另外转产的清理工作也尤为重要，它是保证粉料不受外界污染的重要措施和手段。

三、管理工作中的联系与沟通

前文我们已经分别给大家着重分析了现场管理工作中的点和面，在现场管理过程中，为正确地执行各项指令和使工作进一步完善，及时解决生产中出现的问题和产生的矛盾，我们还必须在企业内部进行良好的联系与沟通，才能使整个现场管理的目标和效果符合企业进步与发展的要求。

对于班长在企业内部的联系与沟通方面的内容，我们已指出了沟通工作中应处理好的四个方面的关系。下面就分别从这四种关系着手，分析怎样在现场管理工作中进行良好的沟通，从而将工作做得尽善尽美。

（一）班长与车间领导及上级部门领导的联系与沟通

在企业基层组织系统中，班长是上级领导的各项政策、指令、计划、任务、安排等的具体实施者和传达者，因此，班长在现场管理工作中必须处理好与上级领导的沟通协调关系，才能正确地行使职能。

（1）班长应正确领会和传达上级的政策、指令、计划、任务和安排。首先，班长对于车间及上级部门领导下达的生产任务、质量指标和其他各项经济指标，在生产过程中要不折不扣地执行和完成，并在实践生产中加以研究，进行改善，为达到这些目的而努力寻找相应的途径。其次，对生产安排和政策指令，要进行分析、研究，结合车间的生产实情，贯彻执行。最后，对生产安排与现实生产不相符的地方，要及时报告并进行调整。当然，班长在实施现场管理过程中，对指标的调整、生产计划的更改等方面的内容，所知的情况十分有限，而从不同角度考虑，对实际情况得出的结论可能大相径庭，甚至截然相反。在这些情况下，班长就有必要与上级领导进行多方交流，尽可能地了解和掌握情况，将各项指令、计划、任务坚定不移地贯彻执行下去。

（2）班长要善于对上级领导的工作安排、政策指令、方针方法提出质疑，对有疑点的问题加以判断分析，并将自己的结论与思想观点如实地向上级领导汇报。这样既便于上级部门在下达生产任务、政策指令的过程中调整思路、查漏补缺，又便于自己尽快地了解实情，扭转思想观点上的误区。这样既符合企业生产不断发展的要求，又能使各项工作按照生产实情进行合理调整，从而保证生产的良性循环。如果班长对上级领导的工作安排、政策指令、方针方法不加以探究，那么在现场管理工作中会因政策指令不清、生产任务不明、对领导意图领会不深而形成误解，可能给企业造成不必要的经济损失，或者极大地挫伤车间员工的工作情绪，从而给现场管理工作造成重重障碍。

（3）班长在现场管理工作中，必须不断地将生产情况、质量指标、任务执行情况、设备运行状况、生产过程中的变化特征，以及班组员工的思想情绪、工作态度等问题加以结合判断和分析，并将情况如实地汇报，以便车间及上级领导在下达生产任务、政策指令、计划安排、工作调整时能根据车间生产的实情做出合理化的安排，从而更有效地保证生产的顺利进行。

比如，在球磨工段，车间员工反映除铁工作难度大，那么班长就应考虑设计整改方案，研究用什么样的方式可使体力劳动减轻，又有利于产品质量的提高；又比如，当天产品杂质特征是什么，自己采取了什么办法，问题有没有得到解决；再比如，喷雾干燥塔使用不同枪数时，各设备的运行、油耗、电耗以及产量方面存在怎样的相互关系；还比如，球磨效率的控制过程中出现哪些问题，采取了哪些办法，具体实施情况如何等。班长对以上问题都必须认真而详细地向车间领导汇报，为车间的决策安排提供正确可靠的情报，从而使各项工作问题得到顺利解决。

（二）班长之间的横向联系与沟通

在陶瓷制品的生产中，生产过程的监督及具体任务的执行都是由班长作为具体的组织者和管理者来进行和完成的，因此班长对生产过程中的动态变化、具体特征，以及设备的运行特征、产量和质量状况、能耗物耗的实际损耗指数等情况，应该最清楚、最具有发言权。在生产过程中，班长之间对各种生产情况的交流与沟通就显得尤其必要。一般情况下，甚至可以这么说：班长之间的信息交流充分与否，某种程度上决定了整个生产管理的成功与否。

（1）交班者之间的交流与沟通。这是指同一车间、同一工段、不同班别之间的班长在上下班的交接手续中的信息流通，主要包括以下几个方面的内容：①本班产品的品种、规格、质量状况、生产过程中的具体情况；②本班具体执行过什么生产任务，完成情况怎样，出现的主要问题，用什么方式进行解决，还有什么样的问题没有解决，还需要完成什么工作；③本班设备运行状况如何，保养情况如何，环境卫生、安全保护等工作进行得怎样，还有哪些方面需要进一步加强；④接班者应从事哪些工作，执行什么生产任务，对生产跟踪应从哪些方面着手，应特别注意什么问题等。经过以上生产情况的充分交流，每一个班长都能对整个生产动态摸得清清楚楚，当生产过程中发生细小变化时，都能及时进行调整。

（2）上、下工段班长之间的联系与沟通。在陶瓷制品生产中，各车间、各工段的班长要熟悉了解相互情况。原料车间内部球磨工段与喷雾干燥塔工段要对生产情况进行相互了解。比如，对球磨工段投放的浆料的品种、颜色，浆料的性能等情况进行了解，以便对喷雾干燥塔工段的工作进行调整和安排；同样，对喷雾干燥塔所喷粉料的品种、颜色、浆池号、粉箱号、粉箱数量乃至压机使用的品种等情况都要充分了解，以便对球磨工段的工作进行调整。原料车间的班长也要与烧成车间、抛光车间、成品车间的班长进行信息交流，弄清制品的特征、各工序的生产状况、各种缺陷产生的成因、产品质量及产量特征，以便在本工段内对影响制品品质方面的因素进行及时调整，为制品品质的稳步提高打下坚实的基础。

（三）班长与本班员工之间的纵向联系

抓好员工的思想教育工作，协调好与本班员工的关系是班长管理好基层工作的基本点和出发点。毕竟，一个工段有多道工序，班长能力再强、本领再高，也精力有限，不可能一个人包揽所有的工作，而且具体工作的展开还得靠本班每一位员工的共同努力和支持。俗话说：人心齐，泰山移。本班管理工作做得怎样，在很大程度上取决于本班全体员工对工作的支持度和对班长的信任度。

（1）班长在工作中，应对员工的性格特征、思想观念、行为准则、技术水平、文化修养乃至个人爱好等，有具体而明确的了解，并针对个人的具体特征进行工作安排。

（2）在工作安排上，要用公平持正的心态合理地分派任务，对于员工要关心、尊重和爱护，但同时又要大胆地管理，对员工的错误思想、行为要敢于批评指正，对于那些危害集体利益的个人行为要敢于处罚。

（3）对员工提出的工作意见或建议要关心，对工作上、思想上的困惑要帮助；要采纳意见并在工作中逐步加以实行；对于员工操作不熟悉的地方，要加以指导培训；对员工在工作上不明白或心存疑问的地方，要耐心细心地加以讲解和指导。

只有做到对员工思想动态全面掌握，对员工工作处处关心并严于管理，才能体现一个班集体的向心力和凝聚力，也只有这样，才能在工作中最充分地发挥每一个人的积极性和主动性。

（四）班长与企业内部其他部门的联系与沟通

在现场管理工作中，班长要加强与技术部门、电力部门、设备部门、质检部门、后勤部门等的沟通联系工作，将生产中的工艺参数情况，成品质量特征，设备运转状况，生产中水、电、油的损耗状况以及物品的领用情况及时与相关部门交流，以便各部门在生产中出现某些情况的改变之时，能够及时地调整，采取对应的措施，以最佳的方式来配合生产。

以上我们从点、面、体三个方面阐明了现场管理的具体细节和方法，当然还有更具体、更有效的方法没能在此提及。希望各位原料班长以此为鉴，进一步深入地在工作实践中研究现场管理的整体方法，从而使整个车间的管理水平再上一个新台阶。

第三节　现场管理中的几种重要工作态度

现实工作中，要将原料车间的管理工作做得完美，使自己成为一个现代化企业的真正管理者，我们仍需时刻加强个人的修养，注意自己的工作方式。下面，我们列举几种在工作中必须时刻注意的地方，以期引起从业者的警觉。

一、以实事求是为工作原则

实事求是一直以来是我们国家处理问题和办事的最基本原则，作为企业基层的管理者，坚持实事求是的原则是生产现场管理中必须具备的工作作风。

在现实生产中，往往存在这样的情形：明明不知道、不清楚事实，却拿假数据来证明自己对情况的了解程度；明明数据不合理，或偏离工艺参数范围很远，而为标榜自己的工作成绩，硬是将所有的数据修正为符合标准，用来蒙骗他人；自己没有监督或没有完成工作，怕领导责怪和批评，硬是说各种任务已圆满完成；还有，明明自己做错了，还采取隐瞒哄骗的方式，企图蒙混过关。这些行径，虽然一时可瞒天过海，但它造成的恶果给生产带来的影响是相当严重的：

其一，影响上级领导的正确决策。生产任务的安排绝大多数是根据生产的需要，结合车间的实际运作情况而实施具体的解决办法，如果班长对工作情况不如实汇报，则有可能误导上级领导对车间工作的安排。比如，车间要求每班下班前两小时必须认真查看粉料的储量，车间根据此储量情况判断用粉的规格、品种和数量，如果数据统计不准，则给车间的生产安排，包括入球数量品种和所喷粉料数量品种及储粉箱、储浆池等的安排带来一定的混乱。而在实际工作中，班长及配料员在观察粉箱的储量时，许多时候都是各班相互照抄，很少实际查看过，从而因数据不准而给车间工作安排带来不利因素。

其二，给后续工序造成严重的不良影响。如果班长不按实事求是的原则对待工作而造成错误的思想行动，对后续工序产生的影响是极为严重的，危害极大。例如，某厂原料车间安排喷粉，班长也根据车间安排的喷粉任务，安排好了喷粉的入箱号，但在转箱过程中，由于没有跟踪到位，致使喷错粉箱还不知情，结果整箱粉料报废，差点造成停产事故。这就是由于班长在安排工作时未按实事求是的要求办事而产生的不良后果。

其三，造成严重的经济损失。在生产中不按实事求是的工作作风办事，采取虚报数据的做法，对生产造成的损失是巨大的。比如，喷粉过程中，有些质检员、司炉工为了偷懒，没有对粉料水分进行检测，但质检报告的数据都是合格的，结果产品上线时，出现大批分层、边裂，导致生产失败，给企业带来巨大的损失。追查原因时，发现水分检测的实际值与记录数据出入很大，再细究原因，正是由于生产中没有实事求是地用数据说话，造成损失，追究起责任来，是无人能承担得了的。

二、注意体现管理水平的细节

其实，搞好日常的生产现场管理，尤其是原料车间的生产现场管理，并没有多少诀窍可言，如果大家在工作中有足够的耐心和细心，对生产中发生的细微变化进行观察和处理，那么，个人的管理水平就会逐步提高，工作成绩也会日益显著。也可以说，工作中，只有在细节问题上用足够的耐心来分析和探讨，才能够积累足够的工作经验，从而解决任何问题都能够游刃有余。

下面，我们用具体的例子来说明细节管理问题。日常的喷粉工作，已成为车间控制的难点和重点，但如果在日常管理中对每一个细小环节的变化都进行跟踪记录，再加以综合分析，一定能找到一条省燃料和粉料利用效率高的途径。具体研究细节如下：①喷粉时浆料性能（水分、流速、浓度）一定时，喷雾干燥塔燃烧各工艺之间有什么变化关系；②柱塞泵压力一定时，喷粉各工艺，如浆料性能、燃烧性能、燃烧工艺、喷粉质量等有什么变化关系；③喷枪数量增减时，各工艺指数有什么变化关系；④燃烧时，给风量、排风量、热风炉温度、燃料油温度单项如何变化，其他工艺有何特征，多项因素共同改变时又有何特征；⑤各生产要素（浆料的性能、喷枪的数量、泵压力等）变化时，燃料油的用油量有什么变化；⑥燃料性能（水分、颗粒级配、含杂质率）产生变化时，对燃料工艺产生什么影响，将采取哪些调整措施；⑦各生产要素变化时，燃料产量有何变化；⑧天气状况发生变化时，喷粉各项工艺要求有何变化，受何影响等。如果在生产实践中，我们能够时刻认真地观察以上几个方面的相互关系，细致地做好记录，用心地比较异同之处，那么，就一定能取得低能耗、高产量、高质量的良好效果。而在生产实践中，班长往往会对生产中表现出来的特点疏于思考和研究，重复地犯同样的错误，既影响了工作成绩，又给生产带来了负面影响和不必要的损失，从而也影响了企业产量的稳定和质量的提高。

当然，在实际工作中，球磨、浆料过筛除铁、色浆配制、转产清理的控制等工作，都需要我们在生产实践中多方面考虑诸生产因素，从细小的环节着手，逐步地解决生产中的问题。工作能做到这个程度，我们的现场管理水平一定能趋于完美。

三、正确地处理上级的决策和指令

在生产实践中，往往存在这样的情形：有的班长对上级的决策和指令，只是一味地服从和执行，不加考虑、不计后果得失、不开动脑筋地照章办事；有的班长在执行上级的决策和指令时，遇见分歧，或者得出相反的结论，也不报告、不请示、不商讨，自作主张地曲解指令，结果成品与生产要求相去甚远；也有的班长对上级的指令或决策置若罔闻，工作中我行我素，结果是付出的劳动付诸东流，既引起了生产上的混乱，又受到上级的批评。这三种态度，都是现场管理中执行决策和指令的大忌。

正确处理上级领导的决策和指令，应按以下程序进行：其一是执行。所谓的执行，即按照决策指令的已定目标，根据本班生产管理中的实际情况调派人手，对决策指令在执行过程中的使用方法、可能出现的问题、预期达到的目标和效果进行思考和规划后，再展开具体的行动。在执行过程中，必然会出现各种疑问，我们既不能不动脑筋地照章行事，也不能不加考虑地自作主张，而是要充分地与上级进行交流和沟通，提出自己的疑点和解决问题的办法，在征得上级同意后，方可将自己的思想付诸行动，确保指令和决策推行下去。其二是质疑。任何一个人，无论是伟人还是凡人的决策指令及思想观念都可能存在谬误，那么，班长在执行上级的指令及思想决策时，就要以质疑的态度看待以下方面：①该项工作指令是否符合生产实情，与其他工作的执行是否有矛盾；②该项工作的执行是否影响其他工作，执行中是否会对生产造成负面影响；③该项指令在执行过程中对员工的情绪会造成什么影响等。排除疑问后，才能正确地贯彻和执行，并取得良好的效果。其三是对那些擅作主张、完全对上级决策指令置若罔闻的行径要坚决杜绝。车间基层管理人员的工作只是整个车间运行中的一个局部，而上级领导考虑问题则是从整体的角度出发，各项决策必然也以大局为重。因此，班长不能因决策指令在执行过程中有难度而背弃领导意图，自行其是。这种行为，必然会严重危害生产，甚至造成损失，这也是各层管理者在实施管理过程中的最大忌讳。

四、保持公平持正的心态

不可否认，人都有一定的私心，不论他的人格多么伟大、多么崇高，也不论他是多么有名气的伟人、明星、大腕。然而，不同的人私心的程度不同：有人把它看得比鸿毛还轻，有人却把它看得比泰山还重。正是由于这种不同，才有了不同的人格和不同的人生态度。

工作中，如果处处以自私自利的态度来接人待物、处理问题，往往会偏离公正待人的轨道。在处理问题时，处处以自己的利益为先，偏袒自己的亲人、朋友、老乡或亲近之人，久而久之，过重的私心便会蒙蔽心智，使其失去群众信任的基础，以致工作逐渐陷于困境，而最终结果只能是搬起石头砸自己的脚。

工作中，有的班长在对待熟人时，往往失去了公正之心，将轻松干净或高收入的活分派自己的人去干，脏活、重活、累活或低收入的活就派别人去干，甚至自己的亲戚、朋友、老乡出了错误也不追究，再三地包庇护短，而对其他员工安排工作时呼来喝去，稍有不顺心、不顺眼的地方，不是扣工数，就是罚款，员工在他面前说话做事都得倍加小心、赔笑脸，稍不注意，就可能被辞退。

作为一个企业的基层管理者，我们应该摒弃那些错误、狭隘的思想观念，用一种公平持正的心态待人接物。当然，在工作中，一个人可以因为信任介绍自己熟识的人参加一个工作集体，但应该清醒地认识一个事实：这只是为他的就业提供一个机会，至于工作中的表现怎样，则完全取决于他个人。无论任何人，只要是做错、做得太差、屡教不改，或严重危及生产的正常运行，都应一视同仁，对其进行批评甚至开除。只有这样，管理者才能树立自己的威信，也只有这样，才能问心无愧地把工作做好。

五、进行自我批评和接受批评

工作中每个人都难免出错，问题的关键是怎样对待这个错误，是逃避它，隐瞒它，还是正视它，深刻地检讨自己的思想、言行和处理方式的不足之处，从而在今后的工作中尽力避免重犯同样的错误？如果逃避责任，隐瞒错误，欺骗别人，那么，在今后的工作中，由于粗心或无所谓的态度，同样的错误会再三地出现，而同样的错误，有可能给企业带来一次比一次严重的损失。但如果能对自己的错误或工作中的不足之处进行深刻的反思和检讨，那么，在之后的工作中，就能吸取教训，同时养成经常开动脑筋，从多方面考虑问题的习惯。

自我批评就是对自己的工作方式、工作成绩以及管理工作细节的处理在内心加以审视思考，再同别人的方式或行为进行比较对照，从而找出自己的不足之处，逐步积累工作经验，增长管理见识。比如，思考在生产安排中，自己是怎样进行的，别人是怎样进行的，上级领导是怎样处理的，优秀的管理者又是怎样进行的，再比较各种不同处事方式带来的不同结果，这样对照比较之下，可以清楚地认识到自己的不足，同时也看清别人的长处与短处。通过比较对照，可保留和发扬自己的长处，学习和继承别人的长处，改正自己的不足，借鉴他人的错漏，而只有通过长期的自我批评，自己的管理水平才能得到提高。

至于接受批评方面，希望大家能有正确的认识，在工作中出现错漏之处，上级领导、同事、朋友或者下级员工对你提出批评时，不管他们的批评是善意的还是恶意的，如果我们能够虚心地接受，在工作中对错漏之处加以改正，将工作做得尽善尽美，乃至无可挑剔，那么别人的指责与攻击便会不攻自破。自然，对于上级领导来说，批评或指责，并非有意刁难或者对你个人有成见，而是想通过批评的方式，对你的不良工作习性、不正当处事方式加以批评指正，从而更有利于生产的进行、工作的展开。当然，我们也不否认，有些领导存在吹毛求疵的毛病，或者有意打击别人以达到自己的目的，但就笔者个人的观点而言，批评人的出发点是希望被批评者进步成长，可以说没有批评就没有进步。人的进步，是在不断地被批评和自我批评中总结经验、接受新事物而取得的。

通过以上的分析，希望各位班长在今后的工作中，继续保持和发扬接受批评和进行自我批评的优良工作作风。

六、保持团结合作和集体主义精神

企业是一个完整严密的组织群体，如果在这个群体中，人们不能很好地团结合作，各行其是，不能发扬集体主义精神，而以自我为中心，那么企业将很难取得成绩。

在日常管理工作中，每一位管理者都应该抛开个人的恩怨，采取良好的合作态度共事。这个合作，包括上下级之间、同级之间、不同部门之间的合作，以及车间内班长与班长、班长与员工、班长与领导、班长与其他部站之间的团结合作。为一个共同的目标，在一个集体内，大家应该群策群力，只有这样才能使工作出色。

当然，团结合作的精神，要以集体主义精神为前提。在工作中，某些任务、指令、决策，不可避免地会损害一部分人的个体利益，如果对个人的得失影响不是很大，那么，我们就应该抛弃个人的利益观念，以大局为重，以集体利益为重，如果因为集体利益损害我们个人的微小利益而采取不合作态度，那么当集体利益遭受严重损失时，个人利益也必然会受到损害，因为人生活在集体中，集体利益的丧失将使个人利益也无法得到保障。

因此，在现场管理中，在实施生产任务或各种决策、指令、方针、政策时，必须多方面团结合作，充分发挥集体主义精神，绳往一处扭，劲往一处使，这样我们的工作一定会取得辉煌的成绩，我们的企业一定会蒸蒸日上。

第四节　充分发挥班组长的模范带头作用

在当前的企业管理工作中，我们的基层组织管理不够健全，工作责任心不到位，职责不够明确，导致当前产品产量和质量状况不够稳定。为进一步加强生产管理，杜绝生产事故的发生，现就班组长在企业的地位和作用进行探讨，希望各车间给予足够的重视，积极参与探讨，将企业的管理工作落到实处。

一、班组长职责

车间的班组长是公司与生产部门员工的主要沟通桥梁。公司班组长的管理好坏，将直接影响公司产品的生产进度和产品质量。

班组是企业组织生产经营活动的基本单位，是企业最基层的生产管理组织。企业的所有生产活动都在班组中进行，所以班组工作的好坏直接关系到企业经营的成败，只有班组充满勃勃生机，企业才会有旺盛的活力，才能在激烈的市场竞争中长久地立于不败之地。班组就像人体中的细胞，只有细胞健康，人的身体才有可能健康，才能充满旺盛的活力和生命力。

二、班组长在生产管理中的地位

一个班组的领导者就是班组长，班组长是公司生产管理的直接指挥和组织者，也是企业中最基层的负责人，属于兵头将尾，是一支数量非常庞大的队伍。班组管理是指为完成班组生产任务而必须做好的各项管理活动，即充分发挥全班组人员的主观能动性和生产积极性，团结协作，合理地组织人力、物力，充分地利用各方面信息，使班组生产均衡有效地进行，产生“1 +1 >2”的效应，最终做到按质、按量、如期、安全地完成上级下达的各项生产计划指标。

在实际工作中，不论管理层的决策做得多好，如果没有班组长的有力支持和密切配合，没有一批领导得力的班组长来组织开展工作，那么管理者的政策就很难落实。班组长既是产品生产的组织领导者，也是直接的生产者。

班组长的特殊地位决定了他要对三个阶层的人员采取不同的态度：面对部下应站在代表经营者的立场上，用领导者的声音说话；面对经营者应站在反映部下呼声的立场上，用部下的声音说话；面对直接上司又应站在部下和上级辅助人员的立场上讲话。

班组长在生产管理中的责任简单来说有以下几个方面：

（1）提高产品质量。质量关系到市场和客户，班组长要领导员工为按时按量地生产高质量的产品而努力。

（2）提高生产效率。提高生产效率是指在同样的条件下，通过不断地创新并挖掘员工生产积极性、改进操作方法和管理流程，生产出更多更好的高质量产品。

（3）降低生产成本。降低成本包括原材料的节省、能源的节约、人力成本的降低等。

（4）防止工伤和重大事故。有了安全不一定有了一切，但是没有安全就没有一切。一定要坚持安全第一，防止工伤和重大事故，包括努力改进机械设备的安全性能、监督职工严格按照操作规程办事等。很多事故都是由于违规操作造成的。

三、班组长在生产管理中的作用

班组是企业的最小生产单位，班组管理是企业管理中的基础。无论什么行业、工种，它的共同特点就是拥有共同的劳动手段和对象，直接承担一定的生产任务，其中也包括服务产品。因此班组长有三个重要作用：其一，不管决策再好，如果执行者不得力，决策也很难落到实处，所以班组长影响着公司生产决策的实施，影响着企业目标利润的最终实现；其二，班组长既是承上启下的桥梁，又是员工联系领导的纽带；其三，班组长是生产的直接组织者和劳动者，所以班组长既应该是技术骨干，又应该是业务上的“多面手”。

四、班组长在生产管理中的职责

班组长是企业中人数相当庞大的一支队伍，班组长综合素质的高低决定着企业的政策能否顺利地实施，因此班组长是否尽职尽责至关重要。班组长的职责主要包括以下几方面：

（1）人员管理职责：包括人员的调配、排班、勤务、考勤，员工的情绪管理，新进员工的技术以及安全操作培训，生产现场的卫生监管，班组的建设等。

（2）生产管理职责：包括现场作业、人员管理、产品质量监管、制造成本控制、材料管理、机器保养等。

（3）辅助上级：班组长应及时、准确地向上级反映工作中的实际情况，提出自己的建议，做好上级领导的参谋助手。但不少班组长目前却仅仅停留在平常的人员调配和生产排班上，没有充分发挥出班组长的领导和示范作用。

随着时代的发展和工作的需要，越来越多的年轻人走上了班组长的岗位，但他们大部分都是靠师傅带徒弟的方式，或靠自己平时摸索积累经验来了解、感悟什么是管理，因此缺乏系统的管理知识。经验很重要，但是经验毕竟不系统，存在一些盲区，所以必须经过系统的理论培训来提高管理水平，使管理工作由自发上升到自觉的层次。现在企业的班组长的管理水平现状主要有以下几大类型：

（1）生产技术型。生产技术型的班组长往往都是业务尖子，但缺乏人际关系的协调能力，工作方法通常都比较简单，常常用对待机器的方法来对待人，用对待自然科学的方式对待很多社会现象和人际关系，因此这一类的班组长有必要进行人际关系方面的学习。

（2）盲目执行型。盲目执行型的班组长带有比较浓厚的计划经济时期的特点，他们往往缺乏创新和管理能力，态度和作风生硬，给人一种官僚主义的感觉。在企业中，有些班组长本身不是很乐意担任这一职务，所以上任后往往采取“无为而治”的做法，在工作中往往是得过且过，对工作没有责任心，这样的班组长实际上完全是徒有虚名，因此在班组成员中势必也没有任何威信。

（3）劳动模范型。在工作中，劳动模范型的班组长一般都踏踏实实、勤勤恳恳，但不适合担任领导工作，因此这部分人如果不进行管理能力方面的学习是很难胜任领导工作的。

（4）哥们义气型。哥们义气型的班组长常常对班组成员称兄道弟，在工作中自然也容易感情用事，缺乏原则性，其实际上早已把自己等同于非正式的小团体小头目，没有发挥班组长应有的作用。

总之，现在的班组长由于种种原因，普遍缺乏令人满意的管理能力和处理突发事件的能力，所以导致良好的企业决策在最基层却得不到有效的贯彻和执行，极大地影响了企业的最终效益，甚至还严重地损害了企业的良好形象。

那么，如何做好班组长？

首先，班组长应当知道自己在企业里所扮演的角色，准确把握自己的权利和义务、公司领导对自己的期望以及员工对自己的期望。准确来讲有几个方面：第一，对自己角色的规范、权利和义务的准确把握；第二，要代表三个立场：对下代表经营者的立场，对上代表生产者的立场，对待直接上司既代表员工的立场，同时又代表上级的辅助人员的立场。如果班组长不清楚这一规范，也不知道自己究竟有多少权利、义务、职责，应扮演何种角色，那么他虽然占据着班组长的位置，却难以发挥班组长的作用，是没有实际价值的班组长。当然，在对自己角色的把握上也不可过激，西方把这种类型称为印象整式，说得通俗些就是“装蒜”，以至于不认识或不了解下级员工。

其次，了解领导的期望值。作为下级，必须准确地了解领导的指示，以及领导指示的背景、环境和领导的风格。有时候下级费了很大的力气做某事，但并不是领导所希望的，结果白费了力气却没有达到应有的效果。当然也有可能下级是正确的，但是领导不了解，怎么办呢？这时要选择适当的时机把自己的建议呈上，让领导比较全面、准确地接受或者采纳你的建议。现在西方有一种说法是“驾驭好你的领导”，即要了解领导的风格，才能更好地协调好关系，开展好工作。

最后，了解下级对你的期望值。下级对上级有以下六个方面的期望：①办事要公道。办事要公道说起来容易，但做起来却非常难。我国由于过去长期受传统的小农经济和计划经济的影响，公平常常被错当成平均主义，所以需要班组长在分配工作中做到办事公道，奖罚分明，分配利益时也要做到公道，只有这样才能够服众。②关心部下。缺乏对员工工作、生活的关心和了解，员工自然也会对你不满意。③目标明确。目标明确是做领导的一个最重要和最起码的前提，作为一个班组长，目标也应非常明确，否则就是一个糊涂官。④准确发布命令。班组长作为一线的指挥者，发布命令的准确程度应像机场上的管制员给飞行员发布命令一样准确，否则容易产生歧义，在命令的传播过程中必然会出现各种失误，造成工作中的事故。⑤及时指导。工作中，下属总是希望自己能时常得到上司的及时指导，因为上司的及时指导就是对下属的关注和培养。⑥分享荣誉。班组长还应做到慷慨地把荣誉和奖金分给大家，部下的劳动模范越多，班组长的工作就能做得越好。

五、班组长在企业基层组织中的地位和作用

在陶瓷产品的生产过程中，设备是运行的主体，具体产品生产控制由班组来完成，而班组长在生产现场管理控制中起着举足重轻的作用。

班组长是基层管理者。在具体生产过程中，班组长肩负着本班组具体人事安排的责任。班组长直接面对的每一位成员，都是一个独立的个体，在进行人事安排和调度时，必须了解各个员工的年龄、技术、文化、性格等方面，综合权衡后再做统筹安排，尽量做到人尽其才、物尽其用，从而在最大程度上充分发挥班组在生产过程中的整体效应。另外，班组长在当班期间，必须对本工段内一切具体工作进行调度安排和综合监控，比如环境卫

生的保持、设备运行状况的跟踪记录、原材料及零配件的领用、生产任务的执行等。

六、班组长在生产中的媒介作用

在企业基层组织中，班组长起着上传下达的纵向传播作用和前后工序相互通告的横向沟通和联系作用。

先说上传下达的纵向传播作用。首先，班组长必须将企业、车间下达的生产任务和各项经济指标等正确、及时地传递给本班组的每一位员工，从而带动本班组每一位成员积极主动地配合企业的各项方针政策的实施。其次，班组长应及时将本班组人员状况、生产状况、设备运行状况及生产工艺执行状况等实际生产表现出来的特征上报给相关领导，并提出合理化建议，以便上级部门及时制定纠正措施或者实施新的生产管理方案，以促进和指导生产正常有序进行。

再说横向的沟通和联系作用。所谓横向的沟通和联系就是指班组在实施具体生产过程中，对本工段生产中出现的细节特点，加强与上下工段之间及本工段班组之间的联系和信息交流，以便上下工段之间、班组之间及时正确地把握生产动态，稳定产品的质量。班组长的横向联系与沟通还包括与质量检验部门、工艺技术部门、动力设备部门、材料采购部门等非生产部门的信息交流，以使各部门紧密联系、相互配合、保障生产。

在陶瓷产品的生产工艺控制中，充分发挥班组长的模范带头作用是实现产品高品质的根本保证。

由于陶瓷产品在生产过程中具有连续性的特点，且其生产工艺的完成也只能靠设备来实现，因此设备利用率高，运转时间长，在运行中会表现出各种不同的特点，设备正常时能保证制品品质的稳定，出现故障时则影响品质乃至整个生产。在现实条件下，班组长作为第一线的管理者和生产组织者，就直接负有保障生产工艺参数严格执行和设备正常有序运转的责任。如果班组长认真全面地掌握了工艺参数与设备运行特点之间的相互关系，则可对岗位操作进行严格控制，发现并就地解决生产中出现的大大小小的问题，产品品质的稳定提高就有了根本保证。反之，如果班组长在生产过程中对工艺控制不严、对设备监管不力，则会使产品产生各种缺陷，使企业蒙受损失。

七、当前企业对班组长素质的要求

为人正直，心胸宽阔。工作中对人、待事、接物不偏心，不任人唯亲，对任何人一律公平持正。只有这样的班组长才有凝聚力和向心力，才能建立起一支团结的、战斗力强的班集体。

文化素养好，领悟力强，能及时吃透政策精神。只有文化素养好了，才能够及时、透彻地了解企业的方针、政策、各项经济指标及车间和部门领导传达的精神或生产任务，并将其贯彻到生产实践中去。另外，文化素养好的班组长，在实践中善于积累和总结经验，能够以发展的眼光发现问题、研究问题和解决问题，推动企业的发展。

技术过硬，专业知识丰富，工艺娴熟。班组长是位于一线的管理者和生产组织者，应对本车间、本工段的每一道工序、每一个岗位、每一种设备的运行特征及产品在具体情况下表现出来的具体特性都能准确、透彻地了解，并能及时地发现问题，熟练地解决问题，从而最大程度上减少企业的损失，并确保优质的高效、低能耗生产的顺利进行。

有吃苦耐劳的精神。班组长要吃苦在前、享受在后，哪里的活最苦最累，哪里就有班组长冲锋陷阵；哪里有困难和出现问题，哪里就有班组长分析问题、解决问题、排除困难。

要有全局观念。企业的生产是一个全面的有机整体，生产实践中，班组长要时刻做好上下工段之间，本工段不同部门、班组之间以及本部门与其他非生产部门之间的联系与沟通，并且在工作中结合各工段、各部门的生产实际，有步骤、有重点、点面结合、统一协调地合理安排生产。

有较高的质量意识和安全意识。班组长工作中应时时处处以质量为中心，严把质量关，对本工段工艺质量控制点上的操作重点把握、严格监控、时刻跟踪，以使产品生产在设备最佳运行状态下进行。同时，在生产中要注意保障好自身安全和加强班组成员的安全意识。

班组长还应有强烈的进取心，不断地创新思维，寻找新的管理途径，并在实践中探索和逐步实行，为企业的发展提供新动力。

八、在实践中加强对班组长的培训

在生产中，要抽出一定的时间，采用课堂授课的方式，集体对企业内部的班组长进行文化知识、职业道德、专业技术、管理思维、安全意识及设备的保养维护使用等知识的教育。培训可采用三级会议的形式进行。

第一级：厂级班组长会议。由企业高层领导组织，对企业生产状况、产品质量状况、产品损耗、成本状况等特点按周、旬、月、季进行分析汇总，再按部门、车间、工段、班组进行综合评述，使各班组长既把握整个生产动态，又切实了解自己的不足。

第二级：部门、车间班组长会议。由部门主管、车间主任主持，以现场管理分析为主，实行问题管理。对各班组出现的问题、管理上的漏洞、生产上的不足、思想行为上的谬误等方面做细致、深入而切实的剖析和讨论，达成共识，从根本上杜绝生产管理中类似问题的再次发生。

第三级：由班组长自己组织本班组成员召开管理会议。车间主任、部门主管列席旁听，以培养班组长的问题分析能力、沟通能力、发表能力、思维能力以及综合判断能力，切实提高班组长的管理水平和生产组织能力。

第五节　原料车间的工作汇报与会议管理

一、工作汇报制度

为了提高原料车间各级人员的工作效率，确保各项生产异常能得到及时、迅速和妥善的解决，现要求各级人员必须“事事有交代”，严格执行原料车间的如下工作汇报制度：

（1）凡出现下述事故时，车间各工序人员必须立即逐级上报，无论是当事人、班长及以上人员还是工序主管，无上报者，需进行处罚，并承担相应的事故责任。

生产事故：①球磨机出现铲错料、入错球、加错化工料、放错浆等；②喷雾干燥塔出现泵错浆、浆料混杂、开错缸、进错箱等；③配送粉时出现停压机、开错箱、入错斗、送错料、缺料等。

设备事故：设备故障停机 0.5 小时以上仍未维修好。

质量事故：生产工艺参数偏离指标较大（单缺陷每 2 小时 10 平方米以上；配班长汇报）。

工伤事故：出现须送医院治疗的工伤事故（每次出现都必须及时汇报，不得延误）。

安全事故：出现水、火等灾害或其他安全事故（如泵泻油、停电、停水、停气等，每次出现都必须及时上报，不得延误）。

（2）班长级人员上班时间内出现生产事故、设备事故超过 0.5 小时还无办法解决时，必须立即向跟班大班长汇报，寻求援助。超过 40 分钟没有汇报者，每次扣罚 20 元，因停产或质量降级造成的一切生产损失，由无汇报者承担全部责任。

（3）跟班大班长级人员当班期间出现生产事故、设备事故超过 1 小时还无办法解决时，必须立即直接向上级工序主管汇报，超过 1 小时 10 分钟未向上级主管汇报者，每次扣罚 50 元，因停产或质量降级所造成的一切生产损失，由无汇报者承担全部责任。

（4）各工序出现生产事故、设备事故时，工序主管超过 2 小时还未处理好，要向车间副主任、主任汇报，超过 2 小时无汇报者，受到处罚，事故造成的损失，由无汇报者承担全部责任。

（5）每次汇报要求汇报者必须分清事情的轻重缓急，对于紧急的重要事情（如生产事故、工伤安全事故、连续性缺陷），跟班大班长一定要立即打电话向工序主管、车间副主任和主任汇报。

（6）发短信息要求如下表所示。

发短信息要求表

事项	发短信息人	收短信息人	要求发信时间
报告每班各条线缺陷数	跟班大班长	副主任、喷雾干燥塔配送粉主管	下班前30分钟内
转产（转不同的粉料）	配送粉班长	主任、副主任、喷雾干燥塔配送粉主管	转后20分钟内
转新旧方、所有搭料、搭完料、改比例、改工艺参数、粒子度	配送粉班长	主任、副主任、喷雾干燥塔配送粉主管	转后20分钟内
跟踪缺陷，转用新喷料	配送粉班长	副主任、喷雾干燥塔配送粉主管	转后20分钟内
需要搭料或改变工艺参数	工序主管	主任、副主任	提前半个班
转产（不同配方）、转新旧方、所有搭料、搭完料、改比例、工艺参数、粒子度等所有变动由配送粉班长详细填写好“原料变动通知单”，下班前30分钟发到工艺、成型、半成品、成品车间，未发者扣罚100元/次。			

二、原料车间交接班管理制度

1. 班前

（1）上班人员必须提前40分钟到车间报到开班前会。

（2）班前会上必须认真听取车间领导交代安排的各项生产任务及注意事项，班中积极主动去落实完成。

（3）班前会上必须认真听取车间领导交代的各项现场管理要求及注意事项，班中保持现场卫生干净整洁。

（4）班前会上必须认真听取车间领导交代的各项安全生产注意事项，班中做到安全文明生产。

（5）班前会上必须认真学习各项规章制度及所有通报、文件等，并做好记录。

2. 接班

（1）接班时首先检查各岗位范围内设备运行情况，发现异常立即通知维修人员处理，保证本班设备运行良好。

（2）接班时要检查各环节筛网完好情况，发现破损立即督促交班人员更换，如交班人员拒绝更换需报车间处理，并立即组织本班人员更换。

（3）接班时要检查各自岗位设备卫生、地面卫生等是否干净，发现不干净立即督促交班人员完成，如交班人员拒绝完成需报车间处理，并组织本班人员完成。

（4）接班时要统计上个班各项生产任务完成情况，发现未完成或完成不彻底应上报车间处理。

（5）喷粉工接班时要第一时间查看塔口粉料质量情况，发现不合格时进行调整，如接班第一次抽检粉料水分不合格按《喷雾干燥塔水分控制奖罚规定》处理。

3. 交班

(1) 交班人员必须保证所使用的设备运行正常，当班出现的设备故障应及时让当班机修处理好，不能拖延到下一个班。

(2) 交班人员必须保证本班振筛的筛网完好，出现破损立即更换，绝不能拖延至下一个班，否则应更换后才能下班。如拒绝更换将按 2 分/次扣罚相关责任人并责令其完成。

(3) 交班看塔工必须保证交班粉料合格。如交班粉料不合格按《喷雾干燥塔水分控制奖罚规定》处罚。

(4) 交班人员必须提前 30 分钟搞好本班各岗位设备卫生、地面卫生等，保持现场卫生干净整洁，否则应搞干净后才能交班。如拒绝完成将按 2 分/次扣罚所属责任人并责令其完成后方可下班。

(5) 班后会上各班长要汇报本班各项生产任务落实完成情况，未完成或完成不彻底必须说明理由。否则将视生产情况影响对班长从重从严处罚。

(6) 各班长在下班前必须对工序内所有设备卫生、现场卫生进行彻底检查，发现不合格的及时责令各员工完成。

三、原料车间会议管理制度

1. 车间员工工作例会

按球磨、喷雾干燥塔、配料工段的早、中、晚三个班每月分三次与车间员工召开工作会议。会议要求如下：

(1) 所有会议要做好记录和签到。

(2) 一般情况下，部门主管要参加会议。

(3) 跟班大班长主持会议，小班长、组长必须发言。

(4) 会议内容主要以产量、质量和各工序现存的问题为中心，强调安全生产的重要性。

(5) 会议时间要按以上要求，一般情况下，不得随便加长。

2. 车间管理会议

由车间主任主持，车间副主任、工段主管、班组长等车间所有管理人员参加，每月一次。

会议要求：总结本月工作状况，包括产量、质量状况、员工工作培训状况、设备保养状况、环境卫生状况等；安排下月工作；车间各级管理人员均须有管理计划书。

3. 班前、班后会

开会地点：车间门口。

开会时间：每班上班前 10 分钟和下班后。

开会方式：由主管各班班组长召集本班组人员进行。

会议要求：

(1) 班前会是现场管理的第一道程序，每班必须按时召开班前会。

(2) 班前会由班组长主持，队领导要分头参加各班组班前会，全体班组成员要准时参加班前会，迟到的必须处罚，不参加班前会的不准上班。

（3）班前会必须点名，点名时班组成员要起立答“到”，待点到下一人时，自动坐下。

（4）队领导和班组长要注意观察每名员工的安全思想状态，有情绪波动、精神疲倦、喝酒等不安全情节的不准上班。

（5）班组长要认真准备班前会的会议内容。会议内容包括：

①传达上级指示；

②贯彻有关的作业规程或安全技术措施；

③介绍上个班工作完成情况、作业现场存在的问题及不安全因素；

④布置当班工作，强调具体工作要求、应注意的问题及应协调处理的事项；

⑤征求员工对当班工作安排的意见，听取职工的合理化建议；

⑥对员工进行安全教育，强调各岗位和各工种的安全注意事项、安全互保联保与安全防范措施等。

4. 车间生产管理会议

车间主任主持，车间副主任、各工序主管、设备主管参加，每天进行，主要内容是车间各项生产管理安排。

第二章　原料车间的工艺控制

第一节　原料车间的生产工艺控制

在陶瓷行业，原料生产工艺并没有多高的技术含量和多深的学问。在生产工艺执行过程中，只要我们都能够潜心学习，善于观察和发现，任何一个人在较短的时间内，都会成为这方面的专家。大家也知道，原料车间日常生产的产品，无非就是浆料和粉料，那么，浆料以及粉料的性能和质量就成了生产控制的中心环节，而日常工作也是围绕着这两个核心来进行生产安排和展开管理。下面我们就分别从浆料和粉料两个方面来介绍原料车间的生产工艺控制。

一、浆料生产工艺控制

（一）浆料性能的要求

对于抛光砖产品来说，生产工艺的原浆料是有其严格要求的，一般的生产厂家主要对以下工艺参数进行控制：筛余、黏度、密度、含水率。对于当前主打产品抛光砖、抛釉砖、喷墨渗花砖来说，为追求良好的板面效果，建议将原浆料工艺参数控制标准规定为以下数值：

筛余（细度）：小于或等于1.2%（250目筛余）。

黏度（流速）：小于45秒大于28秒。

密度（比重）：1.68～1.73g/cm^3。

含水率（水分百分比）：32.5%～34.5%。

（二）生产工艺控制方法

（1）筛余小于或等于1.2%。这一控制项目，涉及最大的电耗量，即球磨效率控制。平常我们所讲的球磨效率控制，即要在满足这一生产工艺要求的前提之下，进行良好的球磨效率的控制。对球磨效率的控制方向主要有：①球内空；②原料抗磨性；③料、球石、水的比例；④球磨机传动带的传动力矩；⑤浆料的排放程度；⑥研磨物（球石）的配比；⑦助磨剂、减水剂的添加量。

（2）密度1.68～1.73g/cm^3，黏度小于45秒大于28秒。这两项参数主要从原料与化工料添加的比例来进行控制。浆料密度小、流动性差时，要适量减少减水剂、滑石粉等，一般情况下，减水剂加入量为 30～40kg。

（3）含水率控制在 32.5%～33.5%。这一指标的控制，主要靠对球磨入水量的控制来实现。生产中要考虑以下几个方面的因素：①天气变化时水量的添加；②泥沙本身含水量的多少。一般来说，不同批次的泥沙含水量是不同的，并且晴天、阴天和雨天的泥沙含水量也不同，加水时要考虑到这些情况，对入水量进行相应的增减。

（三）浆料质量的控制

在保证以上性能的基础上，还要进一步保证其质量，即对浆料中的含杂质量进行控制。如果原料中含杂物过多，加磨后的浆料里必然含有很多杂质。杂质有以下两类：①无机盐类，原料中含有铁的化合物，经高温变成黑点，形成黑色杂质；②有机物质，原料尤其是泥沙里混入的大量树皮、树根、化纤等物质，经高温烧结后会形成浅色杂质。因此，对于浆料的质量控制，必须加强浆料的过筛除铁工艺的控制。

二、粉料生产工艺控制

（一）粉料的性能要求

瓷砖粉料工艺控制参数如下：

（1）粉料的含水率为 7.4%～7.9%。

（2）粉料的颗粒级配：

20 目以上：小于或等于 0.2%。

20～60 目：70%～75%。

60～100 目：22%～27%。

100 目以下：小于或等于 3%。

（3）陈腐时间大于 24 小时。

（二）生产工艺控制方法

粉料的水分和颗粒级配，最终要靠喷雾干燥塔的燃烧工艺来完成。那么，喷雾干燥塔的一切工作都围绕着喷粉这个核心来进行。而我们所讲的降低油耗也要在这一工艺进行具体控制。

（1）粉料水分的控制。①根据浆料的性能（密度、黏度、含水率）来确定喷雾干燥塔的燃烧工艺；②调节喷雾干燥塔的炉温、送风量、排风量、塔顶温度等，以达到水分控制的标准；③对喷雾干燥塔的喷枪数量、倾斜角度、泵压力进行调节，使粉料水分达标。

（2）颗粒级配的控制。颗粒级配以调节柱塞泵的压力为主要方式，但由于泵压力改变之后，喷雾干燥塔的产量发生了改变，那么，炉温、送风量、排风量、塔顶温度、塔内负压及燃料量都要进行相应的调整，以保证粉料的水分和颗粒级配达到产品的标准要求。

（3）陈腐时间控制。一般情况下，粉料的陈腐时间规定为 24～28 小时。那么，在喷雾塔喷粉之后，经陈腐后的颗粒级配虽然没有明显区别，但存在一定的损失量，加上由于天气的变化，粉料的输送、存储过程中的损失率也不一致。因此喷雾干燥塔在喷粉过程中，要根据压机用粉对粉料水分要求做出适当的调整。一般情况下，喷雾干燥塔粉料水分要高于压机用粉0.2%~0.5%。若遇持续低温后的大风雨天气，则喷雾干燥塔与压机用粉水分基本保持一致。

（三）粉料的质量

在燃烧工艺控制中，若燃烧未充分，则未烧尽的燃料渣会形成结焦，若混入粉料之中，则会在成品表面形成油硅杂质。因此，生产高质量粉料必须保障良好的燃烧工艺。

另外，在粉料输送过程中，也可能会因防护不当而混入杂物，比方说输送带的橡胶，链条轴承上的油污，设备支架上的铁锈，维护修理设备时的金属屑、焊渣，刮风下雨的脏物等，都会成为影响粉料质量的因素，从而对产品产生不良影响。

在实际生产管理控制过程中，原料车间班组长要严格控制好浆料、粉料的工艺性能和产品质量，因为这是影响瓷砖产品质量的关键。

（四）原料车间配送料工序管理条例

（1）若出现粉料混杂，杂质混杂，清洁时将尾料扫入箱内、铲上输送带造成污染等情况，在未送到窑炉车间烧成或未造成更大损失时，车间可作放粉回仓或转作计划外其他品种处理来减少损失。要对有意隐瞒情况、事后未向车间反映、未作及时处理、粉料出错的责任人进行处罚。

（2）由于未能及时发现电路故障、机械故障，造成产品降级超过12平方米的，要对责任人进行扣罚。

（3）开动输送带前需调好输送带，由于人为原因使输送带折断或刮烂，要扣罚当事人；由于粉料或泥沙卡死输送带而致其被刮烂的亦视作人为未作检查处理；由于人为原因而致输送带停止运行后出现的重大经济损失另外再作追究。

（4）在生产过程中，正常生产时质检员抽测或检测到水分超出标准±0.2%时，扣罚责任人0.2分/天，并将扣罚的分奖给当天合格率最高的人员。

（5）清扫出的垃圾、脏粉尾不能铲上输送带或振筛，否则扣罚，造成粉料混杂的，按人为原因进行扣罚。

（6）混送料工序人员测得水分与车间要求相差±0.2%时，必须第一时间通知车间处理，无上报而在下道工序发现相关水分问题时，追究相关人员责任。

（7）凡送至压机的粉料遇到投诉时，对所检测粉料参数超标而之前没有向车间反映或所检数据与记录不符的送粉员作违章处理并扣罚。

（8）各工序员工必须按车间规定更换振筛网或放好筛网，发现正在使用或备用的筛网破烂不作处理继续使用的扣罚。

（9）设备机修在巡查或维修设备时，必须在指定的黑板上写明去向，否则扣罚0.2分/次；接到工作安排20分钟内未按要求执行的，作不听指挥处理。

（10）送粉时由于检查不足而致称口堵塞或送料重量不够的，追究送粉人员责任，由于人为原因造成停机5分钟以上的扣罚当事人。属于电路或机械故障的要由班长证明，由于秤口部分堵塞造成比例失准的，按第一条粉料混杂处理规定处理。

（11）由于技术水平不高或经验不足致工作情况未向上级反映，而使送粉自动系统操作错误造成粉料混杂时，按第一条粉料混杂处理规定处理。

（12）当班转料后，所有不用的秤必须清理干净，转料后2小时内仍未清理完毕的，责任人、班长一并扣罚。

（13）各工序在机、电工到场维修、安装时要协助做好防杂措施，如无把握的必须及时向上级反映，出现质量事故按第一条粉料混杂处理规定处理。

（14）粉料自检处均设立垃圾桶摆放处，垃圾达到半桶时，由早班人员负责倒往垃圾场，几个相关工序共用的垃圾桶则由相关工序人员共同负责，未按规定倒垃圾要扣罚。

（15）若所使用的设施在经过其他工序时产生漏粉、满泻，由设施使用工序人员负责清理，正常生产所产生的粉尾则由该地段卫生责任人清理。

（16）凡需在粉尾槽放粉时，必须关好闸板或用袋包好粉管口，由于人为原因致使车间粉尘飞扬的要扣罚责任人（当由上而下放粉时可用水先将粉料浇湿以防粉尘飞扬）。

（17）混送料压粒工序人员清洁时必须按要求洒水，不洒水或未洒够水造成粉尘飞扬的要扣罚责任人。

（18）泥屎必须按车间规定的仓号堆放，不清楚情况时必须向相关人员了解，严禁将泥屎倒于仓外。泥屎必须纯净，不可含有机油、布、竹条等物。

第二节　原料车间的工艺流程及要求

一、瓷砖生产工艺流程图解

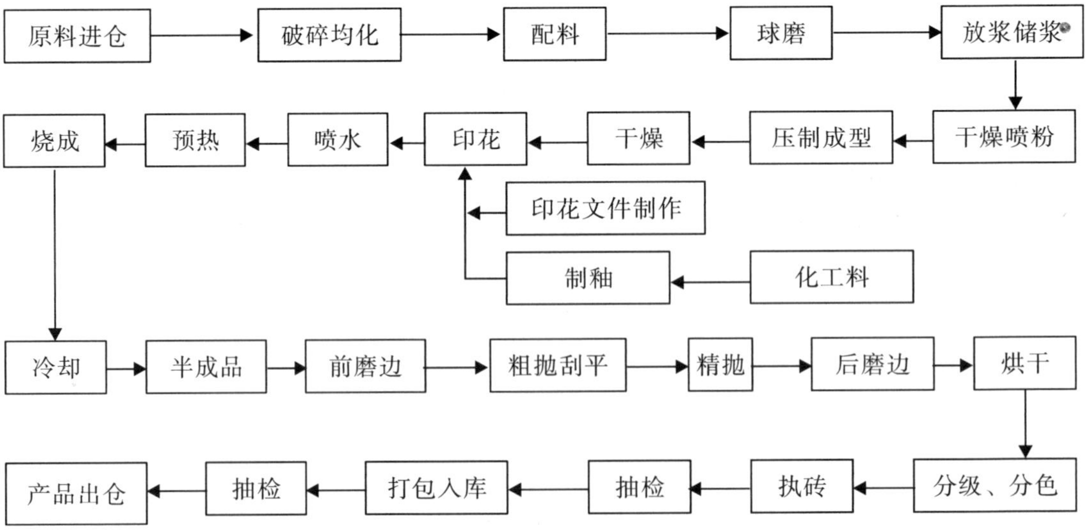

图2-1　一次布料瓷砖生产工艺流程

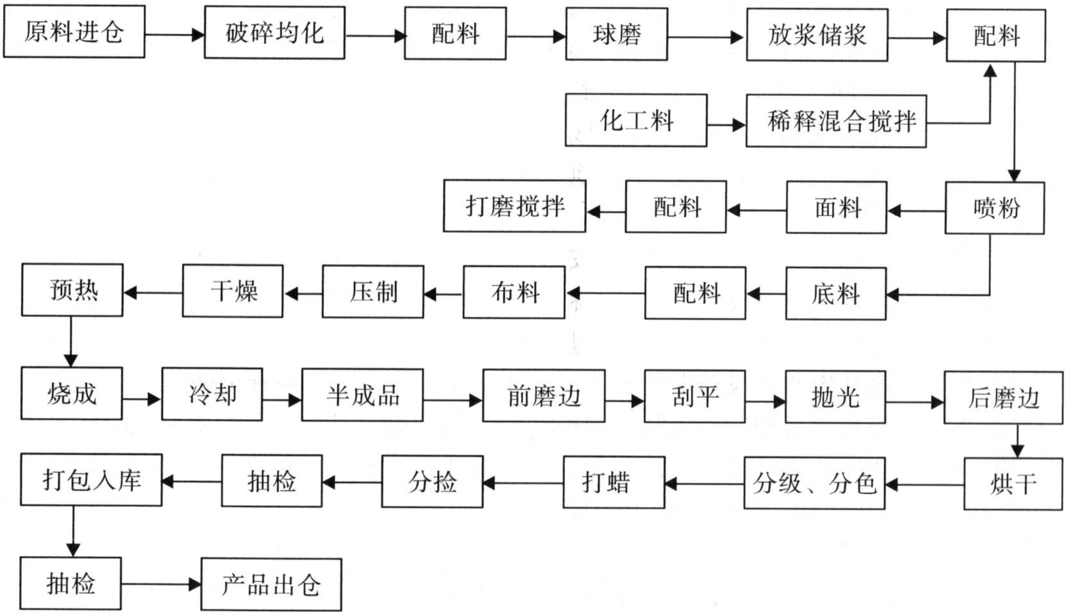

图 2－2　多次布料瓷砖生产工艺流程

二、原料生产工艺

（一）原料加工工艺

1．陶瓷的主要原料和化学成分

（1）陶瓷的主要原料：陶瓷是由天然矿物如黏土、瘠性原料（如石英）、熔剂原料（如长石），以及少量的化工料按适当的比例组合，经粉碎、成型，并在高温烧成的情况下，经一系列的物理化学反应所形成的坚硬制品。

（2）陶瓷主要原料的作用：黏土作为可塑原料，起黏结成型作用；石英作为瘠性原料，起骨架的作用；长石作为熔剂原料，起助熔作用。

（3）陶瓷产品的化学成分：氧化钾（K_2O）、氧化钠（Na_2O）、氧化钙（CaO）、氧化镁（MgO）、二氧化硅（SiO_2）、氧化铝（Al_2O_3）、氧化铁（Fe_2O_3）、氧化钛（TiO_2）等，与地球的表层结构成分相似。地壳的 8 大主要成分为氧、硅、铝、铁、钙、钠、钾、镁，8 种元素占地壳总量的 97.7%。

（4）陶瓷配方的主要组成成分比例为 Al_2O_3：17% ~21%；SiO_2：69% ~70%；$Fe_2O_3 \leq 0.5\%$；CaO <0.7%；MgO <0.7%；K_2O：2.5% ~3.1%；Na_2O：2.5% ~3.1%；灼碱 <3%。

2．石英

石英是一种瘠性物料（类似河沙）。配方中可加单独的石英，也可不加，因为其他原料中含大量的石英成分（SiO_2），现配方中未单独加入石英。

（1）石英是陶瓷坯釉的主要化学成分之一。其作用有：①在坯体中降低干燥收缩。

②一部分石英熔解在长石玻璃中，而未熔的残留石英颗粒，则构成瓷坯骨架，防止软化变形。③石英在高温下的晶型转化产生膨胀，可以抵消部分坯体收缩产生的负面影响。④在釉料中构成生成玻璃的主要成分。

（2）石英的主要类型。

①天然纯石英，最纯的是水晶。

②脉石英：属硅质熔岩，纯度高，SiO_2含量一般为98%以上，Fe_2O_3、CaO含量少；石英岩：硅质砂岩经变质作用，石英晶体长大再结晶而成，纯度一般在97%以上。这两种都是陶瓷工业常用的石英原料。

③砂岩：由细胶SiO_2胶结砂粒组成的硅质岩石，硅含量一般在90%～95%。石英砂是风化后呈颗粒状的石英，其杂质较多，陶瓷工业一般不使用。

④燧石：呈结核状或瘤状的沉积岩。即球磨中用的鹅卵石，杂质主要是碳酸钙。

⑤硅藻土：由微小的硅藻遗骸沉积形成，其本质是一种含水的非晶质SiO_2，SiO_2含量在70%以上，只能用于制造多孔陶瓷隔热材料。

（3）石英的性质。

①成分：主要为SiO_2，只含极少量的杂质如Fe_2O_3、CaO、MgO、Al_2O_3等。

②外观：呈乳白色、白色、灰色，半透明，断面呈玻璃光泽或脂肪光泽，莫氏硬度7。

③有多种结晶形态和玻璃态，加热过程中有多晶转化特性。573℃时，在转化过程中有0.82%的体积变形，属高低温型快速转化，虽转化体积变化小，但速度快，升温或冷却控制不当，将导致产品开裂，所以要高度重视。

（4）石英的检测项目。

水分含量、外观粒度、色泽、纯净度、烧后色泽（散烧）、化学成分分析。

3. *长石*

长石是一种熔剂原料，主要引入碱金属氧化物，如K_2O、Na_2O。

（1）长石的作用。

①有助于降低烧成温度和加快成瓷反应的进行，使坯体逐渐致密。因坯体中的石英、黏土都有很高的熔点，而长石在1 100℃～1 200℃熔融形成长石熔体，所以在高温下能熔解部分高岭石分解物和石英颗粒，加快成瓷。

②有助于莫来石晶体的发育和改善瓷坯的机械性能（抗折度）。

③高温下长石具有一定的黏度（特别是钾长石），能防止高温变形。

④熔体冷却后形成的玻璃相能提高制品的透光性。

⑤在坯料中也是一种瘠化剂，可降低坯体干燥变形和缩短干燥时间。

（2）长石的主要类型。

长石主要由氧、硅、铝、钙、钠、钾6种造岩矿物元素构成，为架状硅酸盐结构。按其结构可分为正长石系和斜长石系两大类，主要代表矿物如下。

正长石系：钾长石（$K_2O \cdot Al_2O_3 \cdot 6SiO_2$）、钡长石（$BaO \cdot Al_2O_3 \cdot 2SiO_2$）。

斜长石系：钠长石（$Na_2O \cdot Al_2O_3 \cdot 6SiO_2$）、钙长石（$CaO \cdot Al_2O_3 \cdot 2SiO_2$）。

另有一种钾钠长石（KNaO）$\cdot Al_2O_3 \cdot 2SiO_2$（$K > Na$）。

(3) 长石的性质。

①成分：长石的主要化学成分是 SiO_2、Al_2O_3、K_2O、Na_2O、CaO，杂质含量少，其中以 Fe_2O_3 最为有害。

②熔融性：作为熔剂，熔融特性最为重要。理论上，钾长石的熔融温度为 1 190℃，钠长石为 1 100℃。因含有 CaO、MgO、Fe_2O_3和少量石英、云母等杂质，所以长石能在一定温度下软化，变成玻璃。

a. 钾长石在 1 150℃左右开始熔融，产生白榴子石（$K_2O \cdot Al_2O_3 \cdot 4SiO_2$）和硅酸玻璃，1 530℃全部变成液相。可见熔融范围之宽。

b. 钠长石的熔融范围在 1 100℃ ~1 200℃，比钾长石窄很多。

c. 钙长石在 1 550℃熔融，范围窄，一般用于釉、玻璃。

d. 钡长石在 1 715℃熔融，建陶不采用，一般用于玻璃、特种陶瓷。

③长石熔体的黏度随温度的变化性：

a. 高温下钾长石融化慢，黏度较大。随着温度提高，黏度变化缓慢。

b. 钠长石熔融物融化快，黏度小，随着温度提高，黏度降低很快，同时钠长石熔体对黏土和石英颗粒的熔解作用比钾长石要大。

(4) 长石的检测项目。

①外观色泽、破碎粒度、水分含量。

②解胶性能，烧后白度、透度，烧成收缩、烧失量，烧后表面性状。

③化学成分分析。

4. 黏土

黏土是一种含水铝硅酸盐矿物，在陶瓷、造纸、橡胶工业中被广泛应用。

(1) 黏土的作用。

①有利于坯体成形：陶瓷坯料一般采用黏土、石英和长石等基本原料配制而成。其中石英、长石均是瘠性原料，本身缺乏可塑性，更无结合能力，因此必须依靠黏土原料特有的可塑性能、结合性能以及泥浆的悬浮稳定性能获取所需的成型性能，以便使陶瓷坯体得以成型。

②使半成品具有一定干燥强度：成型后的半成品经干燥后，由于黏土原料的结合，具有一定的干燥强度，从而保证坯体在修粘、施釉、搬运及装钵各道工序中不致破损。

③构成瓷坯骨架：在烧成过程中，黏土经过一系列物理化学反应将转化为莫来石晶相，成为瓷坯的主要骨架。莫来石晶体的骨架作用，不仅有效地增加了制品抵抗烧成变形的能力，拓宽烧成范围，而且使烧成后的制品具有较高的机械强度与良好的热稳定性及化学稳定性。

(2) 黏土的性质及工艺性能。

①黏土具有三种主要性质，即可塑性、灼烧后的固结性及微细颗粒的结合性。

黏土是各种颗粒微细的矿物组成的混合体，它在与水调和后，可塑成各种形状，干燥后保持塑成的形状，经煅烧至适当的温度仍不失厚状，且变得如岩石般坚硬。

②黏土的工艺性能：可塑性、结合性、收缩性、烧结性、烧后色泽。

a. 可塑性：黏土原料的重要工艺性能，含适量水分的黏土团在一定外力作用下产生形变而不开裂，除去外力仍保持其形变的性能称为可塑性。可塑性与黏土的类型、颗粒大小和形状，黏土胶粒吸附粒子、分散介子相关。

b. 结合性：黏土的结合性是黏土黏结一定细度的瘠性物料形成可塑泥团，并形成一定干燥强度的性能。通常黏土的可塑性愈强，结合性也愈好，在黏土能够形成可塑泥团的前提下，用掺入标准的最高量来表示结合性的大小。

c. 收缩性：黏土原料的收缩包括干燥收缩、烧成收缩和总收缩。干燥收缩是黏土干燥至恒重时，由于气孔和水化膜中的水分排出，空隙减小，颗粒间距离缩短而产生的长度或体积的缩小。烧成收缩是在高温下烧成时，由于结晶水排除，黏土中产生的液相填充空隙，颗粒由于表面张力的作用而靠拢，或形成新的结晶相所引起的长度或体积的缩小。总收缩则是试样干燥前至烧成后总的尺寸变化。

收缩率计算公式：$S=(L_1-L_2)/L_1\times100\%$，其中 S 为收缩率，L_1 为干燥前或烧前的尺寸，L_2 为干燥后或烧后的尺寸。

d. 烧结性：黏土是由多种矿物组成的，它没有固定的熔点，而是在相当大的温度范围内逐渐软化。

黏土被加热到一定温度（800℃）时，开始剧烈收缩，随着温度升高，气孔率不断下降，密度不断提高，收缩逐步加剧，当温度升高到一定温度时，气孔率下降至最低值，密度和收缩率达到最大值，呈现烧结状态。当温度继续升高至一定值时，由于液相增加，气孔率又增加，密度下降。烧结性包括烧结温度和烧结范围两项参数，其取决于原料的化学组成和矿物组成。

e. 烧后色泽：建陶产品要求黏土的烧后颜色白度要高。白度与矿物成分、铁质等因素有很大关系。

（3）黏土的分类。

①按形成过程分，通常分为两类：残留黏土、沉积黏土。

残留黏土也叫一次黏土，是与已经风化、蚀变的母岩同生在一处的黏土，这类黏土形成过程中未经自然力搬运，其纯度、粒度和性能主要取决于母岩的纯度、蚀变程度，移走的杂质量和外来的杂质量。南方多为此类黏土。

沉积黏土也叫二次黏土，是母岩风化后受雨水、风力等自然力的迁移作用，在其他地点沉积后形成的黏土。这类黏土在形成过程中经搬运、迁移、自然分选，所含砂粒少，颗粒细，可塑性好，但混入杂质较多。北方多为此类黏土。

②按成矿作用特点，可分为风化残积型、热液蚀变型、沉积型。

南方黏土多为风化残积型和热液蚀变型。风化残积型黏土一般铁和硅含量高，铝、TiO_2及有机质含量低，游离石英多，如江西星子、广东飞天燕土、湖南界牌土。热液蚀变型黏土如江苏苏土。

北方黏土多为沉积型黏土。由于自然分选作用，黏土粒度细，SiO_2含量少，Al_2O_3含量高，TiO_2含量少，有机物质多，黏性及吸附性强。

③按矿物组成分，可分为高岭土类、蒙脱石类、叶蜡石类、伊利石类、水铝英石类。

a. 高岭土类：最主要的黏土矿物，因发现于江西景德镇浮梁县高岭村而得名。化学式为：$Al_2O_3\cdot2SiO_2\cdot2H_2O$。

b. 蒙脱石类：以蒙脱石为主要矿物的黏土是膨润土，蒙脱石化学式为：$Al_2O_3 \cdot 4SiO_2 \cdot nH_2O$（$n>2$），陶瓷厂用的唐县土即为此类黏土。

c. 叶蜡石类：结构类似蒙脱石，是一种层状硅酸盐矿物，硬度低，有滑腻感，化学式为 $Al_2O_3 \cdot 4SiO_2 \cdot H_2O$。主要产地为福建、浙江、江西。

d. 伊利石类：结构类似白云母。伊利石类矿物构成的黏土一般可塑性差，干燥强度小，烧结度低，我们把瓷石归于此类黏土。

e. 水铝英石类：是一种非晶质黏土，能溶于盐酸，其他黏土只能溶于硫酸。此黏土在自然界中不多见，往往包含在其他黏土中。它可提高黏土的可粘性和结合性。

（4）黏土的检测项目。

①外观：颜色、杂质、水分含量。

②可塑性、收缩率、烧失量、烧后状况（有无黑心、白度）。

③化学成分分析。

5. 其他原料

滑石：是一种层状结构的硅酸盐，与蒙脱石、叶蜡石结构类似。滑石是一种含水硅酸镁，化学式为 $3MgO \cdot 4SiO_2 \cdot 2H_2O$，理论上含 31.7% 的 MgO，但通常为 29% 左右。

滑石没有黏土的特性，比较柔软，具有细腻感。我们常用的滑石为黑滑石和烧滑石。滑石对增加坯釉白度、增宽烧成范围、降低坯体温度很有好处。

建陶常用的原料还有：方解石、石灰石、白云石、硅灰石、锂瓷石等。

6. 陶瓷添加剂

（1）减水剂：也叫稀释剂或解胶剂，实际上是一种电解质。电解质之所以能产生稀释作用，原因在于它能改变泥浆中黏土粒子胶团的双电层厚度和 ε 电位。

①减水剂中的电解质。

减水剂具有水化能力强的一价阳离子，如 Na^+，能直接离解或水解而提供足够的 OH^-，使分散系统呈碱性。它的阴离子能与黏土中的有害离子形成难溶的盐类或稳定的络合物。

②常用减水剂。

常用减水剂分为无机电解质类和有机盐类。

无机电解质类主要有水玻璃、碳酸钠（Na_2CO_3）、磷酸钠（$NaPO_3$）、氢氧化钠（NaOH）等。

有机盐类有腐殖酸钠（RCOO－Na）。

③检测减水剂主要检测它的解胶性能，通过对比试验检测。

（2）增强剂：增加坯体的干燥强度，是一种临时黏合剂。增强剂实质上是一种聚合电解质。

常用的增强剂有羧甲基纤维素（CMC）、阿拉伯树胶等。

增强剂的检测：主要检测黏度。

7. 加工工艺

原料的破碎：部分坯用原料为保证其化学含量、烧制温度、气氛及成品白度的稳定性，一般采用原矿，即从矿山直接运回的硬块状原料。由于原矿块状原料粗大且硬，对原料配制输送、球磨等会造成影响，故需对生产用石块状原料进行加工破碎，以提高工作效率。

原料的均化：原料的不稳定性主要对成品的强度、白度、烧结程度、烧成温度以及砖坯形状等方面造成影响。原料不稳定的原因主要有：其一，原矿形成时，不同层次的原料，由于形成年代不同，化学含量存在一定的变化；其二，供应商在供货过程中，未能对原料进行充分加工，混入化学含量不稳定的原料。另外，由于天气、运输方面的原因，不同批次的原料水分含量不一致，为了保持原料配料的准确性，以及成品质量的稳定性，需对进厂原料进行多方面的混均。

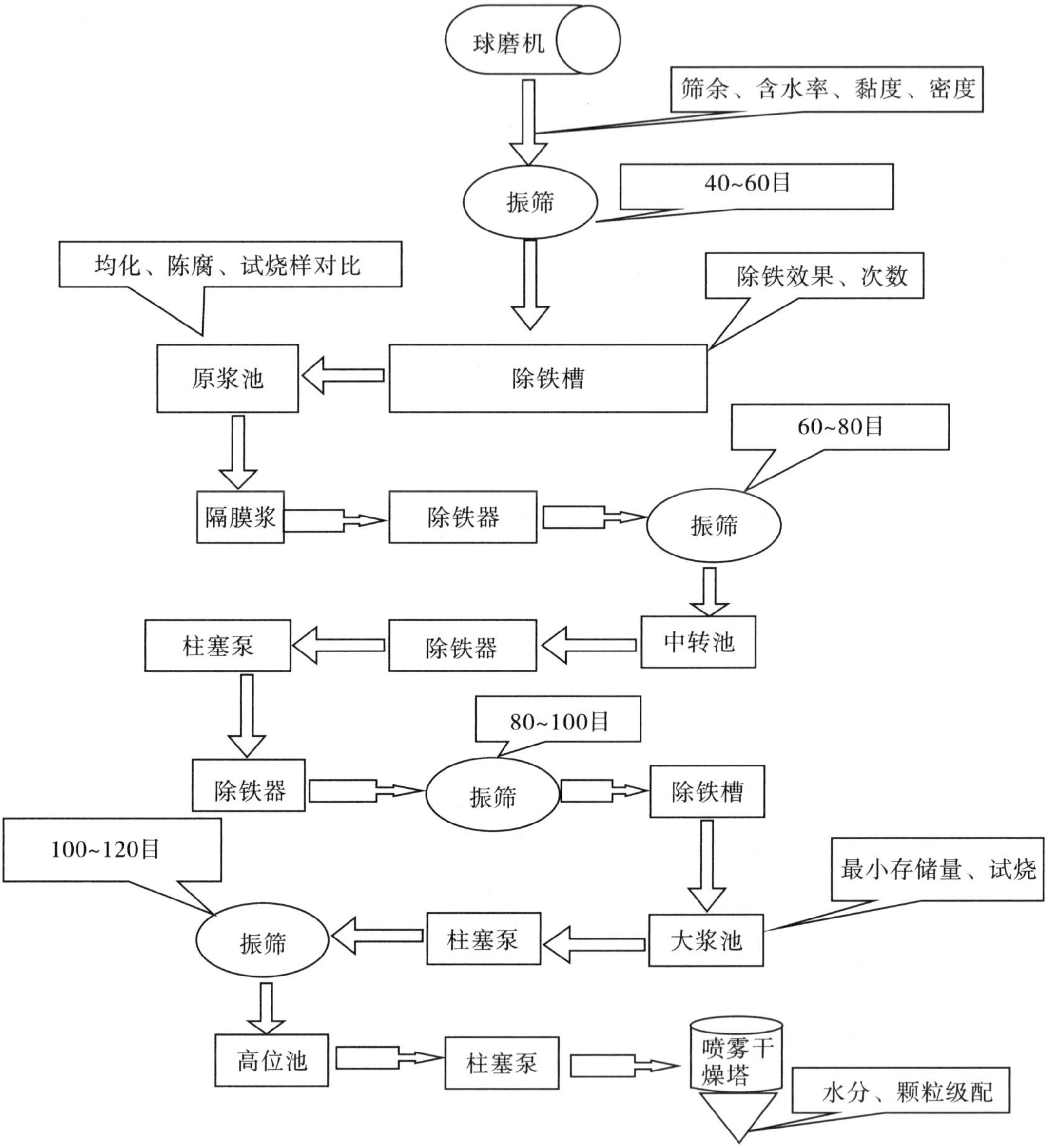

图2-3　原料车间工艺流程图

表 2-1　原料水分检测表

编号	原料名称	购进日期	含水率（%）					均化日期	含水率（%）					使用时间	含水率（%）				
			A	B	C	D	E		A	B	C	D	E		A	B	C	D	E
1																			
2																			
3																			
4																			
5																			
备注：																			

（二）喂料

喂料看似小事，实际上关系到配方的准确性和工艺操作的可行性。基本顺序是先上部分砂质料，以利于皮带运输，将量少的或易扬尘的料夹在中间。上料地磅（10～30t）应精确到 ±20kg，皮带秤应精确到 ±0.1kg，加水用表应精确到 0.1 立方米，添加剂应精确到 ±0.25kg。

表 2-2　球磨机入球监磅记录表

球号	配方品种	原料名称	含水率（%）	配比（%）	重量（kg）	实际入料量（kg）

产品生产中必须满足的条件是合适的烧成温度（一般为 1 160℃～1 220℃），较宽的烧成范围，较小的烧成变形和烧成收缩率，坯体较好，化学组成合适（SiO_2 占 65%～73%，Al_2O_3 占 16%～23%，CaO + MgO 占 1%～3%，K_2O + NO_2 占 4%～7%，Fe_2O_3 < 1.5%，TiO_2 < 1%）。产品的性能及生产工艺根据以下因素确定：第一，产品的吸水率等性能；第二，坯体的生坯干燥强度，同时考虑泥浆的流动性能，坯体干燥敏感性决定黏土的种类和用量；第三，成品的强度。

（三）球磨

（1）球磨工应掌握各种原料及化工料的用途，这对达到生产工艺标准要求有很大帮助。

（2）入料前，首先要检查各种机器设备是否正常运转，如有异常，应及时修理。

（3）在入料过程中，大块的泥团必须切细，发现有杂物，及时清除。

（4）加球石时，一定要把球石清洗干净。球磨机的球石级配和添加，对配方的影响很大。因此，每入完一球料后，必须把散落在地的泥沙及时清回该球，避免影响浆料质量。

（5）原料全部入球后，要停止送料，进行摆球使料落入球内，摆球时，要注意安全。

（6）坯料的筛余对产品的烧成有很大的影响，如果筛余波动大，就会导致产品烧成收缩率不等，同一批产品有不同的尺寸。为稳定坯料筛余，必须控制球磨机的未填空间高度、转速、球磨时间，及时补充球磨介质。当所用原料硬度发生变化时，必须调整球磨时间。

（7）要按照配方单的要求准确放入辅料，放化工料时，一定要准确过磅，加水时，要按照水池规定的刻度衡量加水重量，要按工艺参数控制好浆料的密度及黏度。

（8）加球石时，空球的高度不能超 1.6～1.65m（14t 料），以防造成加磨，33 下球 1.7～1.75m。

（9）做好相应的准备工作，注意安全。

（10）停机后系上安全带，把球磨机的小盖螺丝慢慢松开，待球内气体排出后，才能打开小盖，由测检员完成密度、筛余及黏度的测试，合格地放浆。

表 2－3　球磨运行、浆料参数记录表

球号	开球时间	停球时间	球时	球石内空	浆面高度	黏度	密度	筛余	含水率	复检				结论
										黏度	密度	筛余	含水率	

（四）放浆

（1）放浆前，必须搞清楚浆料的品种，认真检查筛网是否磨损，才可以放浆。

（2）放浆时，必须经过除铁处理，才能进入浆池。

（3）浆料陈腐后，含铁量应低于 0.3%，筛网在 80～100 目，保证搅拌均匀。

（4）放浆工要做好浆料品种、浆池号、球磨机的始停时间等的记录，并签名。

（5）注意相关的安全工作、卫生工作。

（五）抽浆

（1）做好抽浆前的检查工作。

（2）在抽浆前必须清洗浆管，清洗后，空压一分钟，检查开关、管道是否有漏浆现象。

（3）看好浆料品种、浆池号，然后过筛除铁。

（4）经常检查筛网，有破损要及时更换。

（5）搞好混色搭配，进入中转缸为喷雾干燥做准备工作。

表 2－4　放浆、抽浆作业记录表

放浆池 浆料名称	浆池号	检测时间	浆料筛余	筛网目数	换筛时间	磁棒数量	清棒时间
中转浆池 浆料名称	浆池号	检测时间	浆料筛余	筛网目数	换筛时间	磁棒数量	清棒时间
喷浆罐 浆料名称	浆罐号	检测时间	浆料筛余	筛网目数	换筛时间	磁棒数量	清棒时间

（六）浆料过筛除铁

从球磨的出浆到浆料陈腐，必须进行过筛除铁，滤去粗料和杂质，使浆料含铁量低于0.3%。原则上必须先过筛，除去浆料中的粗大颗粒、树根腐殖物及其他杂质等，再进行浆料除铁，增强除铁的效果。

浆料过筛除铁必须经过三级以上控制工艺，即球磨机至放浆池为一级，放浆池至储浆池为二级，储浆池至调色缸、中转缸为三级。

过筛工艺控制：放浆用4～8目筛网；过筛除铁用80目加厚筛网；调色释中转缸时，面料用100目，其他用90目；水煤浆过筛用100目。

各种浆料、粉料的过筛要求：

（1）大颗粒料：球磨70目，大浆池80目，混色池80目，中转缸80目，塔底10目，底料12目；

（2）幻彩料：球磨70目，大浆池80目，混色池90目，中转缸100目，塔底12目；

（3）超细粉（面料）：球磨70目，大浆池80目，混色池90目，中转缸面料100目，中转缸底料90目，塔底12目。

（七）储浆

浆池的体积应可存放一天以上的产量，浆池体积越大，越能达到均化的目的，但要保证搅拌均匀。泥浆除了在搅拌叶的作用下旋转外，还必须上下回流交换、撞击，以避免泥浆分层，出现搅拌不到的死角而造成沉淀，引起不均匀分布。泥浆储存时间一般不宜太久，以不超过3日为宜，时间过久会造成色差。

（八）色浆配制

色浆一般应符合下列工艺参数：色浆含水率为35% ~36%，色浆325目筛余为0.5% ~1.0%，色浆流速小于24秒。

色浆制备过程中，为避免浆沉淀，减小色差，应往色球中加入适量基浆或使用其他合适的悬浮剂（和CMC等），并保持连续搅拌，最后对色浆罐的待用色浆进行含水率、黏度的检验，然后通过计算调整其含水率，使之与所测基浆相一致，黏度要适当小于基浆。

进行配色的色浆应过60目以上的双层振筛。

（九）喷雾干燥塔粉料制备

（1）司炉工启动喷雾干燥塔时应先检查热风炉的油路和风轨是否正常，喷枪的管道、喷嘴等是否完好，柱塞泵是否正常，喷料品种是否有误，塔底输送带等能否正常运转，检查无误后准备开塔喷料。

（2）启动抽风机（负压风机，排风机）。

（3）启动助燃风机（雾化风机），打开重油开关控制油量从小到大使其逐步升温，认真调节好喷油枪及助燃风机（配热风闸）以达到充分燃烧。

（4）待炉温升到一定温度范围（塔顶温450℃ ~600℃，塔中温400℃ ~650℃，塔底温70℃ ~100℃），炉温一般在1 100℃时则可启动柱塞泵。

（5）塔底启动输送带、筛网。

（6）关闭放浆阀和出水阀，打开中转缸进浆阀；打开柱塞泵冷却水；开启柱塞泵，调节好柱塞泵压力，调到最低值，先低后高，先慢后快，压力一般在0.4MPa左右（有时在0.2 ~0.3MPa）。

（7）开启柱塞泵时，控制好喷枪的开启数量，随着热风炉温度的升高，逐渐增加进塔的热风量，增加喷枪的开启数，保持排风温度小于或等于90℃。

（8）开塔期间，注意保持各温度、压力参数在规定的范围内，保证粉料的颗粒级配和含水率符合基础浆料、粉料、喷雾干燥塔工艺指标等要求。

（9）如停塔较长时间，必须进行喷水清洗，防止堵塞浆管，注意关紧吸水管上的浆阀，防止水倒流回浆池、中转缸。

（10）停塔步骤：关闭吸浆阀，打开进水阀，由泥浆喷雾转换成水喷雾，把浆管、喷枪洗净；停柱塞泵，打开过滤器上的排污阀，放尽浆管中的水，关掉冷却水；停振筛、输送带；停油泵，待喷嘴及油管中的余油流尽后停下雾化风机、助燃风机；关闭其他水、油阀门及总电源。

（11）司炉工在开塔过程中，必须注意而且要掌握的基本要求、要领：

①喷雾干燥主要控制参数：泥浆浓度，进热风温度，排风温度，塔内负压，排风管负压，坯粉含水量，以上的参数不是独立而是相互影响的。

②泥浆浓度对坯粉的容重和颗粒度有很大影响，浓度提高，坯粉的容重变大，雾化效果下降，雾粒变粗，产生颗粒级配不合格。

③提高进风温度，可以减少供给喷雾干燥塔的热风量，在排风量不变的情况下升高进

风温度，就可以提高产量，进风温度以不高于550℃为宜（在450℃ ~550℃变化）。

④开大排风闸板及关小配热风闸板，可以升高塔内负压。塔内负压小会造成过筛困难、产量低，负压过高，炉温不易保持稳定，使供热风不足、喷雾干燥塔内水蒸气排不走、粉料较湿，出现粘壁现象。

⑤排风温度是一个比较重要的参数，能反映粉料的干湿度，热风温度过高或过低，其坯粉就过干或过湿，可以通过调节泥浆的流量或燃油供给量来保持热风温度，使坯粉的含水率恒定。一般情况下，可以通过提高进塔热量（加大燃油量，提高进风温度，升高塔内负压，提高进塔热风量或热风温度）和减少泥浆处理量来降低坯粉的含水率，反之则提高坯粉的含水率。

⑥喷雾干燥塔的喷枪数是根据所要求的产量、坯粉含水率、颗料级配来决定的，影响喷嘴雾化的主要因素是：旋片结构、喷嘴孔的磨损程度、泥浆的浓度和黏度。泥浆的浓度和黏度增加、喷雾锥角变小及喷嘴孔径变大会使粒度变粗，泥浆压力增加（调节柱塞泵压力）、喷雾锥角变大则会使粒度变细，一般情况下，喷雾干燥只要正常操作即可。但是，对于瓷质砖，由于涉及色差问题，对粉料的颗粒大小和含水率必须严格控制，尽量保持稳定。为此，几个重要的参数必须保持稳定。泥浆压力不稳，颗粒尺寸波动，色料显色效果不同，极易造成色差；塔内温不稳定，粉料的水分波动大，色料和底料混合时配比不稳定，也容易导致色差。

⑦开塔和关塔时过干和过湿的粉料必须作废料回收。

⑧启动热风炉时，不准正面点火，应站在侧面。点火时如燃油未能充分燃烧而产生大量蒸气（浓烟）窜入塔内，应立即停止供油、气、水煤浆，并尽快启动抽风机，防止烟气过浓而产生爆炸。要待烟气排出散尽后才能重新点火，温度在300℃或以上打燃起火，300℃以下点火。

⑨严禁在柱塞泵工作时关闭所有出浆阀门，易造成超压事故。

⑩在喷雾干燥塔的排风温度、泥浆的浓度等正常的情况下过筛困难时，可以关掉柱塞泵3 ~5分钟，使塔内温度上升，解决过筛困难。

⑪在突然停电的情况下，应抬高喷枪20cm，以免造成喷枪堵塞，并迅速关闭阀门，打开塔大门和泥浆排污阀。停电超过10分钟，要拆枪清洗。如突然停水，立即把柱塞泵压力调小0.2 ~0.3个气压。

⑫在喷料过程中，产生油硅问题，有两个方面的原因：一是重油质量差，这时候油温一定要为100℃ ~110℃，节能素水温要达到并保持在110℃以上，才能使重油充分燃烧，达到最佳雾化效果，减少油硅的产生；二是热风炉进风量过大，进风口应该用砖封住2/3，封住后对排风负压进行适当的调整。

⑬开塔期间，要检查喷枪是否有堵塞。敲打浆管时，必须用一只手握住接头处的胶管，防止脱落造成烫伤事故。

⑭喷片的使用：一般情况下，基础浆采用2.2 ~2.8mm，色料浆采用2.8 ~3.2mm。

表 2-5　喷雾干燥塔运行参数记录表

塔号：			粉料种类：									
检测时间	喷枪支数	喷片规格	泵压	炉膛温度	塔顶温度	塔内负压	排风温度	粉料水分	颗粒级配			
									20	40	60	100

（十）粉料的配制与处理

（1）粉料的配制。

表 2-6　粉料处理工艺记录表

喷粉仓号	塔号	喷粉时间	水分	颗粒级配				清棒时间	磁棒支数	储料仓号	配比	配料仓号	粉料名称
				20	40	60	100						
备注													

底料：粉料仓→电子配料秤→振筛→混料器→压机。陶瓷厂生产的聚晶微粉砖采用专用底料、半透底料、泥料配制而成，各种料的烧成温度、球磨细度等均有不同，则在坯体中的烧缩比不一致，很容易造成坯体在烧制过程中变形，故底料配比的准确性及混料的均匀性对成品的弯曲度影响很大。

面料：配比工艺与底料基本相同，粉料配比的稳定性对成品表面花色的稳定性影响很大。粉料配比的误差应小于0.5%。

（2）混送料要求。

①每次往压机送粉或转送粉必须经车间送粉班长以上人员同意，转料或送粉以快而不乱、提高运行率为原则，所以每次送粉或转送粉前应预先做好准备工作，对品种、名称、送粉量、所送粉料技术要求、颜色、泥屎回收方式等要进行充分了解。

②送粉时，送粉工按步骤先清干净压机粉斗，选择好输送带路线，并将需用的输送带沿线全部清干净，检查输送带开关是否在“自动”位置，然后开启输送带，检查输送带的运行情况，走偏的要及时调整，然后开动箱底皮带秤和打开粉箱口进行送粉，送粉量要及时调节好，一般在车间未作特殊要求的情况下，以刚好够压机食用最好。

③特别注意在开动输送带前必须搞好卫生，否则会出现粉料混杂的情况而影响质量。

表 2－7　粉料检测记录表

粉仓号	陈腐时间	上压机时间	压机号	水分	级配				打磨细度				粉料名称
					20	40	60	100	A	B	C	D	
备注													

（3）配送料注意事项。

配送料前：

①合理调配好各个料仓，并在料仓上口和料仓下口处设标识牌，清楚标明料仓号和应装粉料的名称等。

②配送料前要熟悉各条生产线所使用的输送带及路线走向等内容。

③配送料前先仔细查看工艺通知单，明确所要配送料的名称和料仓号、应送入的料仓号、各种粉料的比例等。

④完成上述内容后，应先清理好各个料仓、电子秤、输送带、料斗、振筛、除铁机、平台等设备的卫生，清理干净后方可送料。杜绝杂物、杂质和不同类粉料混入。

⑤使用料仓粉料前，通知原料化验室检测粉料水分和颗粒级配，如出现水分不合格的粉料，应进行同种料多仓搭配调整使用，尽量保证压机用料质量合格。

⑥配送各种微粉面料一定要按照工艺比例设置调整好各电子秤参数，确保比例精确。换仓、换料、换秤时，必须校准电子秤，确保误差范围小于1%。

配送料中：

①配送料前，在压机平台大倾角顶挂所需送料标识牌，楼下放料员收到信息后，在大倾角底挂相同的标识牌以示确认。开料仓锁放料时，必须有两人同时在场（放料员放料，微机员监督并复核，微机员不在时，由班长监督），两人同时确认无误签名，并用对讲机再次确认后，方可送料。班长随时抽查送料是否正确。

②配送料时，对使用的料仓号、粉料名称、送入的料仓号、送料数量、送料时间、搭配比例等都要做好记录。

③送完一种料改送另外一种料时，必须首先关闭好前种料料仓闸门，同时清理干净各料斗、电子秤、输送带、振筛、平台、除铁机等，确保干净后方可转送另一种料，严禁出现混料现象。

④料仓停用时上锁，锁身贴上标签并按仓号编号，锁杆上挂牌，牌上标注仓号及粉料名称，钥匙上贴标签，与锁头上编号一致。

⑤料仓停用上锁后，还需用编织袋扎紧袋口，确认不漏粉后才能离开。

其他事项：

①所有清洁卫生产生的废粉料严禁倒入料仓和输送带上，应及时拉走倒入指定回收料仓。

②各放料口设置的磁棒需定时清理，特别是料仓上口磁棒笼。

③开输送带时，首先查看输送带上下前后有无人和杂物，确保无误后才能开机。开机后注意皮带走向，严禁皮带跑偏运行。出现跑偏时立即停机，通知机修处理，处理好后再开机。

④送料过程中时刻留意振筛筛网的完好情况，破损要立即更换。

⑤送料时，要时刻保证压机仓里有 1/3 以上的粉料储量，严禁断料，以免造成砖面缺料、缺花。

⑥要保证各输送带上的防尘棚清洁完好，防止外界杂物进入粉料。

第三节　原料车间的各工序管理条例

一、粉料混杂处理规定

（1）一般情况下由于粉（浆）料混杂、杂质混杂、入错箱、入粉时漏泻等原因造成污染其他粉（浆）料的要及时上报。

（2）由于人为原因造成产品降级的，扣罚责任人；生产出来的砖全部作垃圾处理的作双倍扣罚，班长主管负连带责任。

（3）未能及时发现电路故障或机械故障而造成产品降级超过 10 平方米扣罚责任人。

（4）需将因满泻、输送带跑偏等各种原因掉到地上的粉料铲回输送带或料箱再使用时，必须经过当班班长同意，并由当班班长在现场监控。

二、刮烂输送带的处理规定

（1）开动输送带前需调好输送带，由于人为原因使输送带折断或刮烂时，扣罚当事人，由于粉料或泥沙卡死输送带而致刮烂的亦作人为无检查处理，由于人为原因而致输送带停止运行后所出现的重大经济损失另外再作追究。

（2）当班管理人员检查到正在运行的输送带走偏，在输送带支架或输送带底可以看见胶粒时扣罚责任人，其他人员检查到输送带走偏时扣罚当班管理人员。

（3）正在使用的输送带的轴承、托碌工作不良，或因保养不善发出较大响声时，第一次口头警告，第二次罚款，依次类推。

（4）正在使用的输送带不知因何原因停止，造成粉料漏泻于地面时，500kg 以下不作扣罚，500kg 以上扣罚。

三、造成粉尘飞扬的处理规定

（1）凡需用粉尾槽放粉时，必须关好闸板或用袋包好粉管口，由于人为原因致使车间粉尘飞扬的扣罚责任人。当由上而下放粉时可用水先将粉料浇湿以防粉尘飞扬。各工序人员清洁时必须洒水，不洒水或未洒够水造成粉尘飞扬的扣罚责任人。

（2）使用不完整工具，致使工作环境及马路铺满泥浆或粉料的，由责任人负责清理干净。

四、泥屎的处理规定

（1）泥屎必须按车间规定的仓号堆放，不清楚情况时必须向司磅员了解。

（2）严禁将泥屎倒于仓外造成处理困难，不服从司磅员指挥乱倒乱放亦做同样处理。

（3）泥屎必须纯净，不可含有机油、布、竹条等物。

（4）倒错泥屎或泥屎中含有杂质而司磅员未发现或未对违章人员执罚的，责任属司磅员。

（5）司磅员数据失实、乱登记的扣罚司磅员，另要对清洁工的泥屎水分进行检测，除去水分再作记录，车间要求含水量小于40%的为合格，否则亦作违章处理。

五、盖好箱盖的处理规定

所有不入料的粉箱必须盖好箱盖，如发现没有盖好箱盖的扣罚当班责任人，造成粉料混杂的再另按第一条处理。

六、数据记录失准处理规定

（1）各工序人员对车间所规定需记录的生产数据必须如实进行记录，一般情况下记录时间与实际相差半小时的作违章处理。

（2）各工序人员在粉箱入完料后必须检查或更改箱面、箱底的黑板记录，未检查或更改的扣罚责任人，更改后字迹模糊不清亦作未检查或未更改处理，由于数据失准造成混杂的另外处理。

（3）混送粉、压粒工序人员测得水分与车间要求相差超过0.3%时，必须第一时间通知车间处理，无上报而在下一工序发现相关水分问题时，追究相关人员责任。

（4）送至压机的粉料遇到投诉，送粉员所检测粉料参数超标而之前没有向车间反映或所检数据与记录不符时亦作违章处理，扣罚送粉员。

（5）喷雾干燥塔所喷粉料送往压机后，因水分超标（与标准相差0.3%以上）造成砖坯分层的，扣罚司炉工。送粉员未能及时发现水分问题并及时汇报的受扣罚，当班大、小班长按100%连带罚。

七、振筛使用处理规定

（1）各工序员工必须按车间规定更换振筛筛网或放好筛网，扣罚发现正在使用或备用的筛网破烂不作处理继续使用的人员；振筛用于泵浆造成塞枪的，处罚；未经上级批准有意用错筛网的，扣罚责任人；由于技术水平不高，无意选错、装错其他筛网，未造成损失的，扣罚处理，造成损失后责令采取措施补救。

（2）要装好各振筛架才能开机，没有装齐螺丝或安装不合要求，开机后造成振筛架损坏的，以及缺少螺丝、未完全装好或未拧紧螺丝的扣罚责任人。

（3）一般情况下有安装振筛的地方必须使用振筛，例如送粉工序、塔下工序、泵浆工序等，发现有筛不过筛，粉、浆料不过筛的双倍扣罚；送到窑炉车间烧成后方发现问题造成降级的，按粉料混杂处理规定第二条处理。

（4）当运行中的振筛突然停止运行而操作员未能及时发现作未使用振筛处理时，未过筛的粉料按上边规定的粉量扣罚；造成粉料漏泻不能再用的，对责任人进行处罚。

八、铲车工序处理规定

（1）上班前必须检查铲车油、水及机械的使用情况。

（2）铲车的行驶速度不准超过 25 千米/小时，超速造成铲车或建筑物损坏或发生事故的，视情况追究当事人责任。

（3）铲车司机铲料前，必须按球磨员挂牌与铲车单安排铲料品种。有意铲错料，造成重大质量或经济损失的扣罚 500 元/球；无意铲错料，及时反映采取补救措施仍造成重大损失的扣罚 100 元/球；无造成重大损失但浆料未能按计划使用的扣罚 20 元/球。

（4）铲车司机应按铲车单上的顺序、数量进球。发生错误，监督员要求改正，20 分钟内司机未作处理的扣罚 50 元/次，半小时内仍未见处理的扣罚 200 元/次。

（5）来厂原料要及时堆放，否则造成仓内卸料困难或空位太大难以堆放的，同工序人员全部扣罚。

（6）喂料机顶的红灯亮时，无论任何情况下，都不能铲料，若造成经济损失或人员伤亡事故视情况处理。

（7）铲车司机铲料前，必须看清喂料机显示屏处在零位才可以铲料。

（8）服从司磅员安排，搞好泥屎仓堆放。

（9）未经车间批准禁止铲车卸泥沙，否则扣罚。发现司机收取财物为他人工作、提供方便、教人开车或让非铲车工序人员开车的扣罚开车人和司机，每次罚款不少于 500 元，对影响重大或屡次犯错的开除出厂。

九、喂料机工序处理规定

（1）首先检查、清理完喂料机内泥沙，然后把显示屏置数到零位才可以铲料。

（2）每一球的料必须基本进完，留下的料不得超过 50kg。

（3）喂料机进料时，不允许离开岗位，如由于人为原因造成喂料机损坏时，每损坏一件链板扣罚一次；输送带损坏，按刮烂输送带扣罚。

（4）进入喂料机内工作，必须打开报警用红灯；工作许可的环境下，尽量先通知工作伙伴，才进入机斗内工作，减少安全事故的发生。已被告知但擅离职守者，发生事故时，负全部责任。

（5）下班前清理喂料机前散落泥沙，以方便铲车搞好卫生。

（6）搞卫生清出的泥沙要按指定的仓号入仓，一般情况下可向司磅员了解回收仓使用情况。

（7）叫铲车铲料前，先检查所有设备情况，合格后，要将铲料品种写在小黑板上，挂于喂料机斗前指定地方，没有写好铲料品种或乱挂黑板造成出错的按球磨工序处理规定第一条处理；铲完料后喂料机人员没有拿走或改挂黑板而致出错的由喂料机人员负全部责任。

十、球磨机开机前工序处理规定

（1）入球时有意不加、少加或加错化工料，事后有意隐瞒事实，未向上级及时汇报反映，无采取任何补救措施，造成该球出现质量问题或经济损失的扣罚责任人；如放于浆池后造成浆料混杂的，当月超过 2 次的开除出厂。一般情况下，未向上级反映，无采取补救措施，待车间从其他工序发现的一律作有意处理。

（2）入球时无意不加或少加化工料，事后未隐瞒真相，能及时向上级反映情况，积极采取补救措施，仍然造成混杂或经济损失的扣罚责任人；放于浆池内的连同池内存浆量一并计算，若无造成经济损失的作警告处理。

（3）入球时无意加错化工料，但事后未作处理和未向上级反映的作有意处理并扣罚；有向上级反映，及时采取补救措施但仍然造成经济损失的，扣罚 50 元/球；未造成经济损失或混杂的作警告处理。

（4）入球时没有加水造成返球的，扣罚责任人。

（5）入球时有意多加或少加水的，扣罚责任人，无意多加或少加水的作警告处理，但超出标准 ±200kg 时双倍扣罚。在一般情况下，黑板有详细记录落水量，但入球人员仍未按量加水的一律作有意多加或少加处理；假如由于黑板数据未更新造成出错的由班长负责，以 20 元/球计算，所有入错的球一并计算在内。

（6）新旧配方要求分开放浆。

（7）浆池放满浆或根据生产需要放浆后，要求通知质检室对色。

（8）球磨机开机时间要如实填写，不超出实际时间 ±5 分钟。

（9）车间及质检室一齐检测数据，未经批准不能更改、撕毁。

（10）清洁卫生、洗球、洗浆池的水禁止流到浆池内。

（11）取用化工料、色料时，不得漏洒到路面，入球时漏落的泥沙要当球入完，禁止把泥沙冲到水渠。

（12）添加球石必须准确，沿途漏到路面的必须清理干净。

（13）清洁卫生时严禁把水冲到大轴座、坑带、刹车线圈。

（14）当球入完泥沙就开机，重量超过 200kg 时，扣罚责任人，处罚的人员按地段划分，属喂料机未上完料的罚喂料人员，属入球的地段罚入球人员；另外所有同地段当球入球人员一并扣罚（在现场的人员一并扣罚）。假如经部分人员提醒后仍拒将料补入完毕的至少双倍扣罚，严重的开除出厂。

（15）喂料完毕开机前，必须在球墩上写好开机时间及停机时间（并记录在入球记录本上，不能有涂改），如有意或无意写错，但事后未做更改或向上级反映处理，造成数据失实延长或缩短预球时间的扣罚责任人，所写时间与实际误差超出1小时的双倍扣罚。

（16）在球磨机转换生产品种期间要洗球时，出现有意不洗干净而造成浆料混杂或浆料完全不可再用的经济损失，扣罚责任人500元/球。所入浆料仍可用到其他品种，但使车间难以处理的，扣罚责任人100元/球。凡放于浆池内造成浆料混杂的，连同池内的存浆量一并计算。出现以上情况班长不知情、未向上级反映或未作处理时，另负50%的责任。所以洗球时要留意清洁度。

（17）用化工料时，一般情况下要按顺序去用，并要在下班前将附近卫生搞干净（一般情况下头、尾先用，不能随意乱用）。

（18）当班未使用的球口化工料、色料要拉回化工料堆放处。

（19）开球前必须先开辅机，再开主机。

（20）一般情况下当班所铲入喂料机的料当班入完，就算未进完料亦可以交班。

（21）入球时未关好浆阀致使上边入水或入料时下边泄漏而影响浆料质量或泄漏的水流过浆池影响池内浆料质量时，没有造成经济损失的扣罚责任人；造成经济损失的（如半成品车间烧成不稳定等）按质量事故扣罚条例处理。

（22）放浆前没有按车间的规定打捞球内的浮杂物和没有去过磅的扣罚入球人员，班组长一并扣罚。故意向上级虚报清理情况，而上级有充足证据证明球磨人员说谎没有进行打捞的扣罚责任人。

（23）入料需要摆球时必须小心控制大球，发现将水、泥等材料倒出球外面造成该球出现质量事故的，按规定来处理。

（24）没有拨浆管或未放完浆料就入球的扣罚责任人（如果管理人员指挥员工进球的扣罚管理人员）；放浆组长在完全放完该球后1小时内没有关浆阀和拨浆管的扣罚；造成质量事故、砂石漏到浆渠影响浆料质量的扣罚；如果没有放完浆进球造成质量事故的按质量事故扣罚条例来处理。

（25）入球时所需的一切化工料、球石、色料，均要提前拉到球口铁板的两旁摆放整齐，保持通道畅通。

十一、球磨机开机后工序处理规定

（1）任何人未经车间批准不能提早或延时停球，一般情况下无故停球超过3分钟未作检查的就当已停球，时间不符就作违章处理。

（2）放浆时如有意放错浆池的扣罚至少500元/球，放于浆池内时连池内浆料一并计算，同月内超2次的开除出厂。无意放错，事后能向上级及时报告无任何隐瞒，采取补救措施，但仍造成损失或使车间难以处理的扣罚责任人；无造成损失时作警告。

（3）在放浆时，有意、无意不开搅拌机的，未造成损失时警告当事人；因时间过长造成浆料沉积结团车间难以处理，或处理过程中浪费人力、物力，直接造成经济损失的扣罚100元/次。

（4）在放浆后，操作员必须在浆池面的小黑板和大黑板上注明所放浆料的品种，并注明所放品种是第几球，是否带色。不填或填错，未造成经济损失前发现的警告当事人；造成误导使泵浆员泵错浆出现浆料混杂以致经济损失的至少扣罚100元/球，连同池内中转缸的所有存量一并计算。

（5）测浆后球石位低于标准要加球石，有意不加球石的扣罚责任人；测石位不准造成多加或少加，高度与实际标准相差超过6cm时，扣罚测浆人员，相差超过12cm时加倍处罚。

（6）班长填写预球时间表时随意更改时间，与实际相差15分钟以下的扣罚，1小时以上的双倍扣罚。特别注意下班前半小时内的预停球故意延长或缩短时间机会较多，假如这半小时内应停的球车间人员不停机拿浆送往检测，属球磨人员责任；若质检员不测浆，属质检员责任时，必须向车间证实方可免罚。

（7）对未符合工艺要求需要返球的大球，球磨人员必须安排返球。发现偷工减料，用不正当方法取浆或到其他合格的大球取浆蒙骗质检员以便达到不用返球目的的人员，车间从重处罚。

（8）清洗大球或设备时，不可将水冲到大球电机或电器件上，以免造成电箱或电器件烧坏，经济损失超过200元的视情况再追究责任。

十二、泵浆、清磁棒工序处理规定

（1）泵浆前未经车间同意打开水阀往浆料中加水，造成浆料浓度与标准相差±1Be的扣罚。

（2）由于外界原因造成浆料浓度与标准相差±1Be时未及时向上级反映，泵浆使用后出现质量事故的扣罚。

（3）车间不定时抽测中转缸浆料浓度与标准相差±1Be时，扣罚跟班班长，跟班主责抽测结果扣罚泵浆员。

（4）泵浆上中转缸后必须及时填写中转黑板，当出现质量事故后跟班主责连带负50%责任。

（5）泵浆过程中应保证振筛浆料不会满泻或四处漏浆。

（6）泵浆过程中规定磁棒直径不得大于3cm（以磁棒数中间为准）。

（7）停泵浆时先关好浆阀，然后再清洗管道，洗管时未关好浆阀直接把洗管水排到浆池内的扣罚，浆料出现偏差±1Be按质量事故计罚，按规定只能用排气阀放洗管水。

（8）清磁棒的铁砂一定要拉到垃圾堆，不能乱堆乱放。

（9）所有浆池必须完全泵空后才允许转泵另一个浆池（一般情况下以见到搅拌机下浆为泵完，转产例外），班长以上人员安排的责任由通知人负责。

（10）要养成池空、泵停、水停、搅拌机停、振筛停的好习惯。

（11）不得乱用杂物和纤维布等掩饰中转缸上除铁盆及振筛漏浆。

（12）未按规定摆放磁棒的扣罚，发现用磁棒打其他硬物的扣罚。造成磁棒断裂的，照价赔偿。工作期间盘点磁棒数与实际数不相符，但又无其他合理理由和证据的做遗失处理，扣罚负责人。

十三、喷雾干燥塔造粒工序处理规定

（1）扫地的粉料或垃圾一律不准铲入粉箱或输送带，造成混杂的按粉料混杂处理。

（2）不按车间规定使用喷枪支数的，扣罚 10 元/支。生产过程中，每 20 分钟振枪一次，未按规定做的扣罚，造成漏浆或淋塔的加重扣罚。

（3）按规定每小时必须检测粉料质量，发现油硅及其他缺陷的要及时反映；无检测或无反映，造成粉料质量下降或出砖后出现 30 平方米以上降级的扣罚，另加扣罚粉箱存量。

（4）洗塔时除将塔、输送带清洗干净外，还要将沿途输送带的托碌所粘的粉料、铁锈清扫干净，造成当班缺陷超标的按相关制度处理。

（5）保证喷料水分和粒子的稳定性，不能乱加或减枪生产，因此而造成粉料水分和粒子不合格，经压砖出现各种缺陷的按平方米计算进行扣罚，停机时间按管理人员停机时间 50% 扣罚。

（6）生产过程中造成塞枪的，必须查明原因，属未洗管塞枪的扣罚塔下工，属有胶粒或其他杂物堵塞的扣罚泵浆和清磁棒工。属司炉工人为原因的扣罚司炉工，该合格率申请后可以免罚。

（7）检测洗塔是否干净的标准为用 100 目筛在塔嘴下接 1 分钟，烘干后不够 20g 为合格。洗塔不能对准一点洗，必须按顺序洗塔，由于洗塔不干净造成混杂的按第一条规定处罚。但如经班长以上人员同意的，责任由班长以上人员承担。

（8）正常开塔时，未经批准造成塔顶温度超过 650℃，热风炉温度超过 1 200℃时，扣罚司炉工。造成质量事故按相关规定处理，能及时汇报上级处理的可以免除扣罚。造成设备故障的根据损失大小处理。

（9）入料过程中，出现输送带机械或电路故障、突然停止等特殊情况，不属人为原因导致但未及时发现造成漏泻数量在 1t 以下的不作扣罚，2t 以上 3t 以下时扣罚责任人，3t 以上时加罚。人为故障而致停带时双倍扣罚，造成混杂时按粉料混杂处理规定处理。

（10）每小时用水测法检测油硅，发现油硅要及时反映，未反映情况，使粉料中含有油硅，造成砖坯质量下降但仍可再用的扣罚责任人；整箱粉不能用或要转用于其他计划外编号品种时按质量事故处理；生产中抽检发现有油硅的作不反映情况处理。

（11）每 20 分钟振枪一次，但司炉工虚报情况，实际未做，向上级反映时说有做的，车间人员在证据充足的情况下，扣罚责任人。

（12）每小时检测一次粉料的水分和粒子情况，发现不合格的及时调整。假如质检数据记录反映准确，但实际使用和记录相差超过 0.5%，粉料需要搭配后方可使用的扣罚司炉工。

（13）停塔时要清理好喷枪，关好风机、空气压缩机和电加热器。

十四、塔下工序处理规定

(1) 未按车间要求更换或放好筛网的，按振筛使用处理规定处理。

(2) 开塔时未经车间或司炉工同意不准乱调柱塞泵的压力，否则扣罚。

(3) 开塔时要及时协助司炉工上浆，停塔或转料时一定要把尾浆放出，再上水洗枪。

(4) 由于未能及时对旋风除尘器进行清理造成填塞，时间在 4 小时之内的扣罚跟班、塔下工，时间超过 4 小时则对上述责任人加倍扣罚，造成其他事故的另计。

(5) 做到泵停水停。

(6) 当班时要检查各设备是否正常，发现问题时要及时找机修修理，当发现有问题而又不处理时，作违章处理，造成停塔或停产的按质量事故处理。

(7) 洗塔的泥屎按规定必须清理干净，才可用水冲洗，用水把泥屎直接冲入水沟的，扣罚责任人，并责令其将水沟全面清理干净。

(8) 塔下振筛不允许发出响声，由于螺丝未拧紧造成筛架与筛框发生摩擦，发出较大响声的，则扣罚当事人，检查到出现杂质的则按质量事故处理。

(9) 转产或开塔后必须在 20 分钟之内填写好转产通知单并及时送往质检室。

十五、混送料工序处理规定

(1) 凡入错箱、混错料或造成混杂的按粉料混杂处理规定处理。

(2) 刮烂输送带的按刮烂输送带处理的规定处理。

(3) 用错筛网的按振筛使用处理规定处理。

(4) 操作员调错比例，造成粉料不能按原计划使用或不能使用的按粉料混杂处理规定处理。

(5) 压粒入箱没有使用搅拌器的，扣罚责任人。

(6) 送粉时由于检查不足而致秤口堵塞或送粉重量不够的属送粉人员的责任，由于人为原因造成停压机的扣罚当事人。属于电路或机械故障的要由班长证明，由于秤口部分堵塞造成比例失准的，按粉料混杂处理规定处理。

(7) 由于技术水平不高或经验不足，未向上级反映工作情况而使送粉自动系统操作错误，造成粉料混杂的，按粉料混杂处理规定处理。

(8) 当班转料后，所有不用的秤必须清理干净。

(9) 混送料各工序人员在机电工到场维修、安装时要协助做好防杂措施，如无把握的必须及时向上级反映，出现质量事故按粉料混杂处理规定处理。

(10) 在粉料自检处均设立垃圾桶摆放处，垃圾达到半桶时，由早班人员负责倒往垃圾场，几个相关工序共用的垃圾桶则由相关工序人员共同负责。

(11) 所使用的设施在经过其他工序时如产生漏粉、满泻，由设施使用工序人员负责清理，正常生产所产生的粉尾则由该地段卫生责任人清理。

(12) 当班所有振筛不可有噪声产生。

（13）经检查，洗箱不干净的扣罚直接责任人，出现质量事故按粉料混杂处理规定处理。

十六、粉料、泥浆存量及使用的有关规定

（1）所有泥浆、粉料必须按工艺要求陈腐 24 小时以上才可使用，如遇特殊情况必须报车间副主任以上审批，如违背此规定将进行处罚，具体责任部门如下：

①如浆料充足而违规使用泥浆，扣罚喷雾干燥塔泵浆工序人员。

②如因浆料不足造成泥浆、粉料陈腐时间不够，扣罚球磨工序及排产人员。

③如粉料充足而使用不够陈腐时间的粉料，扣罚送粉工序人员。

④如浆料充足而粉料不够，被迫使用陈腐时间不足的料种，扣罚喷雾干燥塔工序及排产人员。

⑤以上第②④项如排产人员已安排而球磨和喷雾干燥塔不按计划实施，排产人员免罚。

（2）所有在线生产料种必须满足各条线的使用量，每一料种存量规定如下：

①排产 2 天以上的产品的泥浆、粉料存量不得低于 2 天的使用量（其中粉料存量不得低于 1 天的使用量），不得高于 4 天的使用量（其中粉料存量不得高于 2 天的使用量），如违背规定将对排产人员按规定进行处罚，特殊情况必须上报车间主管审批方可变通执行。

②如产品生产量不足 2 天，要求粉料必须提前生产时间 1 天准备好。

③如以上两条排产人员已安排，但其他工序及相关部门未能按计划实施而违反规定，将按规定处罚各工序及部门主管。

（3）粉料入仓及使用必须坚持先入先用、空仓先入的原则，具体要求如下：

①喷雾干燥塔在入仓时必须将不同料种分开入仓。

②入仓时必须按指定粉箱，进满第一个才允许进第二个，不允许在粉箱未进满的情况下换箱。

③进满粉料的粉箱必须标示清楚（料种、入仓时间、水分含量）。

④送粉工序在使用粉料时，必须按指定仓号使用，原则上坚持两个及以上粉箱搭用的原则，用电子秤送料，在送料过程中用空一个才允许换第二个，不允许留半箱料就换箱，如遇粉箱中的料有质量问题不能调整的，应先换箱后向其主管汇报说明原因。

第四节 原料车间的生产报表管理

表 2－8 原料车间球磨日报表

编号：

班次： 年 月 日

球号	品种	开机日期及时间	停机日期及时间	加磨时间	停电时间	实际运行时间	球石高度（m）（球蛋面到衬砖面）	浆面高度（m）（浆面到衬砖面）	浆料含水率（%）	黏度（s）	密度（g/cm^3）	筛余（%）	备注

表 2－9 原料车间球磨段班长交接班记录表

编号：

班次： 年 月 日

<table>
<tr><td rowspan="4">生产状况</td><td>装球数量与品种</td><td colspan="3"></td></tr>
<tr><td>放浆数量与品种</td><td colspan="3"></td></tr>
<tr><td>放浆池存量与品种</td><td colspan="3"></td></tr>
<tr><td>中转浆池存量与品种</td><td colspan="3"></td></tr>
<tr><td rowspan="9">设备运行及保养维护状况</td><td>铲车、升降机</td><td colspan="3"></td></tr>
<tr><td>喂料机</td><td colspan="3"></td></tr>
<tr><td>输送带</td><td colspan="3"></td></tr>
<tr><td>球磨机</td><td colspan="3"></td></tr>
<tr><td>除铁机</td><td colspan="3"></td></tr>
<tr><td>浆池搅拌</td><td colspan="3"></td></tr>
<tr><td>柱塞泵</td><td colspan="3"></td></tr>
<tr><td>滚筛及换网</td><td colspan="3"></td></tr>
<tr><td>圆筛及换网</td><td colspan="3"></td></tr>
<tr><td>现场“7S”</td><td colspan="4"></td></tr>
<tr><td>注意事项</td><td colspan="4"></td></tr>
<tr><td>当班班长</td><td colspan="2"></td><td>接班班长</td><td></td></tr>
</table>

表 2-10　原料车间浆料盘点日报表

编号：

池号	品种	空位	存量（t）	池号	品种	空位	存量（t）	池号	品种	空位	存量（t）
1				10				19			
2				11				20			
3				12				21			
4				13				小计			
5				14				小计			
6				15				小计			
7				16				小计			
8				17				小计			
9				18				总计			
备注		浆料计算：浆池体积×1.70，含水率34%									
盘点人											

表 2-11　原料车间造粒用浆日报表

编号：

班次：　　　　　　　　　　　　　　　　　　　　年　　月　　日

塔号	池号	品种	缸号	使用时间	用完时间	更换筛网记录	使用柱塞泵号	交班人签名	接班人签名	备注

表 2-12　原料车间化浆日报表

编号：

班次：　　　　　　　　　　　　　　　　　　　　年　　月　　日

池号	浆高	基浆名称	色浆名称	色浆数量	化浆时间	使用时间	用完时间	使用人签名	备注

表 2－13　原料车间喷雾干燥塔报表

编号：

班次：　　　　　　　　　　　　　　　　　　　　　　　　　　　　　　年　　月　　日

时间	用浆池号	品种	柱塞泵压力（MPa）	气压（kPa）	塔身负压（Pa）	排风负压（Pa）	炉温（℃）	塔顶温度（℃）	塔身温度（℃）	排风温度（℃）	泥浆喷枪支数	粉料含水率（%）	粉料颗粒度（%）			入仓号
													大于 20 目	大于 40 目	小于 100 目	

表 2－14　原料车间送粉报表

编号：

班次：　　　　　　　　　　　　　　　　　　　　　　　　　　　　　　年　　月　　日

时间	带号	仓号	品种	含水率（%）	颗粒度（%）				备注
					大于 20 目	大于 40 目	大于 60 目	小于 100 目	

表 2－15　原料车间粉料配料记录表

线号：　　　　产品编号：　　　　　　年　　月　　日　　　　　　　　班次：

<table>
<tr><th rowspan="2">配料时间</th><th rowspan="2">配料名称</th><th colspan="3">使用料</th><th colspan="9">在用粉料</th><th rowspan="2">在用料实测配比</th><th rowspan="2">配比误差</th><th rowspan="2">配入仓号</th><th rowspan="2">配料员</th></tr>
<tr><th>名称</th><th>额定配比</th><th>设定流量（kg/s）</th><th>仓号</th><th>名称</th><th>实测流量（kg/s）</th><th>仓号</th><th>名称</th><th>实测流量（kg/s）</th><th>仓号</th><th>名称</th><th>实测流量（kg/s）</th></tr>
<tr><td></td><td></td><td></td><td></td><td></td><td></td><td></td><td></td><td></td><td></td><td></td><td></td><td></td><td></td><td></td><td></td><td></td><td></td></tr>
<tr><td></td><td></td><td></td><td></td><td></td><td></td><td></td><td></td><td></td><td></td><td></td><td></td><td></td><td></td><td></td><td></td><td></td><td></td></tr>
<tr><td></td><td></td><td></td><td></td><td></td><td></td><td></td><td></td><td></td><td></td><td></td><td></td><td></td><td></td><td></td><td></td><td></td><td></td></tr>
<tr><td>抽查时间</td><td></td><td colspan="3">班长抽查记录</td><td colspan="11"></td><td>签字</td><td></td></tr>
</table>

表 2－16　原料车间粉料仓储存日报表

班次：　　　　　　　　　　　　　　　　　　　　　　　　　　　　　　编号：

仓号	品种	存量(t)	仓号	品种	存量(t)	仓号	品种	存量(t)	仓号	品种	存量(t)	仓号	品种	存量(t)	仓号	品种	存量(t)
1			10			19			28			37			46		
2			11			20			29			38			47		
3			12			21			30			39			48		
4			13			22			31			40			小计		
5			14			23			32			41			小计		
6			15			24			33			42			小计		
7			16			25			34			43			小计		
8			17			26			35			44			小计		
9			18			27			36			45			总计		
备注	粉料计算：体积×0.97，含水率0.7%																
盘点人																	

表 2－17　设备保养记录表（受控文件）

机器编号：　　　　　　　　　　　　　　　　　　　　　　　　　　　　年　　月　　日

设备名称								设备型号										功率(kW)						保养人员								
保养项目	频率	26	27	28	29	30	31	1	2	3	4	5	6	7	8	9	10	11	12	13	14	15	16	17	18	19	20	21	22	23	24	25
设备卫生情况	日																															
传动链机传动皮带松紧情况	日																															
传动部件机轴承润滑情况	日																															
传动波箱机油情况	日																															
传动部件机紧固件松紧情况	周																															
联轴器震动情况	周																															

（续上表）

设备名称								设备型号										功率（kW）						保养人员								
保养项目	频率	26	27	28	29	30	31	1	2	3	4	5	6	7	8	9	10	11	12	13	14	15	16	17	18	19	20	21	22	23	24	25
电机风网滤清器情况	周																															
设备防火、防电、保温情况	周/月																															
传动水平	周/月																															
设备加润滑油情况	周/月																															
传动波箱更换机油情况	周/季																															
设备易损件更换情况	周/季																															
设备运行情况（√、×、○）																																
停机时间（分钟）																																
主管查核																																
重大故障：A																																
重大故障：B																																
重大故障：C																																

备注：（1）日保养规定车间保养人员必须每天对设备进行检查，发现问题及时处理。

（2）周保养要求车间保养人员对设备的紧固情况或传动件进行检查，发现问题及时处理。

（3）此记录表由各车间负责人监督保养人认真填写。第二个月 3 日前交设备动力部，作为车间设备考核。

（4）设备运行情况栏：正常“√”，故障“×”，待机“○”。

第三章　原料车间的质量管理和控制方案

在国内国际市场趋于统一化的今天，陶瓷市场的竞争愈演愈烈，目前已达到白热化的程度，从价格战转变到质量竞争，绝大多数陶瓷企业都深知抓质量升档次的妙处，在这个方面深挖潜力，狠下苦功，以保有应占的市场份额。想要在强手林立的陶瓷市场中迎风击浪，稳步发展，狠抓产品质量、严把质量关成为我们每一个生产管理者义不容辞的责任。

应根据原料车间在生产中表现出来的具体运作特点，参照成功管理的经验模式，在车间内部实行三级品检的管理办法和设立工序质量控制点来具体控制产品的品质。在现场管理中，针对每一个影响产品质量和生产能耗，提高产品质量，降低成本的关键点，设立专门负责人进行重点控制，充分体现个人工作岗位的职责要素，采取自检和互检、车间检与厂检三级检验的质量检验体系，充分体现生产管理过程中点、面、体相结合的生产管理特征，并突出重点管理对象的基本模式，以确保产品品质的稳步提高及质量事故的发生率为零，生产出优质原料，并切实做到降耗增效的生产管理目标，保障大生产顺畅进行。

第一节　三级品检办法

根据原料车间生产运作的具体特点，在产品质量把关方面，我们实行个人自检和互检、车间检、厂检三级质量检验制度，确保产品品质的稳定与提高，下面我们分别从这三个方面加以具体阐述。

一、第一级：个人自检和互检

在具体生产过程中，各工序岗位人员应对生产的产品时刻进行自我操作的检验和工序之间的相互监督，确保生产合格优等品，为大生产的稳定提供有力的保障。

（1）原料配料检验。在原料投球时，喂料人员严格按照技术科下达的配料单，对泥沙料、化工料、球石、水等的数量进行对照比较，保证数据准确，用料无误。另外，球磨人员入球时，再对各原料数量、品种进行数据核对，并且与喂料人员相互监督检查。

（2）浆料性能检验。球磨人员对加工好的浆料进行工艺参数检测，浆料的黏度、密度、筛余、含水率全部检测合格后才能放浆入池，喷雾干燥塔司炉工对泵入中转罐的浆料进行抽查复核，对所测得的数据与球磨工段所测得的数据进行比较、对照，找出差异处，并对上一工序不合格之处提出批评，以保证正常的燃烧工艺。

（3）浆料过筛除铁效果检验。各泵浆人员抽取一小桶储浆池中转罐、调色罐的浆，用100 目标准检验筛洗浆，观察洗净后检验筛内的残余物，确定过筛除铁效果。

（4）粉料性能和粉料质量检测。在喷粉过程中，喷雾干燥塔司炉工要每 30 分钟检测一次每一个品种的粉料的水分和颗料级配，保证粉料严格按照工艺要求执行。另外，司炉工还必须每隔 2 小时对自己所喷的粉料用 100 目标准检验筛洗粉一次，确定前一工序的过筛除铁效果及本工序的燃烧和雾化效果。并且，压机送粉人员对粉料箱储存的粉料进行抽检，对不合格的粉料进行及时调配，并监督上工段人员对喷粉工艺进行及时调整。

二、第二级：车间检

产品生产的质量状况如何，车间自身要对情况了如指掌，为达此目的，我们原料车间特设立配料员，以全面监控检测产品的质量状况。

（1）浆料性能的检测。配料员参照技术科下达的工艺参数，每班对浆料的性能进行两次抽查检验，以监督各工序浆料指标检测数据的真实性和准确性。

（2）浆料、粉料质量状况的跟踪。为全面掌握车间生产的浆料、粉料质量状况，配料员每班对喷粉前的浆料进行两次清洗，观察浆料的含杂质状况，监督除铁效果；对喷雾干燥塔所喷的粉料，每班洗粉两次，抽查燃烧效果；对送上压机的粉料，每个储粉箱洗粉两次，抽查粉料除铁效果；对压机用料，每班洗粉两次，跟踪了解产品含杂质情况。

（3）压机用粉检测。原料车间质量控制的成功与否都由压机用粉表现出来。因而，配料工段是原料车间生产的窗口，对压机用粉，配料员必须花大气力进行检测和调整，保证良好的协调工作和粉料的优良性。

三、第三级：厂检

由技术科下派专门的质检员，对原料车间各工艺参数进行全面检测，保证生产工艺的严格性。

（1）配料单的跟踪记录。由司磅员对喂料人员所入原料的数量、品种、规格进行全过程跟踪，保证技术参数的严格贯彻执行。

（2）浆料性能的检测。由球磨质检员确认每球浆料数据达标后才能放浆。

（3）粉料性能的检测。粉料质检员每小时检测压机用粉粉料的水分和级配各一次，并严格要求按先喷的粉先用的原则保证粉料的陈腐期。

事实证明，通过以上三级质量检验的控制办法，粉料质量有了较为明显的稳定和提高，希望在以后的工作中，进一步严格地按照三级质量检验制度，严把每一道质量关，参照工艺标准，生产优质粉料。

第二节　由原料引起的成品缺陷

一、浆料杂质

特征：呈密集的深黑色、浅黑色或灰黑色。

产生原因：原料中含有各种各样的矿物质，在原料加工过程中，因工艺流程控制不严，现场管理检查跟踪不到位，事前工作不够细致与完善，产生大量的杂质缺陷，影响产品的质量。

处理措施：①制定严谨而科学的工艺流程，并严格执行工艺管理，对每一个细节认真检查跟踪；②检查球磨机时，要对每台球磨机进行木渣打捞工作，减少球磨机内杂物；③中转浆料时，用 80～100 目筛网循环过筛；④从球磨放浆到喷雾干燥塔喷粉，至少要对浆料进行三次除铁；⑤定时检查筛网，防止筛网破裂或穿孔而导致杂物混入浆料；⑥对浆料含铁量进行检测，保证除铁后的浆料含铁量低于 0.01%。

二、喷雾干燥塔杂质、熔洞

特征：深黑色、不同颜色的小点，同时砖面伴有熔洞。

产生原因：①在喷雾干燥塔喷料的过程中，热风炉膛及风管长时间受高温极高流速热风冲击影响，耐火砖及耐火泥产生松动而脱落，以及燃烧过程残留的氧化有机物伴随热风被抽入塔内并混入粉料产生杂质。②二次冷风门没有用筛网盖好，周围环境的污染粉尘伴随冷风被抽到正在喷粉的喷雾干燥塔内；二次冷风槽内的铁板生锈及槽内聚集的许多杂物未被清理干净。

处理措施：①在喷雾干燥塔喷粉前对热风炉、热风管、二次风门、分风器等设备进行清理，将残留在各部位的耐火砖碎片、氧化物、煤灰、铁锈等彻底清理干净，待专人检查确认清理合格后才能开塔喷水；在开塔喷水的清洗过程中，再次把磁棒放到洗塔后的水中看是否还有铁锈，确认合格后才能上浆喷粉。②每班必须进行洗粉检查跟踪工作，并定期对塔内各设备进行检查清理。

三、燃料供热产生的杂质

特征：细小颗粒状的黑点杂质，呈密集不规则状分布于砖表面并伴有小黑熔洞。

处理措施：①检查煤气过滤网目是否合要求，加强煤气过滤网的清理，检查筛网是否完好；②每隔 2 小时排放煤气管道的酚水一次，并检查煤气管道是否存在积水现象并及时清理；③定期停塔清理喷枪口上的结焦物，合理调节助燃风配比，确保燃烧效果，减少燃烧过程中出现火花；④与气站沟通，采取有效措施进行防范，保证煤气质量，将不完善的设备加以改进；⑤在喷枪前装焦油滤清器，使焦油分离，减少入炉燃烧产生的火花。

四、杂料、混料

（1）浆料混色产生的混料缺陷。

特征：砖面的色泽不对原版或伴有杂色。

产生原因：管理不规范，浆料品种多、浆管复杂、标示不清，员工在操作时粗心疏忽发生混浆事故，从而产生混色混浆。

处理措施：①加强车间内部管理，实行定员定岗，严格执行操作管理规范与工艺参数，严禁未经培训上岗的新员工上岗操作。②对根据不同品种编号的浆料做好标识，放浆入池时必须按指定的浆池放浆。③中转浆料前必须用水清洗干净浆管，检查池号、配色缸号、品种编号是否相符，确认无误才可以抽浆。

（2）粉料混配过程中产生的杂料、混料。

特征：砖面出现不同颜色的斑点或密集的小斑点。

产生原因：喷雾干燥塔正常生产过程中，由底料转喷面料或由面料转喷另一种有色粉料时，因没有对喷料流程进行全面清理，导致产生杂料、混料情况。

处理措施：喷雾干燥塔正常生产过程中，由底料转喷面料由面料转喷另一种有色粉料时，必须进行停塔、洗塔，将喷料流程、浆管、输送系统彻底清洗干净，经检查合格后方可喷料，并做好品种标识。

（3）粉料输送过程中产生的杂料、混料。

产生原因：①在配送料过程中，因粉箱编号标示不清，员工粗心大意，将不同编号的粉料混合送料，导致杂料、混料；②送料前没有对输送带进行检查，没有将输送带上的余料清理干净，将残留在送料带上的余料一起送进粉箱导致杂料、混料；③输送带有交叠现象，没有做好防护。

处理措施：①配送料时，首先检查设备是否正常，认真检查并清理干净输送系统，深色料转浅色料时必须用水对输送带进行全面清理；②对皮带交接处的胶瓦面及附近的电箱面、支架角铁等进行全面清理吹扫；③核对品种编号、粉箱标识，做好防护遮盖，确认无误后方可按指定的粉箱送料；④对粉箱口及料斗口进行全面遮盖，避免外界飞扬的杂物掉入粉箱内。

五、粉团、粉团裂

特征：砖面出现粒状粉团或粉团位置有细小裂纹，以单粒或多粒的形式分布于砖表面。

产生原因：①粉料长时间流过某一位置形成积粉；②粉料存在一定的湿度和温度，在粉箱存放过程中集聚成泥块状的粉团，在生产过程中，由于外力的敲击集聚过厚而脱落，最终混到粉料里面形成粉团；③压机顶上的落料斗密封过严，水汽无法通畅排除，压机落料斗或移动管未及时清理而产生结团；④由于某种或者几种粉料水分偏湿或粉料颗粒严重偏细，造成粉料的流动性差，在混送料的过程中，未能均匀散开而形成粒状的粉团；⑤粉料经过破碎机挤压结团，未经筛网而落进压机布料系统。

处理措施：①正常情况下尽量避免敲打落料斗、落料板、落料管；②严格控制好粉料的水分和颗粒度，尽可能按照各项要求操作，并定期清理各机械上的积粉；③定期清理破碎机内的积粉并在各料斗前、破碎机后和压机移动斗上安装筛网，避免大颗粒结团物掉入成型粉料中。

六、小白点

特征：抛光后的砖面上存在密集的小白点，小白点表面无光泽且容易吸污。

产生原因：挂壁料通常来源于喷雾干燥塔生产过程，开塔时塔顶、塔身温度过高，浆料喷到塔顶、塔身造成挂壁，长时间集聚，水分挥发后自然脱落并混入粉料中，如果该粉料的陈腐期不足，两种干湿料不能有效渗透水分更容易出现该现象。

处理措施：①开塔喷料前，先喷水保持塔内温度稳定，待各仪表参数达到预定要求后，才开始喷粉；②稳定泵压，调整喷枪角度，防止浆料喷到塔顶、塔身，减少挂壁；③经常检查塔内挂壁情况，定期停塔、洗塔。

七、原料配比不合理而引起的变形

特征：在窑炉温度曲线及烧成周期等各项工艺参数稳定的前提下，出窑产品出现龟背或凹心变形，该变形多出现于全透微粉砖、深色微粉砖等。

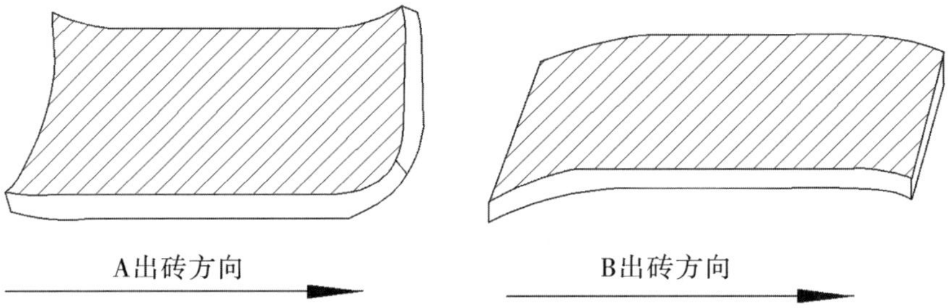

图3－1　出窑产品变形

产生原因：微粉二次布料产品的底面料配方的适用温度存在一定的差异，再加上底面料由多个料种配制而成，每一种料的物理性能不一样，在配料过程中某种配料比例不准确，烧成过程中产生物理化学变化导致产品变形。

处理措施：①严格按工艺要求比例进行配料，加强比例检测，检查配料设备是否运行正常，防止料仓口堵塞及设备故障而导致某种原料配比不准确，保证配料过程比例准确无误；②可采取多箱粉料同时配料法，以便减少单一粉箱配料误差而造成的变形；③检查压机二次布料的填料深度是否有变化并予以校正，避免底面料厚度误差引起变形。

八、黑熔洞、有色熔洞

特征：呈黑色或其他颜色不规则洞状分布在坯体表面上，一般直径在0.1mm以上。

产生原因：①原料加工过程中有橡胶或较大的有机物杂质、铁质以及喷雾干燥塔热风炉膛或烟管的耐火砖碎块和焦结物混入输送带，经高温烧成后所致；②输送设备长时间没有清理，电机、托条、轴承受粉尘的污染，所产生的油污被带进粉料中，此种熔洞呈棕褐色、浅黄色、红色。

处理措施：①停塔全面清理或用高压风吹干净烟管、炉膛及冷风槽内的积物；②加强浆料工艺过程的管理跟踪，严格要求每次球磨时打捞木渣，转浆时必须过80～100目筛不下于三次，定期检查筛网，防止筛网破损，发现损坏立即更换；③开塔喷粉前，必须对热风炉、风管、冷风槽内的积物、铁锈等进行全面检查清理，每星期对所负责设备进行检查清理；④检查输送带的运转情况，防止皮带走偏，发现皮带走偏摩擦时及时调整并在输送带两端加挡防护板；⑤认真做好输送带的防护工作，防止二次污染。

九、浆料水分、流速不稳造成的砖坯缺陷

浆料工艺指标一般规定浆料的流速在28～45秒，浆料水分在32.5%～35.5%。浆料水分过多、流速过小时，例如水分在38%以上、流速在25秒以下时，砖坯过缓冷变脆，经常出现抗折强度不达标，并且出窑产品破损较多，抛光砖产品抛光上线时因砖坯脆而经常出现炸机现象，给后续工序加工带来巨大的困难。

当浆料水分过少、流速过大时，例如水分在31%以下、流速在60秒以上时，由于喷雾干燥塔喷粉困难，雾化颗粒偏大，颗粒水分不好稳定，在相同压制压力的情况下，砖坯的密实度增加，砖坯氧化困难，造成黑心、氧化不良、烧成厚度局部偏大、砖坯尺码不稳定等多种缺陷。

第三节　原料的杂质工艺控制

对于所有的墙地瓷砖生产厂家来说，原料的杂质控制，一直以来都是原料车间管理控制中的一个重点和难点。大家也知道，每增加一百分点的杂质缺陷，对企业来说损失都是相当巨大的，有时整个砖面的纹理、图案效果都相当漂亮，却仅仅因一颗细小的黑点影响整个砖面的效果，而使砖降一等级，确实令人心痛。因此，在原料车间生产管理中竭尽全力地降低产品的杂质率是每一个管理者和生产者都义不容辞的责任。

那么，杂质的成因有哪些，应具体采取什么样的办法来切实有效地解决这一难题呢？下面，我们分别来展开具体的讨论。

一、原料杂质的形成原因分析

原料杂质的形成原因是多种多样的，在原料生产（从原料入球到粉料压成型）的整个过程中，每一个环节，每一处地点，都有可能导致杂质产生，因此，在生产过程中，我们对每一个细节都要小心地呵护，保护我们的产品不受污染，保证我们的产品纯净优质。

1. 原料本身含有的杂质

瓷砖原料主要由含多种矿物质的泥沙组成，这些泥沙经过大自然几千年甚至亿万年的沉积、冲击、侵蚀、风化逐渐形成，必然含有多种化学元素，而有些化学元素在高温烧成时，会呈现出异样的颜色。另外，泥料经水常年浸泡，加上下雨、流水、自然变迁等因素影响，必然会混入众多的杂质。

在陶瓷原料中，大多数都含有一定的铁元素，其经高温烧成后产生氧化还原反应，会形成异于其他物质的颜色。因此，在陶瓷原料的矿物质组合中，铁是影响成品杂质的最关键因素，生产工艺控制中，我们必定要花大气力多动脑筋寻求控制铁元素的途径。

泥沙绝大多数是从天然泥场开挖出来的，没有经过人工净化处理，其中含有大量的纤维、树皮等有机物的腐殖质，如不对其进行处理会在砖面形成扭曲、发泡等问题及褐色等多种杂色，影响效果。

2. 泥浆生产、储存设备产生的杂质

（1）球磨机内衬胶经过球石和泥沙的摩擦、挤压、碰撞或长期受化学原料的腐蚀后剥落，混入泥浆里被碾碎而形成杂质。

（2）在浆料储存、运送过程中，沉淀使有机物质分离或腐蚀、氧化储浆罐、泥浆尺、送浆管道等设备，使设备表层剥落混入浆料。

（3）由于操作不慎，生产的污泥、废水、沙尘等杂物重新混入泥浆造成污染。

3. 燃料产生的杂质

（1）燃料油本身的含铁量或其他杂物过多，这些杂质不能被燃烧，喷粉时形成残渣混入粉料。

（2）燃料燃烧不充分，雾化效果不好。没充分燃烧的又形成结焦，喷粉时混入粉料。

（3）长期生产操作使喷雾干燥塔内壁结块严重，时间长后形成沉淀物，或塔体老化，氧化严重，在喷粉时塔壁积垢剥落混入粉料之中。

（4）由于司炉工操作不当，塔体漏风、漏气时，用丝绵、橡胶、布条、海绵等物堵塞气孔，氧化后吸入塔内，溅落粉中形成杂质。

4. 粉料在输送、存储过程中产生的杂质

（1）输送线本身损坏、破裂，橡胶粉末落入粉料中形成杂质。

（2）输送线安装不合理，转动时设备磨损的铁屑从输送带连接处落入粉料，或者传动部位的链条轴承上沾满灰尘的污油溅落在粉料里面。

（3）防护措施不周全，粉料输送途中，由于刮风、下雨，屋面及外界杂物受震动掉落混入粉料里面。

（4）设备维修、保养时操作不慎，金属屑、铁片、焊渣、脏泥等掉入粉料里面。

（5）粉料箱储存粉料时长期受到腐蚀、浸润、氧化，使粉箱内壁产生剥落，氧化的杂物混入粉料。

（6）在粉料输送、存储、使用过程中，由于操作上的粗心大意，粉料堵塞输送线，溢出粉箱外，而操作员偷懒或怕被处罚，将废粉重新送回输送线使用导致批量杂质事故。

5．不同颜色粉料的转换使用产生的杂质

在不同颜色产品的生产过程中，储浆罐、送浆管、喷雾干燥塔、送粉线、粉料仓、压机等未能彻底清理干净而形成杂色粉料的污染。

根据以上原料杂质成因分析，我们应对浆料、粉料加以认真细心保护，并认真地剥除其中含有的杂质后再供应生产使用。

二、对原料杂质的控制方法

针对原料杂质的形成原因，我们采取以下措施，实行全方位防护和清除的办法，以保障生产用粉的纯净和成品品质的优良。

（1）原料入球时，球磨人员、喂料人员要在输送沿线认真地清拣泥料中的树枝、纤维等杂物，尽量减少入球研磨的杂物数量。另外，浆料研磨好放浆之前，球磨人员要用网将浆面的树根杂物打捞干净，以免对之后的浆料入球进一步产生不良影响。再有，球磨人员每放完一球浆，再次投料前，必须对球磨机的内衬进行细心的查验，若发现有损坏，应及时申请停球维修。

（2）日常工作中，对放浆管道、放浆池、储浆池、储浆罐做好防护措施，并定期进行清理和清洗，防止因长期淤积而使有机物质沉淀，对后工序产生严重的不良影响。

（3）加强浆料的过筛除铁工艺控制。目前，我们车间的过筛除铁设备是比较完善的，在实施现场工序管理的过程中必须严格按要求操作。

通过以上控制方式，我们应该能够很好地控制并除净浆料里混入的有机物质、含铁化合物及前期工作中设备问题产生的不利影响，基本能保证浆料的纯净性，但操作中必须注意：

①浆料过筛时，必须经常清理筛面的淤泥，保证振筛无淤泥而达到良好的过筛效果。

②对振筛要时刻进行关注、检查，凡发现损坏破漏的筛网，一律立即停机更换。

③对除铁槽内的磁棒，要每 15 分钟清洗一次，如此循环往复，不能间断。

④更换筛网时，要保证筛面平整、松紧适宜，既要能达到良好的过筛效果，又要尽量地延长其使用寿命。

⑤除铁槽要定时清理，铲除淤泥，保证良好的除铁效果。

⑥过筛的泥屎、溅落的泥浆要及时清理拉走，保证工作环境整洁干净和浆料不受泥屎的再污染。

⑦振筛的浆料流量，以过筛的最大能力为限，不能溢出也不能过少，避免造成浆料和电力的浪费。

（4）加强燃烧工艺的控制。

①对燃料油进行过筛除铁处理，在喷雾干燥塔顶用油涂箱面，安装一组磁棒，对从油

池泵出的油进行除铁后，经过 100 目或 120 目振筛再放入油箱。并且，司炉工要对磁棒、油箱、振筛进行定时清理，以保证燃料油的纯净性。

②确保喷雾干燥塔预热时无重烟现象发生，生产燃烧时要做到雾化良好，燃烧充分，保证无油污、无结焦。

③对喷雾干燥塔体、油枪、喷枪、喷枪头、浆管等设备要定时清理、清扫和清洗，防止因长期燃烧产生积垢或其他不良的反应。

④喷粉结束后，对于输送线路、振筛、除铁设备及输送线的防护设备、环境卫生等都要进行及时的清理和清扫，减少污染。

（5）加强粉料的防护和粉料的除铁工艺控制。

①送粉线的防护。在从喷雾干燥塔粉料出口开始到压机用粉的所有输送线的上层面做封闭的防护盖，避免刮风、下雨、操作、维修带来的外界污染，并且把输送带交叉处的带头、轴承、链条用隔板隔开，以防输送线本身的铁锈、油污对粉料造成污染。

②粉料的除铁工艺控制。对整个送粉系统和供粉系统的线路全面加装除铁设备，主要以除铁磁棒为主，具体措施如下：喷雾干燥塔出口的振筛底部装一组 5 支磁棒；各节输送带的交叉头处装一组 2 支磁棒；各粉箱入料口和出料口各装一组 5 支磁棒；送粉上压机各输送带头装一组 2 支磁棒；压机顶入料口前一条输送线头装自动除铁设备一台；压机粉料入口装一组 5 支磁棒。

通过以上控制方式，可将送粉系统所有环节中有可能因防护不当而使铁质物对粉料造成的污染全面清除，保证粉料的纯净性。另外，每组磁棒都要安排专人清理，每 10 分钟巡回清洗一次。

③在各粉料仓内壁涂上防腐材料，并且保证无污染粉料的物质，各箱粉料在储存过程中，封密仓口，保护粉料。

④对于输送线沿途由粉料仓、压机仓洒落的粉料，一定要及时清理并铲入垃圾堆，绝对禁止废粉重新利用，防止人为污染。

（6）品种转换时的污染预防措施。

在渗花料、微粉料、雪花料、米黄料相互转换的过程中，对储浆池、中转浆罐、送浆管、喷雾干燥塔、送粉线、粉料仓及送粉上压机的所有设备，都必须认真清洗，保证任何一个环节都无一颗杂粉，无一滴杂色浆料的污染。

①注意储浆池、中转浆罐、送浆管的情况。各储浆、送浆、供浆设备的同种浆料用完后，先派人进入池罐内挖净沉积物，再用水冲洗干净，对四壁的防护设备作好检查，发现问题及时整改。

②每转换一个品种都要用高压水彻底清洗喷雾干燥塔的喷枪、送浆管、喷头、内壁，尤其是一些死角必须想尽办法洗净，保证无污染情况产生。

③在产品转型转产时，必须先清扫干净输送线上的残余物，再对支架挡板、除铁设备、防护棚进行认真清扫、吹净，拆卸下来洗净，保证整个送粉系统的纯净。

④粉料仓内壁、入仓口、出料口都要经过认真清理，然后用压缩空气吹净，再用高压水清洗干净，吹干后再投入使用。

⑤同一排粉箱储藏不同品种的粉料时，入仓口、出料口要包扎密封，以防不同颜色的

粉料溅落污染或者放错粉料。

总之，产品的杂质控制对于原料车间来说，既是难点，也是重点，在日常生产管理中，我们必须花大气力来抓这项工作，并且从中总结经验教训，不断地发现新问题，寻找新办法，控制产品的杂质，保证产品品质的稳步提高。

三、产品的质量缺陷指标与车间挂钩计酬办法

为了加强质量管理力度，细化各工序的管理目标，促使各工序人员能围绕各自的目标开展工作，更好地对造成缺陷的工序进行跟踪，现由生产基地统计员做出日统计、月统计，分别计算出原料车间各工序当月影响质量的所属缺陷总数占总产量的比例，再比较与指标的差距，进而实行一种奖罚方案。例如：

表 3－1　原料车间各工序月统计缺陷总数与总产量指标比例表

指标工序系列	球磨（%）	喷雾干燥塔（%）	混送料（%）	合计（%）
渗花	0. 32	2. 21	1. 08	3. 6
微粉	0. 25	0. 75	0. 5	1. 5

表 3－2　原料车间缺陷责任工序比例表

缺陷种类	归属工序
杂质	球磨 15%；喷雾干燥塔 55%；混送料 30%
混料	喷雾干燥塔 50%；混送料 50%
熔洞	喷雾干燥塔 50%；混送料 50%
缺料	喷雾干燥塔 30%；混送料 70%
分层	喷雾干燥塔 80%；混送料 20%
色料多	混送料 100%

第四节　瓷砖浆料粉料的工艺监控管理

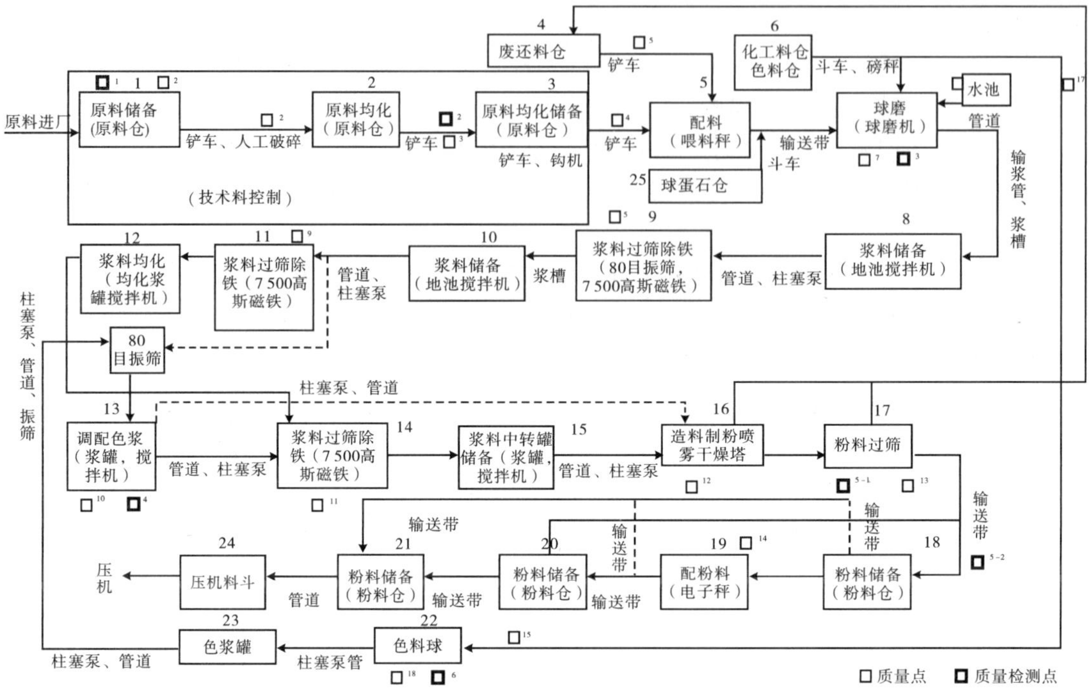

图 3－2　原料车间生产控制程序图

一、球磨浆料检测控制

一直以来，瓷砖生产线投资商在企业管理控制中，均将主要资金、技术重点倾斜于窑炉，认为窑炉是瓷砖生产的心脏，只要窑炉稳定了，企业就能赚钱。近年来，在抛光砖生产领域，由于产品花色品种的研发转向压机布料系统，因而全自动液压压砖机及其布料系统成为瓷砖投资商及其生产管理者新的追捧对象。

实际生产管理过程中，许多企业投资商和企业高层管理者都忽略了原料车间的管理控制和资金、技术的投入。笔者根据个人的生产管理经验及对产品生产全工艺过程的跟踪了解，得出一点实战中的结论：原料是瓷砖生产的基础，原料稳定则瓷砖生产稳定；原料车间基础薄弱、管理不到位则生产事故可能频繁发生；无论产品配方如何优良，无论烧成技术多么高超，无论压机布料系统多么超前，产品生产过程中总会莫名其妙地出现各种问题，使生产管理者追查起来无所适从，比如压制过程中半成品的致密度不一致、压制时产品厚薄不均、烧制后尺码大小不一。产品烧制过程中出现的氧化不良、黑心、变形、阴阳色、杂质熔洞等很多问题均与原料的生产工艺控制有着不可分割的关系。例如，由于原料中的铁含量过多导致产品颜色发黑；由于原料含量中的有机物过多导致产品表面有杂质、黑点、熔洞等。

一直以来，即使身处原料车间内部的管理者也存在一些管理观点上的误区：

(1) 外墙砖、内墙砖、水晶砖、仿古砖由于表面有釉，浆料的过筛除铁工艺要求相对简单，工艺控制管理方面就没有进行严格的要求。原料浆料加工过程相对比较简单，但是管理粗糙，最终生产的产品自然档次不高，并且经常隐含一些产品缺陷和引发一些不必要的生产问题。

(2) 由于部分深色微粉砖面料、二次布料产品的底料缺陷对表面的效果影响不大，很多生产者为了降低生产成本和控制费用，过筛除铁工艺控制设备相对简陋。

(3) 虽然渗花砖浆料、微粉砖面料、聚晶砖面料、透晶砖面料等质量档次要求高的产品浆料的过筛除铁工艺要求相对较高，工艺控制过程也相对较为严格，但设备配置方面未能完全达到理想的工艺控制要求。

笔者认为，按以下方式进行处理和配置，方能完全严格控制浆料的工艺操作，并为产品的稳定生产带来不可估量的作用和好处：

1. 浆料的检测方法

(1) 取样方法：在球磨机停球后 10 分钟之内，从浆面 50cm 以下抽取试样；地池、中转缸的浆料样品须在充分搅拌后从浆面 50cm 以下抽取。要求质检员亲自到现场取样。

(2) 浆料筛余检测方法：用塑料杯称 150 克浆料，将其慢慢倒入 250 目分样筛内，用自来水清洗杯子至干净时的浆料也转移到筛内。将筛放在振动机上开机振动并冲水。冲水时水流不能太快太急，否则水会满筛而使浆料与水一起溢出或溅出，从而导致结果不准确。冲洗到筛底流出的水不混浊为止再停机。冲洗干净后，用小流量的水将筛余物慢慢冲入碟内，再用水慢慢清洗检验筛，连水带残渣倒入碟内（水分要尽量少），连续做几次，直到将筛面上的残渣全部倒入碟内。此时不能立刻将小碟内的水倒出，必须等到筛余物沉底后，才能将表面的水轻轻倒出，然后将筛余物烘干，烘干后的残渣称重即为筛余。

(3) 密度检测方法：用湿布抹干净比重杯后称重 G_1，再将浆料慢慢倒入比重杯，直至杯面形成凸形液面，盖上比重杯盖子并压紧，然后手指按住盖子上的小孔，用水冲洗比重杯外层溢出的浆料，用干布擦拭干净后称出数据并记录称重 G_2。

计算公式：密度（%）=（G_2-G_1）/100

(4) 黏度检测方法：检测黏度前，必须将流速杯调水平。用湿布抹干净流速杯，使流速杯内表面微湿，用中指压住流速杯流出口，将浆料慢慢倒入流速杯内，直至浆料表面形成凸形液面。刮平浆料至浆面与流速杯口在同一平面。然后一边松开中指，一边摁开秒表，注意观察浆料流出，当浆料流至滴流时要及时摁停秒表，秒表上显示的时间即为黏度。

(5) 浆料含水率检测方法：在电子秤上放不锈钢钢碟，归零后称样 50g 浆料。摇匀钢碟内的浆样至浆料厚度基本一致，然后放在烘箱中上层，不能放在底层。烘箱温度设定为 200℃，烘烤 15 分钟。待烘干后称取重量并记录数据 G_3。

浆料含水率（%）$=100-G_3$

2. 浆料的工艺处理过程

（1）纯色浆料的工艺处理过程。

球磨放浆→20 目转筛→地下放浆池→60～80 目转筛→全自动除铁器→100 目圆形振筛→槽式除铁器→储浆池→100 目圆形振筛→全自动除铁器→中转浆池→100 目圆形振筛→槽式除铁器→喷雾干燥塔伺附罐→喷雾干燥塔喷粉。

（2）配色浆料的工艺处理过程。

球磨放浆→20 目转筛→地下放浆池→60～80 目转筛→全自动除铁器→100 目圆形振筛→槽式除铁器→储浆池→100 目圆形振筛→全自动除铁器→配色浆池→100 目圆形振筛→喷雾干燥塔伺附罐→喷雾干燥塔喷粉。

（3）工艺处理过程说明。

①无论何种产品的浆料，都必须用全工艺过程进行处理，方能保证浆料品质的稳定性，从而为压机压制的稳定、布料效果的稳定以及窑炉烧制的稳定起到良好的保证作用。

②配过色的浆料最好不用除铁工艺，因有些色料本身含有铁元素，并且靠该铁元素来发色，如果去除，反而影响了配色效果。

③由于目前窑炉生产线向更长更宽的方向发展，单窑的产量增大很多，浆料处理工艺过程中所需要的筛就需要占用很大的空间，为了操作方便，其场地就需要较大的空间，这一点往往为场地规划者和设备布局设计者所忽略。

3. 浆料性能的稳定性对成品质量的影响

众多瓷砖生产企业管理者的理念大多注重窑炉生产线的管理控制，认为生产中的众多缺陷是产品在窑炉高温烧制中，由于窑炉的温度曲线、压力制度和烧成气氛设置不合理造成的。因而瓷砖生产的众多管理专家均把窑炉的调制作为生产的重点调制对象。然而，根据笔者十几年来的生产实践及积累的管理经验来看，瓷砖厂管理的重点应在原料车间。稳定原料车间的浆料生产工艺及浆料性能是关键，窑炉对温度、气氛、压力等的调整只是辅助手段。原则上，窑炉烧成制度一旦确定，其最大的问题是如何保持稳定，这个稳定包括干燥窑及烧成窑不空窑、不疏砖、不叠砖、走砖不偏，动力、电力等因素稳定，在控制因素稳定的前提下保证烧成干燥曲线的稳定以及烧成干燥制度的稳定。在窑炉各因素保持稳定的情况下烧成的制品的缺陷在窑炉烧成后表现出来。笔者以为，通过窑炉表现出来的产品烧成缺陷只是显性因素造成的，大多数产品的缺陷是由于原料成分、原料浆料性能的变化等造成的。

保证生产工艺配方中原料化学成分与含量的稳定不变是工艺技术部门的一个工作关键，在此不作详细讨论，笔者阐述的是在生产工艺处理过程中，如何通过保持浆料性能来稳定配方成分。

最近几年来的生产工艺控制中，将浆料的筛余、密度、含水率、黏度等因素的检测列为对浆料质量监控的重点方向。实际生产管理过程中，生产产品质量稳定的企业对这几大指标的重视程度是相当高的，而对于那些一心只想降低生产成本的企业来说，由于没有理清浆料性能的稳定性对生产稳定性的真正意义，所以很少有生产管理者真正严格监控与管理原料车间所生产的浆料性能的稳定性问题。

泥浆的筛余直接影响了产品的收缩率、吸水率、烧失量以及烧后的性状，这一点生产管理者也足够重视。全玻化抛光砖的浆料筛余从当初的2%降到目前的0.7% ~0.9%，成品砖的质感、细腻度都有了质的变化与飞跃，但当前的抛釉砖、仿古砖、内墙砖的浆料筛余表面上标准定在4% ~6%，实际控制中很多厂家为了节约球磨用电，浆料筛余达到8%时已投入生产使用。浆料筛余的波动或浆料致密度不一致而造成的波动，对后工序窑炉会带来影响，以及使产品质量性状的改变难以把控。因此，浆料筛余的变化量控制在0.5%以内才能够稳定瓷砖产品生产。

生产管理控制过程中，浆料筛余的稳定性是中转浆池存储浆料的控制指标，在球磨工艺控制中，所有球磨浆料的变化都必须控制在这个变化范围之内。同时，浆料上喷雾干燥塔喷粉前也要对浆料细度的变化严格监控，因为在球磨工艺符合要求的情况之下，很多浆料在放入浆池陈腐、中转的过程中产生分层、结块、沉淀等现象，即平常人们所说的粗变。当这种情形产生后，泥浆的化学成分已产生了很大的变化，而后期烧成过程中产品的质量、窑炉烧成的温度、压机压制的压力等都会产生一些可见的变化，这些变化是很多管理者都无法查明真正原因的，也是抛光砖产品在生产控制中压制参数不变、窑炉参数不变而产品色号无故增多的一个关键因素。影响泥浆筛余稳定性的主要因素有以下几个：

其一，研磨时间。球磨机借助研磨体运动时的冲击、研磨这两种基本作用粉碎物料。研磨时间越长，物料受冲击和研磨的时间越长，物料被粉碎得越细，则泥浆筛余越少。

其二，原料的配比。由于各种原料的性质和硬度不同，其粉磨效率也不同，黏土料比硬质料易于粉磨。坯料中各种原料的配比不同（即各种原料的重量不同），尤其硬质料与黏土料的配比不同，粉磨细度不同，则泥浆筛余不同。黏土料越多，在同一研磨时间内泥浆筛余就越少。反之，硬质料过多，就使原料不碎，形成涨磨。注意一旦涨磨情况产生，实际上泥浆的化学成分含量就已偏离了配方成分含量，后续质量缺陷就会增多。

其三，球磨机转速。球磨机的工作原理是当球磨机转动时，研磨体在筒体内壁与筒体一道旋转，并被带到一定高度而自由降落，给物料剧烈的撞击与摩擦作用以粉碎物料。球磨机转速直接影响研磨体在球磨机内的运动状态，转速不同，研磨形式和研磨效率也不同。只有当转速适当（临界转速附近），研磨体带着原料在离心力的作用下沿筒壁上升达到一定高度，其重力的分力等于离心力时，研磨体才倾斜落下碰击在下部的物料上，此时物料受到最大的冲击力和研磨作用，因此球磨效率最高，泥浆筛余最少。

其四，研磨介质的性状。球磨介质大小的搭配以及球磨介质的密度亦影响球磨效率。

泥浆的黏度也对产品有很大影响。事实上，泥浆黏度包括两个方面的内容：泥浆的波美浓度和流速，目前很少生产管理者注重浓度，重点把握泥浆的流速。一般情况下，认为流速越低越合适，实际生产控制中，应将流速控制在28 ~45 秒最合适。浆料流速太慢，喷雾干燥塔喷出的粉料细小颗粒太多，会引起产品分层、尺码偏小、厚薄不均、难氧化等问题。如果泥浆流速过快，喷粉过程中粗颗粒偏多，会产生布料不均、砖坯边角部黑心、变形等缺陷。事实上，将泥浆波美浓度控制在58 ~63 波美度，也是为了将浆料的流速控制在合适的范围之内。影响泥浆黏度稳定性的最主要因素包括以下几个：

其一，研磨时间。研磨时间不同、形状不同的原料颗粒有不同的颗粒分布曲线。一般研磨时间越长，泥浆中所含粉料百分比越大，泥浆的黏度也就越大。

其二，原料的配比。由于各种原料的配比不同，各种料在球磨机中粉磨的效率不同，在同一时间内黏土料研磨得就细些，而硬质料就研磨得粗些，因而在泥浆混合组成中黏土占的比例不同，则泥浆的黏度也就不同。一般来讲，泥浆中黏土占的比例越多，其黏度也就越大。

其三，解胶剂。球磨时加入一些解胶剂，不仅可以减少加水量，还能在物料颗粒表面形成一层胶粘吸附层，这种吸附层能降低颗粒表面的自由能，因而降低了固体表面的硬度，使粉碎容易进行，从而直接影响着泥浆的流动性。这类解胶剂也称表面活性剂或稀释剂，常用的解胶剂有水玻璃、偏硅酸钠、纯碱、腐殖酸钠、三聚磷酸钠、六偏磷酸钠、甲基等。一般加入量为干坯质量的0.3%～0.5%，如果加入量超过一定的值，泥浆黏度反而会增加。

另外浆料的密度（1.68～1.73g/cm^3）、含水率（32.5%～34.5%）对瓷砖产品质量的稳定也具有不可估量的作用和意义，生产管理过程中同样不可忽视。

为确保生产过程中产品质量的稳定性，生产管理中对原料浆料稳定性的控制，应从以下方面着手：

（1）稳定产品配方：采购稳定的原料品种，保证各种原料化学含量的相对稳定性以及硬质料与黏土料搭配的合理性。

（2）确保工艺过程中球磨装料、化工料加入量的准确性。

（3）浆料监控管理到位：确保球磨放浆检测的严格性与科学性。在放浆过程、陈腐过程中检查泥浆是否结块、沉淀、分层，浆料黏度是否发生改变，浆料水分有无增减。另外，浆料上喷雾干燥塔喷粉前进一步加强对浆料性能的抽查工作，发现问题及时解决。

表3-3　球磨浆料工艺检测表

年　　月　　日　　　　班次：　　　　　　　上班时间：　　　　表单编号：

球磨机号	浆料名称	球磨时间（h）	球石内空（cm）	浆面高度（cm）	含水率（%）	筛余（%）	密度（g/cm^3）	黏度（s）	是否触变
浆池号	含水率（%）	密度（g/cm^3）	筛余（%）	储存量（t）	浆池号	含水率（%）	密度（g/cm^3）	筛余（%）	储存量（t）

球磨班长：　　　　　　质检员：

二、瓷砖粉料检测控制

1. 粉料的性能要求

（1）颗粒级配。颗粒级配及颗粒的大小，通常用其线性尺寸——粒径来描述。颗粒尺寸较大的粉料虽然流动性较好，但压制成型的坯体比较粗糙；颗粒尺寸小的粉料压制成型的砖坯表面细腻、质感好，细微粉料容易填塞排气通道，造成排气困难，极易产生压制裂纹等缺陷。同时由颗粒堆积紧密性原理可知，利用同一规格尺寸的颗粒紧密堆积时，其孔隙率高达45%；而利用50%的粗颗粒、10%的中颗粒、40%的细颗粒紧密堆积时，其孔隙率可降至22%以下，显然利用颗粒尺寸更多的颗粒级配堆积时，其孔隙率更低，砖坯的致密度更高，坯体的机械强度更好，烧制后砖坯表面光洁度更高。微粉抛光砖一般在30%～35%的生产面料配比正是良好地结合了多级配的粉料颗粒结合紧密堆积的基本原理。

（2）粉料的含水率。瓷砖粉料的含水率在很大程度上影响了颗粒的结合强度及压机模具的粘模情况等。粉料含水率较低时，有利于延长粘模时间，但颗粒的结合强度较差，这就需要在浆料中加入适量的结合剂来提高粉料的结合能力。

（3）粉料的容重。粉料的容重是指粉料在重力作用下填满单位体积容积时所具有的质量，它主要取决于泥浆的含水率、黏度、配方及雾化压力等参数。粉料容重越大，其颗粒堆积得越紧密，坯体机械强度越高，反之，粉料容重小时，颗粒堆积不紧密，坯体机械强度低。

（4）粉料的黏度。目前通常是让一定量的粉料通过标准漏斗（出料口内径一般为5mm），通过记录粉料经过漏斗出料口的时间，即可确定粉料的黏度。

（5）粉料的颗粒硬度和压缩比。粉料有一定的硬度有利于粉料的输送和填料，硬度差的粉料易碎，影响颗粒级配。粉料的压缩比是填料模腔体积与所得坯体的体积之比，当前粉料的压缩比通常为2～2.5。

2. 工艺生产过程

在日常的粉料处理过程中，为了节约生产用地和简化工作环节，往往采用先配比再过筛除铁的工艺生产过程，其工艺流程如下：

（1）面料的配料流程：

粉料仓→电子秤称量→配比→送粉线过筛除铁→压机顶除铁→压机配比→面料布料。

（2）基料的配料流程：

粉料仓→电子秤称量→送粉线过筛→压机顶过筛→底料布料。

（3）回收料的配料流程：

压机布料系统漏粉→气泵回收→粉料储存罐→电子秤称量→中间层布料。

以上粉料处理的工艺流程为当前微粉抛光生产中较为先进的，控制过程也比较精细完备，但笔者认为这种控制方式仍然存在一定的问题，比如：

（1）无论底料面料，均采用先配料、再过筛除铁的工艺处理过程。在喷雾干燥塔喷粉过程中，难免存在一些粉料质量的差异性，有的粉料结块较多，有的粉料比较精细，在过筛处理时，有结块的粉料被筛出的较多，结块少的粉料被筛出的较少，这样一来就发生了粉料配比的变化。粉料配比的变化，对于面料来说影响产品布料花色的稳定性，对于底料来说则易改变底面料的配方配比，造成底面料烧缩比差异增大，易引起产品在烧制过程中的变形缺陷。

（2）将回收料直接引入压机布料系统进行布料，最大的缺陷是容易引起压制时的分层。另外，若压机面料布料厚薄不均易导致产品变形较大，若上抛光线刮平过深则易引起露底缺陷。

根据笔者近年来的实际生产经验及参观其他企业的现场设施布局及成功生产现场管理实情来看，笔者认为较为完善的粉料处理工艺流程如下：

（1）面料的工艺处理流程：

喷雾干燥塔喷粉→送粉线两次过筛除铁→粉料仓储粉→料仓底过筛→电子秤称量→配比→混料→中转料仓→送粉线除铁→压机破碎系统→面料布料。

（2）底料的工艺处理流程：

喷雾干燥塔喷粉→送粉线两次过筛除铁→粉料仓储粉→料仓底过筛→电子秤称量→配比→混料→中转料仓→电子秤称量→加入5%压机回收料→混料→压机顶过筛→底料布料。

（3）压机回收料的工艺处理流程：

压机布料器回收料→粉料输送控制系统→气泵送粉→储料罐→罐底过筛除铁→电子秤称量→按5%配比配入底料→混料→压机顶过筛→底料布料。

3. 粉料处理工艺流程的重点思路

（1）传统的粉料处理工艺过程是先称量确定粉料配比后过筛除铁，笔者的思路是在称量配比之前，先做好过筛除铁的工艺处理，以减少因过筛形成的粉料流失而造成粉料配比的失衡。

（2）为均衡粉料的含水率和充分将不同配比的粉料混均，笔者加入了中转料仓这个环节。

（3）传统生产工艺控制中，为减少设备配置的繁杂性，将底料、面料、回收料的配用电子秤全部按统一标定的流量配置，这样容易因配比量太少的粉料形成供料量的不稳定而造成较大的配比误差；比如，由于底料占粉料总配比的65%～70%，加之目前单窑产量超过每日17 000平方米，则底料总用量超过24t/h，那么其电子秤产量的设定应在17.5t/h；而回收料只占底料总量的5%，则其最大流量为1.2t/h，那么其电子秤产量的最大设定值为5t/h，超过此标准则易引起配比失衡的操作失误，由此产生的成品质量缺陷在生产工艺控制过程中很难追查到真正的原因。

（4）尽管很多理论要求粉料的陈腐期要达到18小时，但一直以来这一条件都被生产管理者忽略，由于陈腐时间不足而造成的产品小范围内的变形，也是窑炉工程师无法查明的导致缺陷产生的原因。

严格按以上工艺处理过程对微粉抛光砖的粉料进行管理控制，对压机的压制、窑炉的烧成，均起了不可估量的促进作用。但此种复杂的工艺管理过程主要问题在于设备投入较大，占用空间较多，这一点也是很多投资者不愿投入的原因。按实际经济效益来看，虽然初期投入增大，但产品质量稳定会给企业带来更多收益，此种投入对企业利润的稳步增长百利而无一害。

4. 喷雾干燥塔粉料检测控制

（1）检测前准备工作：工作环境要求无振动或微振动，不能影响检测结果；所需工具：1 200W电炉、不锈钢碟（底径14cm）、电子秤、小汤匙（铁质）、玻璃片（12cm×12cm）、毛扫、分样筛（30目、40目、60目、100目）。

（2）操作步骤、要求及方法：质检室内场地和测量器具要保持整洁；电子秤置于平整台面上，调平水平，显示器数据无跳动；测喷雾干燥塔粉料的时间规定在取料后的 15 分钟内，并在 5 分钟内填写“粉料检测质量通知单”，测混料的时间规定在取料后的 30 分钟内，并在 5 分钟内用“粉料检测质量通知单”通知有关人员，发通知单后及时将有关数据填写在黑板上。

（3）取粉地点及方法：

喷雾干燥塔——在第一条输送带离振筛 1 米处用刮板垂直于输送带在带面截取一段粉料，取满一碟粉为止。

压机料——在最后一条输送带的交接口与粉料下落方向垂直处，从左到右往返两次取粉，微粉料由车间人员负责取。

混料——在箱出口的第一条输送带的交接口与粉料下落方向垂直处，从左到右往返两次取粉。

混送料需要检测的数据：含水率、30 目、40 目；喷雾干燥塔粉料需要检测的数据：含水率、20 目、30 目、40 目、60 目、100 目下。

称粉样前先除去表面一层，然后搅拌均匀，在电子秤上称样 100g 并记录为数据 G_1。

将所称粉料均匀倒入不锈钢碟内，并将托盘清扫干净，摇匀钢碟的粉样，然后放在距离电炉 4cm 高的铁架上。

烘干过程中严禁搅拌及敲打，电炉烘 5 ~ 8 分钟后，将玻璃片盖于碟上，观察有无水蒸气出现，循环多次直至无水蒸气出现。

关闭电炉，取下烘干碟置于电子秤托盘上，称取重量并记录数据 G_2。

将粉料倒入垃圾斗，清理干净碟盘放于电子秤托盘上，称取重量并记录数据 G_3。

将 G_1、G_2、G_3 三个数据代入以下公式计算即得所测粉料含水率 W：

$$W = \frac{G_3 + G_2 - G_1}{G_1} \times 100\%$$

用以上方法称取 100g 粉样，倒入待测级配的筛中，启动筛粉机，振动 90 秒，待停机后再把筛上粉料倒入电子秤托盘上的碟内称量，所得数即为粉料过此筛时的颗料级配。然后清洗干净所有器材及场地，准备下次使用。

测筛余分样筛 10 天更换一次，颗粒级配分样筛每隔 20 天与标准筛对比测试数据，相差大即更换。

表 3-4　喷雾干燥塔粉料工艺检测表

年　　月　　日　　　　　班次：　　　　　上班时间：　　　　表单编号：

	取样时间	粉料名称	含水率（%）	颗粒级配（%）					容重（g/cm³）	合格率（%）	备注
				20 目	40 目	60 目	80 目	100 目			
1 号塔											
2 号塔											
3 号塔											
4 号塔											

喷雾干燥塔班长：　　　　　质检员：

三、粉料油硅检测控制

1. 粉料油硅的检测方法

方法一：按各车间的实际情况制定相应的监控程序，规定检测人员用盆装好清水后，称 300g 粉料缓慢散落于清水中，再以 30cm 的距离进行目测，直径 1mm 大小的为中等，小于 1mm 的为微细，大于 1mm 的为大粒，并对各种规格规定数量。可利用 250 目分样筛对 100g 的粉料进行冲洗，冲洗完毕后发现的黑色物质多为油硅。沉底的油硅体形较大，对砖的质量亦影响较大，但比较容易控制，一般是由于喷枪喷到四周耐火墙所致，调整一下喷枪即可。

方法二：先选择 250 目筛，用水冲在筛上，检查水中是否有油硅；取一碟约 3 000g 的粉料，倒入 250 目筛内，用清水冲洗，冲水时的水力要大，但筛内的水不能满出筛外；将筛内的粉料冲洗成无颗粒的粉料时，观察该筛上的筛余物，有黑点或其他杂质时，即说明该粉料存在质量问题。

2. 粉料油硅的控制方法

（1）调整喷枪的雾化程度，要求火焰不可以喷到炉口两边和后边的挡火墙上，喷枪雾化的油雾越散、越细就越利于完全燃烧，在燃烧的过程中基本不允许看到火星。经验显示火焰喷到挡火墙上很容易产生油硅，有火星产生时必然有油硅产生。

（2）各司炉工要控制好油温，车间要求油温不应低于 90℃，高于 110℃，当油温降低时不利于雾化和燃烧，容易产生燃烧不完全的现象而产生油硅，太高时会使油里面的碳和蜡物质过早碳化，未燃烧已产生的含碳的物质亦会引起燃烧不完全而产生油硅，而且油温太高时容易超过油的闪点，易出火灾事故。

第五节　原料车间的质量考核办法

一、球磨段质量考核办法

为稳定泥浆质量，确保泥浆含水率、密度、筛余合格，保证泥浆除铁过筛效果，经车间研究决定，对球磨泥浆质量控制作如下奖罚规定。

泥浆质量控制严格按技术部下发的工艺标准进行，泥浆质量合格率以原料物检检测结果为依据。

（1）准确加水和化工料。泥浆含水率大于等于35.5%小于37%，每球扣装磨工2分；泥浆含水率大于37%，每球扣装磨工5分、班长1分。

（2）全程控制球磨时间，原则上不准出现加磨时间，杜绝浪费用电。加磨时间在1小时以内的每球扣装磨工2分；加磨时间在1小时以上的每球扣装磨工5分、班长1分。

（3）装磨必须干净准确。喂料工配料时，必须把喂料机内的杂物捡干净，如发现喂料机内有杂物没捡干净，每次扣喂料工2分、班长1分。

（4）装磨工使用化工料时，必须把化工料内袋捡干净再倒入喂料机内。如发现化工料内袋没捡干净就装入喂料机内，每次扣装磨工2分、班长1分。

（5）装磨工要勤清理球内杂物。如发现磨内杂物过多没有及时清理，每次扣装磨工3分、班长1分。

（6）放浆工、导浆工要加强责任心，严禁出现跑浆、漏浆。如发现跑浆、漏浆，情节较轻的每次扣相关责任人5分，扣班长2分。如情节特别严重，将视浪费程度给予至少50元的现金处罚。

（7）严格过筛除铁，特别是各种面料除铁必须干净。合理控制浆槽泥浆流量，合理调整浆槽闸板，泥浆必须盖过磁棒，一旦发现未盖过磁棒的，扣除铁工2分/次，扣当班导浆工1分/次。面料除铁槽必须放满磁棒，每少1条扣除铁工1分。磁棒清理需及时，磁棒附着铁质厚度达2mm而未清理的扣除铁工5分/次，扣班长1分/次。

（8）筛网必须按工艺标准使用、更换相应的目数。一旦发现未按规定使用筛网的，扣当班放浆工和导浆工各20分/次，扣班长5分/次。筛网破损未及时更换的，扣当班放浆工和导浆工各10分/次，扣班长2分/次。

（9）本工序线长每天早上要将前一天的质量奖罚情况汇总并公布于黑板上，做到公平、公正、公开。

（10）全月按质量奖罚情况对三个生产班组进行排名，给予第一名的班组奖励。奖励分由平时所扣分数而来。月底综合评价为先进班组的每位员工，按工作表现好坏分配奖励分数。

二、喷雾干燥塔质量考核办法

为稳定粉料质量，杜绝过程污染和混浆，经车间研究决定，特制定喷粉工段质量考核办法。

粉料水分、颗粒级配严格按工艺标准进行控制，质量合格率以原料检测结果为依据。

（1）严格按生产安排准确抽浆，严禁出现混浆现象。一旦出现混浆现象，未对生产造成损失的按责任大小分别扣班长 5 分/次、看塔工 5 分/次、看筛工 2 分/次，对生产造成损失的上报公司，对各级人员按责任大小从重从严处罚。

（2）严格按工艺要求使用、更换筛网。一旦筛网不符合要求，扣班长 5 分、看塔工 10 分、看筛工 2 分。筛网破损未及时更换，扣班长 2 分、看塔工 5 分、看筛工 2 分。

（3）严禁跑浆、漏浆。高位池振筛跑浆、漏浆扣班长 1 分、看塔工 2 分、看筛工 1 分。如跑浆、漏浆特别严重的将视程度给予至少 50 元的现金处罚。

（4）严格除铁，勤清磁棒。磁棒附着铁质厚度达 2mm 未清理的，扣除铁工 2 分/次。随时跟踪干粉除铁机使用情况，发现异常立即上报，未及时发现或拖延不上报的扣除铁工 5 分/次。生产时必须启动除铁机，如未启动或启动不及时，扣除铁工 5 分/次，扣看塔工 1 分/次，扣班长 1 分/次。

（5）塔下细粉回收严格按《细粉回收操作要求》执行，严禁放错浆池，否则扣看筛工 5 分/次。

（6）输送带下落地料、除铁机杂质等严禁倒入输送带上，一旦发现扣当事人 20 分/次、班长 2 分/次。情节特别恶劣的由公司从重从严处罚。

（7）粉料含水率控制、颗料控制按以下办法奖罚。

①粉料颗粒合格率（60 目以上粉料）每班低于 75% 的扣看塔工 1 分。

②粉料含水率不合格每次扣看塔工 2 分，交接班含水率不合格每次扣交班看塔工 3 分。

③当班含水率不合格次数累计达到 5 次扣班长 1 分，每增加 1 次加扣 1 分。

④面料、色料、线条料含水率按 8 次计算，合格率达 75% 奖看塔工 2 分，合格率达 85% 奖看塔工 3 分，合格率达 100% 奖看塔工 4 分。不满 4 次不计算，超过 4 次按相应比例进行奖分。

⑤各种底料、渗花料含水率按 8 次计算，合格率达 85% 奖看塔工 3 分，合格率达 100% 奖看塔工 4 分。不满 4 次不计算，超过 4 次按相应比例进行奖分。

⑥各班单塔粉料含水率合格率按 8 次计算达 100%，奖班长 1 分。

⑦同一个塔生产两种不同含水率的粉料，月末在总负分的基础上按 1/4 扣减后所得分数为该看塔工的考核分。

⑧同一个塔生产三种及以上不同含水率的粉料，月末在总负分的基础上按 1/3 扣减后所得分数为该看塔工考核分。

⑨月底根据各班粉料控制情况进行排名，第一名的班奖班长 5～10 分，最后一名的班扣班长 5～10 分。

⑩月底对各塔看塔工进行排名，对第一名进行奖励。将平时奖罚后总余分平均分配到每塔第一名作为奖励。

本工序主管每天早上要对以上①~⑥项所涉及的考核内容进行统计并公布于黑板上，做到公平、公正、公开。月底对各班表现好的员工进行奖励，奖励分数由平时所扣分数而来。

三、配料段质量考核办法

为确保粉料水分、配比稳定，杜绝过程污染和混料事故发生，经车间研究决定，特制定配料段质量考核办法。

粉料使用严格按多仓搭配原则搭配使用，微粉底料配比严格按工艺通知单准确搭配使用。

（1）面料搭配后，含水率合格率要求达到75%。搭配含水率合格率低于75%扣当班当线放料工2分、微机员1分。搭配含水率合格率低于或等于50%扣放料工3分、微机员2分、班长1分。搭配含水率合格率刚好75%不奖罚。搭配含水率合格率高于75%奖放料工2分、微机员1分。搭配含水率合格率达100%奖放料工4分、微机员2分、班长1分。

（2）底料、渗花料搭配后，含水率合格率要求达到85%。搭配含水率合格率低于85%扣放料工2分、微机员1分。搭配含水率合格率低于或等于70%扣放料工3分、微机员2分、班长1分。搭配含水率合格率低于或等于50%扣放料工4分、微机员3分、班长2分。搭配含水率合格率达到100%奖放料工1分、微机员1分。所有线全部底料搭配含水率合格率达100%奖班长1分。搭配含水率合格率刚好85%不奖罚。

（3）底料配比不准确，抽查误差达到2%或以上扣微机员2分、班长1分。

（4）严格过筛除铁，勤清理磁棒，减少杂质。

（5）面料出仓要求仓底使用磁棒笼，每送完一种料要清理一次。清理不及时或不清理，磁棒附着铁质厚度达2mm扣仓底工和放料工各5分、班长1分。

（6）面料、全渗花料入仓必须使用磁棒笼，每2小时清1次。未使用磁棒笼扣仓顶工5分、班长1分。未及时清理，磁棒附着铁质厚度达2mm扣仓顶工5分、班长1分。

（7）压机平台各面料输送端入小料仓处必须使用磁棒且每小时清理1次。未使用磁棒扣压机平台工5分、班长1分。未及时清理，磁棒附着铁质厚度达2mm扣压机平台工5分、班长1分。

（8）送面料时不开除铁机扣当事人10分、班长2分。

（9）除铁机故障不及时上报扣当事人5分、班长1分。

（10）干粉筛要保证完好。振筛网破裂不及时上报扣当事人5分、班长1分。料仓口不使用小筛网或筛网破损不及时更换，扣当事人5分、班长1分。

（11）输送带跑偏不及时上报，扣当事人10分、班长2分。因跑偏掉渣影响产品质量，将按公司相关制度从重从严处罚相关责任人。

（12）仓底落地料、仓顶落地料、打扫卫生的回头料拉入回头泥仓，磁棒清理的杂质倒入垃圾桶中，严禁倒入粉仓或输送带上。一旦发现扣当事人20分、班长5分。情节特别严重、影响产品质量的按公司相关制度从重从严处罚相关责任人。

(13) 合理控制粉料输送量，杜绝仓顶小料仓断料或溢出料，一旦出现扣平台工 10 分、班长 2 分。

(14) 放料工、压机平台工、微机员、仓顶工要精诚团结，严格按《配料操作规程》准确配送料。出现混料、送错料，未造成影响的扣当事人 10 分、微机员 5 分、班长 2 分，造成质量缺陷在 2% 以上的扣当事人 20 分、微机员 10 分、班长 5 分。质量缺陷特别严重达到 5% 的，上报公司按公司相关制度从重从严处罚相关责任人。

(15) 料仓粉料水分全部偏差大，尽力搭配都不合适的，应报告线长、主任、技术员确认，线长、主任、技术员不在应报告值班主任确认。确认不合格时可不考核。

(16) 本工序线长每天早上要将前一天质量奖罚情况公布于黑板上，做到公平、公正、公开。

(17) 全月按质量考核情况进行排名，对第一名的班长、微机员、放料工、仓顶工、压机平台工给予奖励，奖励分数由平时考核余分而来。分配方案由线长制定。

各工序负责人要将平时的考核情况留底备案，作为月末评选先进个人、年终评选优秀员工的依据。

第六节　抛光砖产品的质量缺陷名称解释

(1) 杂质、杂料：指砖坯内部混有非生产用原料的另类色点，一般分布在非规律性位置。

产生原因：

①由于喷雾干燥塔热风炉燃烧不完全而产生，呈深黑色。

②石头破碎和铁屑在运输过程中落入粉料产生铁质，呈铁红色。

③杂料是其他颜色的生产用料在喷料或在混送料过程中出错导致。

(2) 熔洞：砖面出现非规律性的直径 0.5 ~5mm 的无色或黑色凹坑。

产生原因：多由低温性的原料或可熔性物质（如橡胶）混在坯体里，经窑炉高温烧成后所产生。

(3) 粒裂：指大颗粒和微粉产品的颗粒内部或颗粒与底料之间产生的裂纹。

产生原因：

①粒料加工时压力等因素控制不当。

②压机布料不均，导致压制力不均。

③颗粒水分与底料水分级配不均。

(4) 颗粒不均：指砖坯表面的颗粒分布不均匀，出现归聚一边的现象。

产生原因：

①压机的调节布料不当。

②原料车间混料不均匀。

（5）分层（包括面分层和底分层）：砖坯出现夹层现象，出现在砖面的叫面分层，出现在砖底的叫底分层。

产生原因：压机的压制排气过程中的数据不适应原材料的水分变化，或砖坯脱模过程不合理。

（6）面裂（含中间裂和角裂）：是指在砖角或砖中间的位置出现1～40mm裂纹，通常都不裂通坯底。

产生原因：

①角裂多由砖坯脱模不顺畅所致。

②中间裂多由布料不当或压力调节不当所致。

（7）侧边裂：指在砖坯某一侧边的位置出现平行于边而没有裂通坯体的长10mm以上的细长裂纹。

产生原因：粉料的水分或颗粒不适应压机的脱模控制数据，使脱模不顺畅。

（8）压机杂质：指砖坯内混有非生产用原料的另类色点，一般规律性分布，呈红褐色。

产生原因：由压机运行过程中部分部件产生磨损而丢落的杂质所致。

（9）露底：指微粉砖表面大面积地显出坯底颜色，多出现在砖边位置。

产生原因：多由于压机的调节布料不当。

（10）边裂：指垂直于砖坯体某一边的裂纹，包含裂通坯底或不裂通坯底的裂纹。

产生原因：

①由于坯体的强度低，在输送过程中开裂。

②由于干燥或入窑烧成前温度控制不合理而产生一边多条裂纹。

③在压制过程中，由于缺裂或模具质量问题造成开裂，此裂纹一般开口较大。

（11）缺花、朦花：缺花指渗花抛光砖表面呈现局部无花现状，与样板相差较大；朦花是指砖面呈现局部朦胧印花的效果。

产生原因：

①花机调节不当。

②喷水不均匀或不够量。

③坯厚相差太大或砖坯变形太大。

（12）变形：指砖体的中心弯曲度或边弯曲度超出指定标准。

产生原因：

①烧成温度控制不合理，辊棒太弯或太脏。

②微粉砖二次布料时底料与微粉料烧成收缩率不匹配，可通过窑炉调节使之不变形。

（13）阴阳色：指砖体底色或印花呈现一边深、一边浅的颜色差异。

产生原因：

①烧成温度控制不当。

②砖坯厚度相差太大。

③喷水不均匀。

④印花机调节不当或花网不合格。

（14）花釉：是指砖体表面局部位置渗有非板面要求的花釉，一般呈线状或圆点状。

产生原因：

①花网破损后，花釉漏到砖面。

②花机运行过程中，花釉溅到砖面。

（15）针孔：是指砖面布满直径小于或等于0.5mm的小孔。

产生原因：

①窑炉烧成温度控制不当，温度太高过烧。

②窑炉烧成周期过快。

（16）窑炉崩损：指砖边或砖角出现的崩损，崩损口呈现不光滑状。

产生原因：砖坯在干燥、烧成和釉线运行过程中出现碰撞情况。

（17）落脏：指砖体表面呈现一个或一个以上非粉料物质形成的斑点，通常呈现超白或暗红色，直径在1～15mm不等。

产生原因：多由于干燥控制不合理，造成干燥塔内积有水滴滴到砖面上渗透扩散，或油污滴到砖坯面上所致。

（18）生砖：指砖坯吸水率超出标准（抛光砖大于0.5%）。

产生原因：烧面温度曲线控制不合理。

（19）黑心、发蓝：黑心指砖体内呈现灰黑色状态；发蓝指砖表面局部位置（多集中在靠某一边位置）相对于其他位置呈现出暗淡蓝、灰色。

（20）烧成黑点：指砖体表面布满非生产用原料的另类黑点，一般黑点较少并分布均匀。

产生原因：窑炉的烧成气氛控制不当，导致坯体有机物氧化不完。

（21）光泽度不达标：指抛光后，测得的光泽度达不到标准要求（抛光砖光泽度要求大于或等于60°）。

产生原因：

①砖坯烧结不致密，生烧。

②抛光机磨头、速度压力等因素控制不当。

（22）对角线误差：指砖边相互垂直度超出指标，多以量度对角线为准。

产生原因：磨边工序控制不当。

（23）磨痕（划痕、刀痕）：指砖面留有调平刀或磨头痕，或其他物体擦到砖面所出现的受伤痕迹。

产生原因：

①磨头与刮刀存在质量问题及抛光时调节不当。

②与硬物摩擦。

（24）漏抛（漏磨）：指砖坯表面局部未作抛光或局部精抛光泽度欠缺。

产生原因：砖坯严重变形，或抛光机控制不合理。

（25）边直度偏差：指砖平面内边的中央偏离直线的偏差不合标准。

产生原因：磨边工序控制不当。

（26）崩边角、烂边：砖坯边角、面有缺损现象，并超出指标。

产生原因：多由砖坯碰撞或磨边工序控制不当引起。

（27）倒角不均：指抛光砖倒角宽度不一致，或超出标准。

产生原因：磨边工序控制不当。

（28）磨边锯齿：指抛光砖侧边不光滑，呈锯齿状，超出标准要求。

产生原因：磨边工序控制不当。

（29）尺码偏差：磨边尺寸出现偏差，超出标准范围。

产生原因：磨边工序控制不当。

（30）黄边、黑边：指抛光砖边出现发黄或发黑现象。

产生原因：多由抛光工序磨料选用不当，磨料物填入砖体毛孔所致。超白砖容易有此缺陷。

（31）色差：指少量砖坯颜色与其他同类砖（20 箱以下）有差异。

产生原因：

①原料偏差或混料、送料操作错误。

②印花控制不当。

③烧成温度控制不合理、常空窑。

④压机压力、厚度波动大。

⑤抛光深浅相关较大。

第四章　原料车间的成本控制

第一节　原材料的使用与保护

目前，瓷砖的市场竞争激烈，广东佛山、清远、高要、云浮，四川夹江，山东淄博、临沂，河北石家庄、邢台、邯郸，江西九江、景德镇、高安，湖南衡阳、岳阳，湖北黄冈、宜昌，福建晋江、闽清，辽宁法库，广西梧州，山西晋城、阳泉，河南内黄等地均成为我国的瓷砖重要产区，瓷砖业成为当地的支柱企业，目前各产区仍在自动地发挥区域优势抢占市场。

在现实情形下，要想在市场中立于不败之地，瓷墙地砖的生产企业必须走高质低价的道路，才能占有较大的市场份额，扩大企业的生存和利润空间。大家既然明白价格战成为墙地砖销售的致胜关键，那么我们在产品生产的现场管理中，就必须花大力气，将优质产品的低成本管理作为中心环节来抓。只有品质稳定的低价格产品，才能够为销售提供强有力的后盾。

根据目前各地反馈回来的综合信息来分析，原料车间的浪费可以说是相当惊人。尽管企业管理者在生产管理会议中，三番五次、苦口婆心地阐明控制成本的重要性，但由于没有找到一条良好的成本控制的途径，所以生产过程中对生产资源的浪费现象，一直以来都是禁而不止的。现在，为了更好地寻找企业控制成本的方法，我们在车间内部实施以下控制手段，希望能在现场实施管理过程中，从小事抓起，从一点一滴做起，切实地将一颗螺丝当作成本控制中的一个环节来抓，以避免重蹈过去那种对生产资源造成巨大浪费的覆辙。

一、泥沙料的仓储和使用中的管理控制

对于原料的购进价格和数量我们无法控制，但对于已进厂的原料，我们应该很好地利用，避免浪费。

1. 原料的堆放管理

（1）陶瓷原料由多种泥沙组成，我们在泥沙入仓堆放时，要做到堆放整齐，以方便使用。

（2）铲车司机要不断对外溢的泥沙进行整理、收集，铲要放到泥料堆里。

（3）露天堆放时注意减少因风吹、雨淋造成的原料流失。

（4）泥沙在室内堆放时，要不断用钩机加堆、均化。

（5）破碎大块、硬质料时，注意加入适量水，以防过于细碎的原料形成粉尘逃逸，造成损失。

（6）各种不同的原料按不同的要求存放，并且做好标识。例如黏土、膨润土之类的原料最好置于室内堆放，并且要做好防水防雨工作；瓷沙、长石类原料由于条件限制，可酌情在室外堆放，但在大风、大雨天气时，要做好保护工作。

（7）已破碎好的砂石最好置于室内堆放。

2. 原料仓的管理

为了加强原料仓的管理，使原料仓的库存量更大，原料质量更稳定，生产管理工作中应遵循以下管理规则：

（1）铲车司机必须自觉地将本班所进的合格原料堆放好，特别是泥类原料要求做到进一车堆一车，并且在下班前 1 小时内对各原料仓、大道和泥屎仓进行清理，且由司磅员在下班前进行检查。

（2）铲车司机搬仓或处理某些原料时，必须在最短时间内完成。

（3）铲车司机每次铲完环保泥屎及其他有色泥屎时，必须将铲斗、轮胎等处用水冲洗干净才能配料。钩机遇到类似情况也要先冲洗干净才能堆料。另外，每配完一种料后，铲车铲斗内余料一定要回斗入原仓。

（4）铲车司机、司磅员、验收员要清楚知道每个原料仓内所堆放的原料品种、铲食位置及有关堆放情况的安排。

（5）司磅员、验收员要对新进仓或试板的原料进行检测，且安排好卸车（亲自带车卸车），并插好禁用牌或试板牌。

表 4－1　原料入库统计表

原料名称	供货单位	入库数量	含水率

表 4－2 原料耗用表

班次： 日期：

原料名称	含水率	总用量	实际总用量
合计总量			

3. 原料的使用管理

（1）铲车在行驶过程中铲斗不撒落料，铲料上喂料机时不洒落、不外逸。

（2）核实准确原料配比，铲车严格按工艺配方单的要求加料。

（3）喂料工在送料上球磨机时，要保证喂料机内的料放完，并将输送沿线洒落的料铲干净。

（4）将球磨机喂料机身的余料装入球内。

在此，我们不妨算笔细账，如果进一个球从铲车铲料到球入完料总共洒落 10kg 泥沙，每天以 15 个球计，则为 150kg，一个月约为 4.5t，一年即约为 54t，如果 54t 全投入球中，可产粉 48.6t，按每吨粉 120 元计算，实际成本为 5 832 元，若按每吨粉生产 800mm × 800mm 产品 50 片计算，可出产品 42 525 元，这相当于一个工人一年的工资。其实，在现实管理中，每一个球浪费的泥沙远远多于 10kg。喂料机洒落的，球底洒落的，铲车洒落的，比比皆是。

表 4－3 球磨机产量记录表

班次： 日期： 品种：

铲料数量	总重量	实际净重量	入球个数	入球总量	总干粉量	浆池储量

表 4－4 喷雾产量统计表

班次： 日期：

塔号	粉料种类	浆罐号	喷粉时间	粉仓号	储量	总产量

表 4-5　粉料储量统计表

班次：　　　　　　　　　　　　　　　　　　　　　　　　　　　　　　日期：

粉料名称	粉仓号	喷粉时间	转、配粉时间	储量	用粉时间	剩余量	含水率	净重
总重量				总净重				

表 4-6　压机产量统计表

班次：　　　　　　　　　　　　　　　　　　　　　　　　　　　　　　日期：

压机号	速度	班总次数	砖坯重量	班总产量	粉料名称	比例	用量
合计							

二、坯用化工料、色料的使用与保管

在日常工作中，乱包装滑石粉、减水剂、三聚化工料等的现象非常常见，喂料过程中，喂料、放送等情况也同样比较严重。在今后的工作中，班长有必要加强教育，要求各班员工在投料时按堆放的顺序搬动、使用化工料，并尽可能小心地保证全部投球，以提高利用率。

一批球石将近一百吨。每次添加球石时，如果出现包装袋损坏、球石散落得到处都是，当班员工不管不闻，班长也跟没看见一样，这是不妥当的管理手段。在球石的使用方面，要保证每一个球石都能投入生产。

1. 坯用化工料、色料的存放管理

为了搞好坯用化工料、色料的有效控制，保证库存的合理性、有效性，做到“账账相符，账实相符”，堆放整齐、规范，要做到以下几点：

（1）化工仓仓管员负责对坯用化工料、色料的各个品种的最高存量与最低存量进行正确的预测和分析，其原则是“既不影响生产，又不积压资金”。并将所设定的最低存量与最高存量的数据写在实物明细账上，以便随时跟踪检查。

（2）化工仓一切原料必须凭领料单发料，由车间负责人及领物人签名方可发货，并将发货的数量、品名、型号、规格、领料人、工号、日期等详细记入账本或输入电脑，以备查验。

（3）一切化工原料进仓应及时查验送货单，进仓原料的数量、规格、型号、单位、日期必须要和送货单上的要求一致，否则应请供应商或有关采购人员及时更正。核对正确后将原料放入待验区域，及时请求技术部负责人或相关使用人进行品质检验，经确认合格后，请相关负责人在进仓验收单上签“合格”字样并签名，方可开进仓验收单入库，凡检验不合格的，一律拒收入库。

（4）坯用化工料、色料仓每天的进仓、出仓和结存数据都要及时记录跟踪，让所有原料的“进、销、存”活动状况及时并真实地反映在账本或电脑上，并认真做好原始记录，做到日清日结。

（5）化工仓要随时进行整理、清扫，物料要堆放整齐，保持过道通畅。物料卡上的标识内容要准确、规范、清晰，卡要挂于物料正前方。

（6）要定期或不定期进行盘点，月份小盘、季度大盘、年终彻盘，发现异常情况及时进行盘查。真正做到“账账相符，账实相符”，保证“账、卡、物”三方数据完全一致。

（7）要针对各种化工料的物化性质，做好产品防护工作。

2. 坯用化工料、色料的使用管理

（1）存放坯用化工料、色料的车间内部要注意防雨、防水，以防其变质。

（2）投入使用时，要重新称量，单球总误差不能超过 0.5kg。

（3）球石最好按每球 150 ~ 500kg 的加入量添加，确保球磨机内球石磨耗量的稳定。

（4）坯用色料在添加前最好能检验或试烧，以保证发色正常，色料加入浆料前，先用少量水加三聚磷酸钠冲化，搅拌后兑入浆料中。

3. 三釉料的使用管理控制

（1）球釉员根据釉料配方单，称准要求的水量，倒进大釉缸，用电子秤称准每一种化工料的用量，精确到 0.1g。将釉缸的搅拌机开转，把化工料倒入釉缸中，搅拌让其充分溶解。

（2）球釉员按照配方单，用电子秤称准每一种釉料用色量，将其依次倒入缸中完全溶解。

（3）用电子秤称量好乙二醇和釉用甲基，将甲基倒入称好的乙二醇中充分溶解。

（4）将溶解好的甲基慢慢倒入溶解好的色料水中，将其充分搅拌均匀，成为渗花釉（一般要搅拌 4 小时以上才能达到稳定状态），然后用流速杯检测渗花釉的黏度，至达到工艺单标准为止。

（5）釉料符合要求后，从釉缸中取出一些渗花釉，用花网印花与手试釉颜色相对比，待烧出的砖抛光后与配试样对比，合格后就可以拉到釉线上使用。

（6）球釉员要根据花网的用釉量和釉线速度来拉釉，一般要求釉线存一桶渗花釉备用。不能出现缺釉和釉线上有太多渗花釉的情况，并留意是否要配制渗花釉。

总之，无论是作为原材料的泥沙类物品，还是坯釉化工料、色料以及釉料，在保管使用过程中均须严格管理控制，尽可能做到物尽其用，最大可能地降低生产材料成本。

第二节　电耗能的控制

在陶瓷行业，原料车间是耗电大户，充分地利用能源，降低用电量，对陶瓷制品成本的降低具有巨大意义。因此，在原料车间的现场管理工作中，对车间用电的各个环节都应时刻注意，尽可能地降低车间用电总量。

一、球磨效率的控制

近年来，行业人士共同努力，寻找了许多解决问题的办法，使球磨的效率得到稳定的控制。在今后的生产现场管理过程中，大家仍需进一步对提高球磨效率问题进行跟踪，研究出缩短球磨时间、降低电耗量、提高球磨效率的办法。对这一问题的研究，我们应主要从以下几个方面着手：

（1）不同球石的配比搭配。按照球石直径的不同，进行不同配比的搭配，选择最佳的球石配比效率。

（2）内空的控制。40t、60t 球按内空 1.95～2.2m 的不同空位来控制比较，寻找最佳的空位控制。

（3）原料的磨性。对不同的泥、砂石，首先，了解其化学属性（化学成分含量）及物理特性（密度、硬度等）；其次，用肉眼观察其研磨的难易度；最后，根据各原料添加量的不同，及其在球磨机研磨中呈现出的不同的效果特征，选择最佳方案。

（4）料、石、水的比例。根据技术科已下达的工艺配方单，对实际生产进行跟踪，观察了解原料、化工料、水及球石的比例是否合适，再对入料总量、化工料及球石做适当的调整，每调整一次，对其各项数据进行一次跟踪记录，取其最佳效果。

（5）球磨机传动带的运行。要经常测定球磨机运行过程中电流量的变化，以确定传动带最佳的松紧位置，并且，每隔两三个月对传动带的距离进行一次调整，保证球磨机处于最佳运行状态。每种球磨性质不一样，要分开来考虑。

（6）已研磨好的浆料，必须一次放完之后，才能再次投料。有时，会因为仅仅几公斤浆未放完而严重影响球磨效率，这个教训，我们已深刻地领教过，在今后的工作中，切勿重蹈覆辙。

（7）原料粒度标准化。将大块硬质料统一破碎至 3mm 以下，可大大缩短球磨时间，提高球磨效率，球磨机可节电 20% 以上。

最佳球磨效率的控制方式，不能由以上方面中单独的因素决定，而是要对各种因素进行综合分析、评价，最后找到一条最佳的组合方式，形成最佳的生产方案。

二、变频器在生产中的广泛运用

1. 球磨机节能原理和技术特点

物料在投入球磨机初期是不规则、不同形状的，在此情况下，球磨机以工频 50Hz 运行，经过一段时间的研磨，粉碎物料的形状，填充到研磨体的空隙内，而此时球磨机继续以工频 50Hz 运行，只能使少量的物料得到研磨。如果改变球磨机的速度，让球磨机的转速降到一定速度，使研磨体与物料充分接触摩擦，则可大大提高球磨机研磨效率。但是，如果不合理地降低球磨机的转速，不仅达不到预期的研磨效率，反而会适得其反。因此，根据研磨介质与物料粒度大小的关系合理地调整筒体运转速度，能有效提高球磨机的工作效率，从而起到节能的作用。

早期的球磨机采取自耦降压启动方式，启动电流能达到电机额定电流的 6 ~ 7 倍，后期改进后采用软启动方式，启动电流也达到了电机额定电流的 4 ~ 5 倍。这些启动方式给变压器电网造成的电流冲击太大，电压波动也大，功率因数急剧下降，启动过程中电量消耗很大，同时加速了启动控制柜内所配套的断路器、接触器等电器元件以及球磨机所配备的机械传动设施的老化程度，大大缩短了设备的使用寿命。

针对以上球磨机存在的种种问题，众多电气设备公司的技术人员与研发人员经过长期的跟踪测量，研发出新型的球磨机节能控制柜。它具备多段速输出、可调和自动跟踪的转矩补偿功能，可将球磨机的启动电流控制在电机额定电流的 2 倍以内，矢量控制电机负载状况，使电机始终做有用功，将能耗降至最低。

2. VF 控制与矢量控制

VF 控制中“VF”是“V/F = 常数”的简称。其中“V”指变频器输出到电机的电压有效值，“F”指变频器输出到电机的频率。“V/F = 常数”指在电机调速控制过程中，变频器输出到电机的电压有效值 V 与频率 F 之比是恒定的常数，所以称为“恒压频比”控制方法。

在 VF 控制过程中，变频器只是简单地根据用户设定的频率输出相应的电压值，对电机的实际运转速度、电机电流、电机输出转矩并不关注，属于典型的开环控制。

矢量控制是“磁通矢量定向控制”的简称，指通过对电机的磁通、电压、电流等的矢量变换，将交流电机等效成一个直流电机进行控制，这样就可以像控制直流电机一样分别控制电机的磁通和力矩。在矢量控制过程中，变频器输出到电机的电压虽然也是随频率的增加而增加，但该方法实际控制的是电机的磁通和力矩，在控制过程中，可以保证电机的磁通准确处于设定的磁通值，并根据负载大小控制电机的输出转矩。相比来讲，VF 控制只是为了保证电机磁通恒定而进行的近似控制，根本不能保证电机磁通恒定，也无法控制电机的转矩。

矢量控制的主要优点有：①电机低速运行时，可以保证输出在额定力矩的 1.5 倍，VF 控制根本不可能实现；②电机的实际转速与设定速度偏差很小，稳速精度高，而 VF 控制由于是开环控制，没有对速度进行闭环控制，所以速度精度没有保证；③动态响应快，因为矢量控制可以分别控制磁通和转矩，所以能保证电机最大程度的输出转矩，在同等负载情况下动态响应比 VF 控制快；④在同等负载情况下，电机输出电流小，对电机和变频器的可靠性更有利。

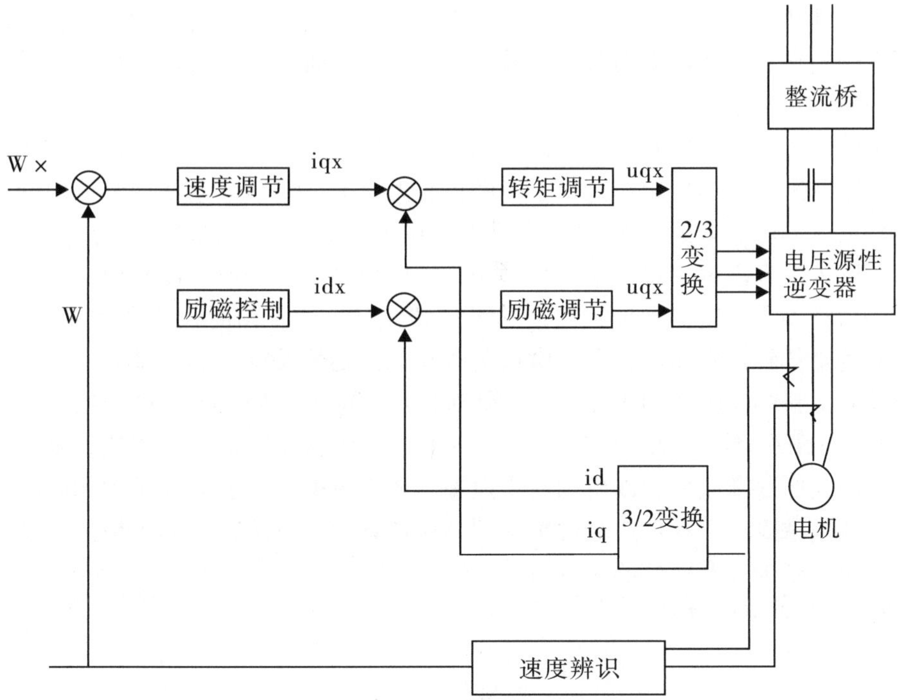

图 4－1　矢量控制示意图

3. 物料与研磨体在球磨机中的运动情况

在球磨机中，研磨体的运动状态与筒体的转速和研磨体与筒体内壁的摩擦因数等有关系。研磨体在筒体中的运动状态基本上可分为以下三种：

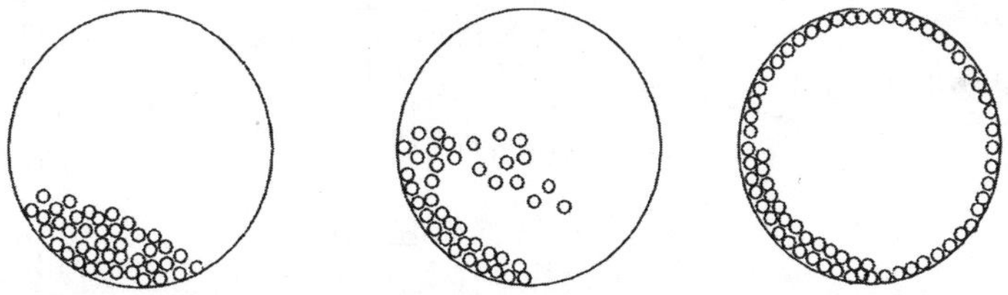

图 4－2　筒体中研磨体运动状态示意图

泻落式运动状态：当球磨机的转速较低时，全部研磨体可以看成是一个松散的“团块”，“团块”的界面随着筒体的转动而沿着转动方向不断向上偏斜，形成斜坡。当斜坡的倾斜角度到达研磨体的自然休止角度时，研磨体在重力等作用下将沿斜坡滚下，形成泻落式运动，在泻落式运动中，物料主要在与研磨体相对运动时产生的碰击和研磨作用中被粉碎。

抛落式运动状态：当球磨机转速较高时，研磨体随筒体上升至一定的高度后，像抛射体一样被抛落下来。在抛落式运动状态下，物料主要是在研磨体抛落时的碰击作用以及部分的研磨作用下而被粉碎。

离心式运动状态：当筒体转速过高时，由于离心力的作用，研磨体附着在筒体内壁上与筒体一道做旋转运动而不再抛落。在离心式运动中，研磨体不再对物料产生碰击和研磨作用，则物料不会被粉碎。

球磨机的转速对其工作有很大影响，如果转速适当，则能使研磨工作以较快的速度和在较高的效率下运行。如果转速过快，由于离心力太大，研磨体紧贴在筒体内壁不会沿抛物线轨迹落下，不能有效地粉碎物料；反之，在单位时间内研磨体对物料作用的次数减少，同时研磨体上升高度不足，落下时对物料的做功也少，研磨速度和效率则会偏低。何时让研磨体做抛落式运动，抛落式运动的最佳转速是多少，何时让研磨体做泻落式运动，泻落式运动的最佳转速是多少，是球磨机节能改造成功的关键。

球磨机对物料的粉碎作用主要是研磨体对物料的碰击与研磨实现的。用间歇式球磨机粉磨物料时，在开始不久，粗颗粒的含量迅速减少，物料粉磨的速度很快，随着粉磨过程的进行，粉磨速度逐渐减慢，以后则愈来愈慢。产生这种现象的原因是颗粒越细，颗粒上的微裂纹等缺陷越少，不易形成应力集中，颗粒愈难粉碎。选择一套理想的球磨工艺，是提高球磨效率、减少球磨能耗的关键所在。

4. 球磨机节电系统改造方案

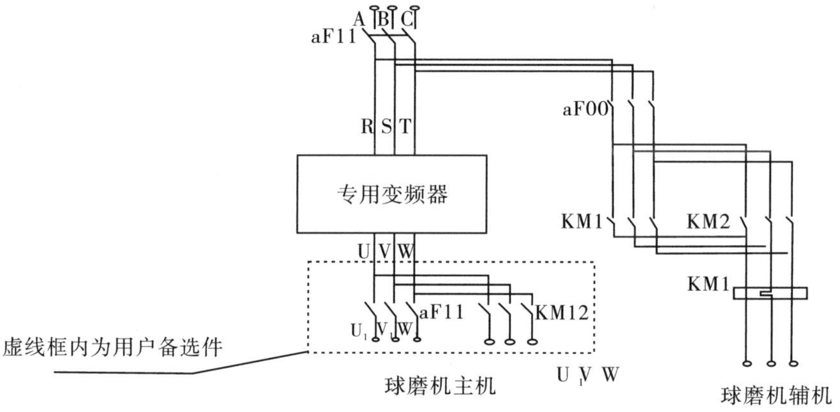

图4-3　系统改造方案

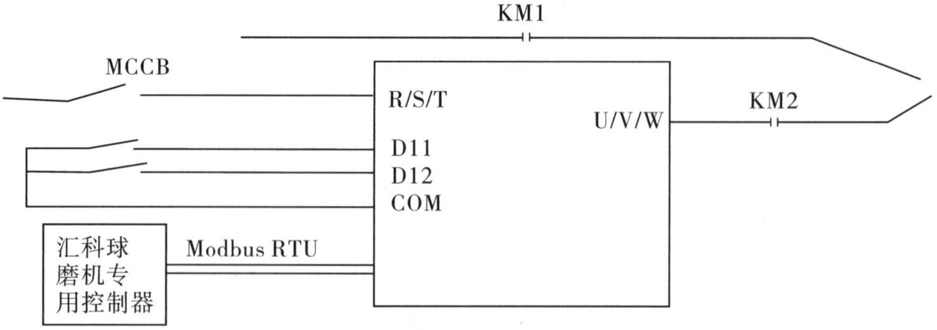

图4-4　软件方案

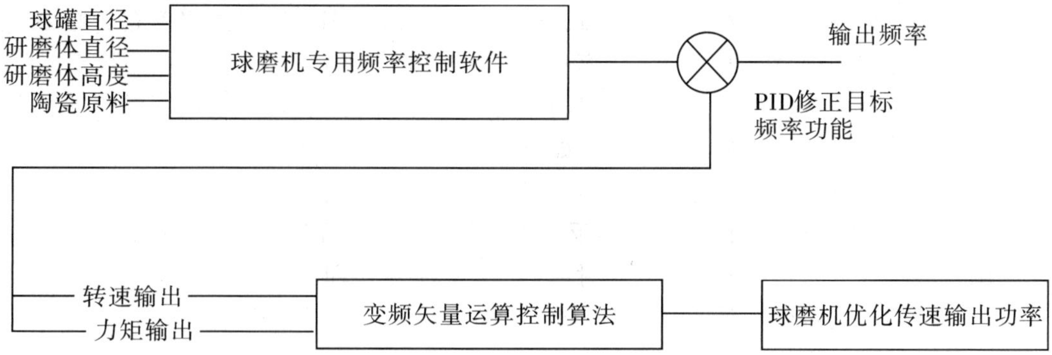

图 4－5　硬件方案

5．设备的使用

（1）控制说明。

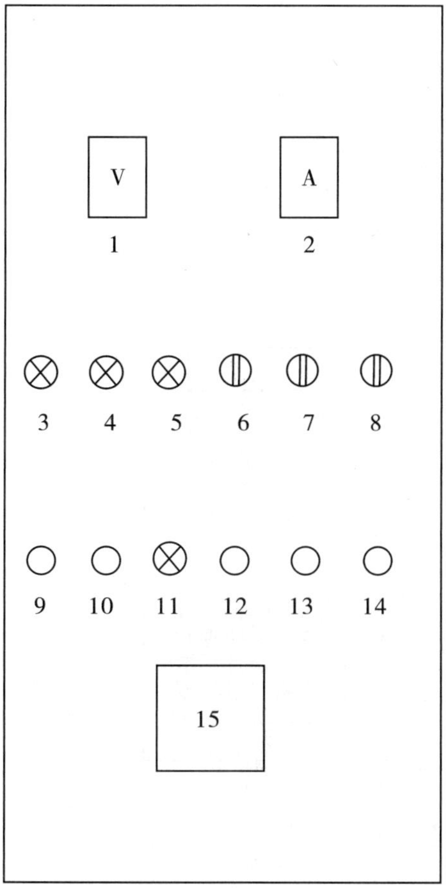

序号	名称	功能说明
1	电压表	显示系统进线电压
2	电流表	显示当前设备运行电流
3	主机运行指示	显示当前设备主机运行状态
4	主机故障指示	显示主机变频器是否处于故障状态
5	辅机正转	辅机正转启动按钮及当前状态指示
6	主机/辅机选择	用于主机、辅机的切换
7	偏心启动选择	选择是否在偏心状态
8	加磨运行	选择加磨运行
9	主机启动	主机启动运行
10	主机停止	主机停止运行
11	辅机反转	辅机反转启动按钮及当前状态指示
12	辅机停止	辅机停止运行
13	甩磨跟踪	甩磨追踪
14	故障复位	用于主机变频的故障复位
15	球磨机程序控制器	可根据中文菜单的提示，更改各段运行时间及运行频率和监视变频器运行参数

图 4－6　球磨机控制器示意图

通过球磨机程序控制器，可以方便地调整各段运行时间及运行频率。控制器内置 4 段运行，可根据内部中文菜单提示，方便设定。控制器监视状态下可显示当前运行频率、运行电流、运行时间和剩余时间。

主机如果中途停车，控制器会记忆当前运行状态，下次开车时自动追踪停车前状态继续运行，以保证总研磨时间不变。

（2）甩磨操作流程。

甩磨是球磨机筒体内由于装磨时原料、水与球石之间配比不合适，筒体偏重引起球磨机启动困难时所采取的一种启动方式。当遇到球磨机启动困难、皮带打滑时也需采用甩磨方式来启动球磨机。操作流程详见图 4 -7：

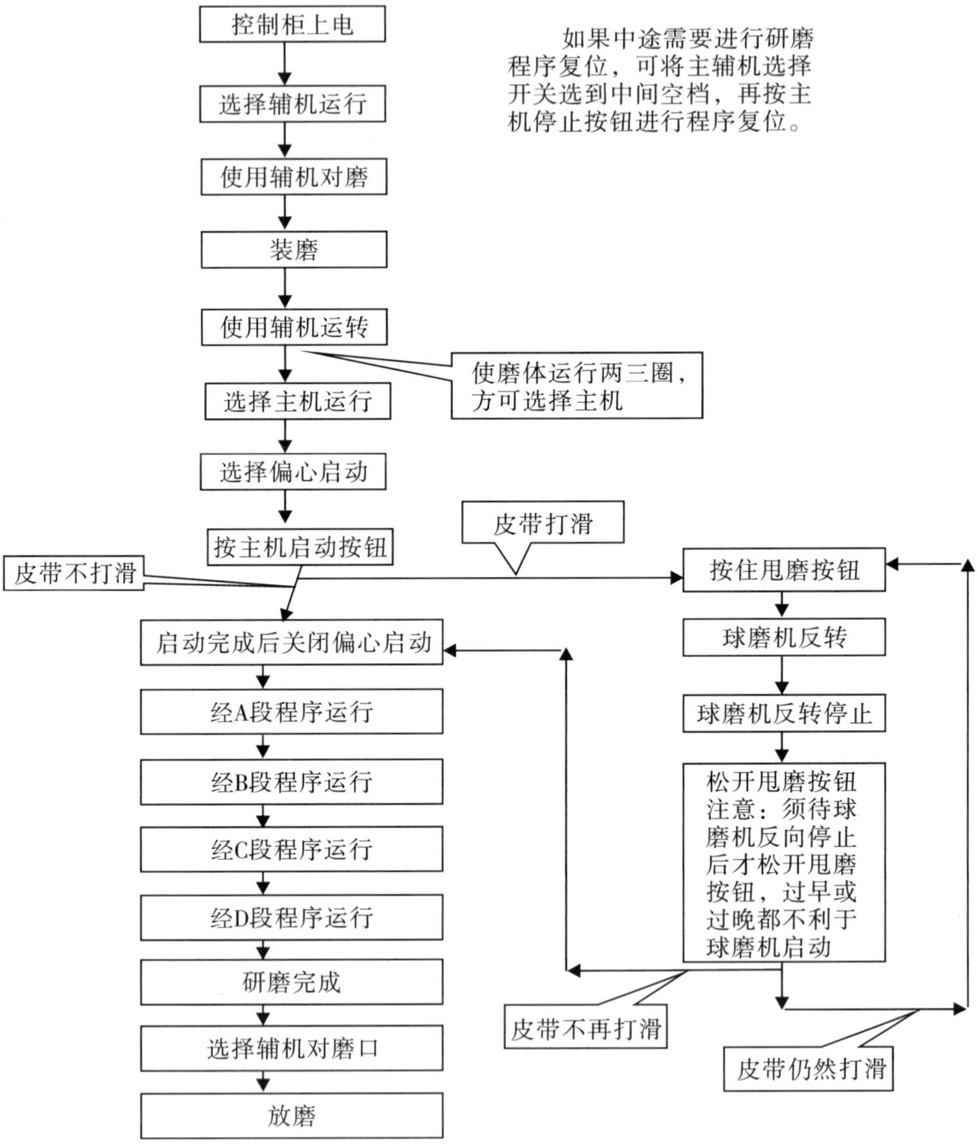

图 4 -7　甩磨操作流程

6. 系统优点

（1）节电率为8%～25%。

（2）减少冲击，延长球磨机轴和齿轮波箱的使用寿命。

（3）减少对电网的冲击，减少电网装机容量。

（4）平滑软启动，对电机具有过压、过流、缺相等多种保护，延长使用寿命。

（5）可以省去液力耦合器，能额外节省3%的能耗，减少机械系统投资和维护成本。

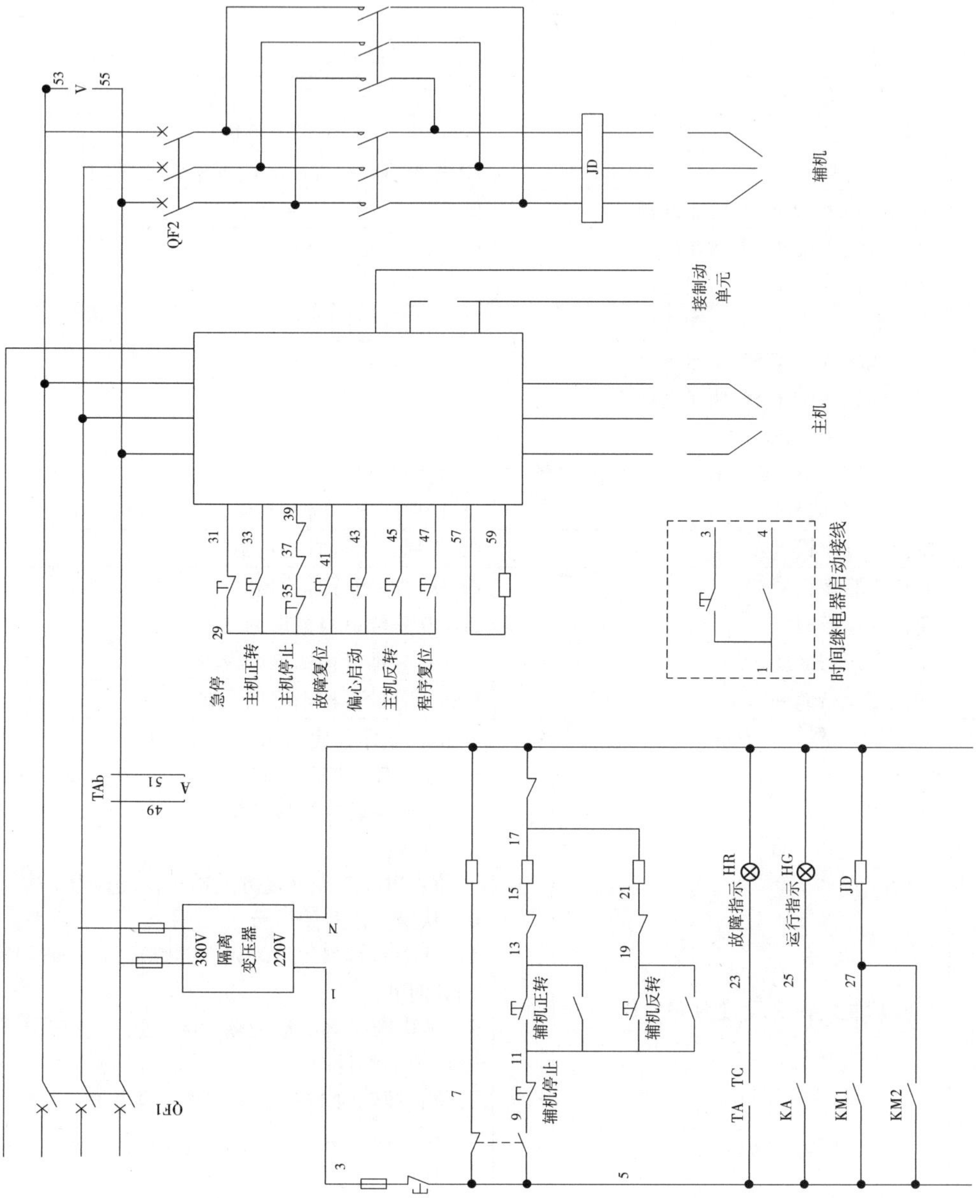

图4-8　球磨机系统控制原理图

使用此系统，需先依次设置 F0.27 =1，F0.27 =2，F0.27 =3，再设置表格参数进行调试。调试完后不必再进行参数复位。

表 4-7　球磨机功能码设置参数

功能码	名称	设置参数
F0.00	频率给定通道选择	7：PLC 程序运行 如不需要程序运行可设置成其他
F0.12	运行命令	1 端子运行
F0.13	端子控制方式	3 三线制控制 2
F1.00	起动运行方式	个位设置成 2：转速追踪启动
F1.05	停机方式选择	个位设置成 1：自由停机
F3.00	电机额定功率	根据变频器铭牌功率设置电机功率
F4.00	多功能输入端子 S1 功能选择	01 正转运行
F4.01	多功能输入端子 S2 功能选择	03 三线制运行控制
F4.02	多功能输入端子 S3 功能选择	07 故障复位
F4.03	多功能输入端子 S4 功能选择	23 加减速时间选择
F4.04	多功能输入端子 S5 功能选择	02 反转运行
F4.05	多功能输入端子 S6 功能选择	22 程序运行时间复位
F5.00	开路集电极输出端子 SP1	01 变频器运行中
F5.02	继电器输出（TA、TB、TC）功能选择	03 故障输出
F6.00	阶段 0 频率设置	49.0 程序运行时的频率
F6.01	阶段 1 频率设置	45.0 程序运行时的频率
F6.02	阶段 2 频率设置	41.0 程序运行时的频率
F6.16	阶段 0 运行时间	300.0 分钟可根据现场设置
F6.17	阶段 1 运行时间	600.0 分钟可根据现场设置
F6.18	阶段 2 运行时间	900.0 分钟可根据现场设置
F6.32	PLC 功能选择（设置为 1111H）	个位：循环方式选择，设置为 1 0：单循环后停机（可实现定时停机功能） 1：单循环后保持最终值 2：连续循环（停机后生效） 十位：PLC 断点恢复方式选择，设置为 1 0：从第一段开始运行 1：从中断时刻的阶段频率继续运行（该阶段重新计时） 2：从中断时刻的运行频率继续运行（在中断前基础上继续计时） 百位：掉电时 PLC 状态存储，设置为 1 0：不存储 1：存储 千位：阶段时间单位，设置为 1 0：秒 1：分

（续上表）

功能码	名称	设置参数
F6. 33	PLC 目标设定单位选择	1 频率
FA. 03	加速时间 1	7. 0 秒
FA. 15	转速追踪励磁电流百分数	150. 0% 额定电流的百分比
FA. 16	励磁时间	200 毫秒
FA. 17	转速判断计算时间	200 毫秒
FA. 18	电压输出软启时间	10 毫秒
FB. 01	保护功能选择	十位设置成 1，故障复位次数限制，3 分钟内最多允许三次故障

喷雾干燥塔的大风机、柱塞泵等耗电较大的设备，用变频器控制，均可节电 15% 以上。

三、球石的添加对球磨效率的影响

球石添加量根据“黄金分割”比例确定，即球：料：（水 + 空气） = 1. 618 : 1 : 0. 618。“黄金分割”是一种最佳的分配原则，但是依照“黄金分割”取的分配比例是理论比例和最佳比例，具体实际情况还要根据原料、球石、磨机情况来定。

原料包括主体原料和助剂原料，助剂包括减水剂、增强剂和助磨剂，有时助磨剂和减水剂是一体的。主体原料也分为三类，即瘠性原料、剂性原料和塑性原料。瘠性原料俗称骨架原料，如硅铝；剂性原料俗称低温助熔原料，譬如长石、云母、硅灰石、透辉石、白云石、石灰石等；塑性原料意为具有塑性、黏性的原料，譬如高岭土、膨润土、经过加工的球土。其实，三者没有明显区别，大多有交叉，既属彼，又属此。球磨的原料就是一些原生硬质矿，一般进入料场的原料根据形态分为石粉、石粒、砂、土和泥，球磨的原料集中在前三者，即石粉、石粒和砂。粒度大、硬度高的石粒是湿法球磨的难点，而北方由于加入了块度较大的硬质黏土如碱石，就人为引入了较大规格的球石，这是一种典型案例。而塑性原料、助剂原料、水和空气就是帮助这些硬质的原料悬浮、黏附、冲刷、剥离的剂，有了这些剂的帮助，就提高了球磨效率。

利用金字塔原理和“黄金分割”定律，考虑球磨机的径向动态运动，小球石：中球石：大球石 = $(1.618+1+0.618)^2-(1+0.618)^2 : (1+0.618)^2-0.618^2 : 0.618^2$，换算为百分比是：小球石 75%，中球石 21. 35%，大球石 3. 65%。

球石包括天然的和人工的，天然的球石就是燧石质的鹅卵石，它的形状和缺陷影响了球磨效率，所以现在很多工厂已经开始用人工球石。人工球石包括人工的燧石质鹅卵石、中铝球石和高铝球石。不过，高铝球石很少用于坯体粉料制备，多用于高白、高透面料制作材料。人工燧石质鹅卵石是近几年陶瓷厂多了才出现的，原因有两个，一是燧石内衬加工厂为了综合利用，将加工内衬的下脚料加工成球石；二是天然燧石质鹅卵石确实少了。应用最广泛的中铝球石和燧石质鹅卵石，应该区分对待。

中铝球石根据氧化铝含量分为60球和70球，即氧化铝含量超过60%的瓷球和氧化铝含量超过70%的瓷球；以制造方法区分，有手工球和机制球，二者质量有较大区别，购买使用时要慎重。表4－8为它们的区别和选取质量要点。

表4－8 中铝球石信息表

	60球		70球	
氧化铝含量	超过60%		超过70%	
制造方法	机制球	手工球	机制球	手工球
比重（g/cm^3）	2.95～3.1	2.8～2.95	3.0～3.2	2.95～3.1
吸水率（%）	不大于0.05	不大于0.05	不大于0.05	不大于0.05
莫氏硬度	大于8	大于8	大于8	大于8
直径偏差（mm）	1～2	1～2	1～2	1～2
磨耗	不大于0.03	不大于0.03	不大于0.03	不大于0.03
氧化铁含量（%）	不大于0.50	不大于0.50	不大于0.20	不大于0.20
外观色泽	米白色	米白色	米白色	米白色
断面	内外一致	内外一致	内外一致	内外一致

中铝球石规格有20mm、30mm、40mm、50mm、60mm、70mm；无论是60球石还是70球石一般选取30mm、40mm、50mm、60mm规格居多。目前，一般中铝球石的添加比例为2：3：3：2或者3：3：2：2，添加的具体比例需要根据物料的粒度和硬度来决定，需要现场工作者灵活掌握。

球石总量和配方组成有关，如果配方减水效果较好，水分可以控制在降低值，那么要么可以提高入球原料吨数，要么可以提高入球球石吨数，也就是说，60t球磨机装料干重不一定是60t，建议根据配方硬质料的比例和硬度适当调整。

燧石质鹅卵石由于直径和形状不规则，且具有比重低、硬度低、易出现裂纹等缺陷，一般采用40mm、60mm、70mm的球石，比例为4：3：3。

总之，球料水空气比和球石大小的选取有规则可依，依据就是金字塔原理和“黄金分割”原理，但是它又不能因循守旧，要在变化中寻求最佳值。球石的硬度、比重、形状和级配与泥浆的水分、黏度变化构成了湿法球磨机节能动态系统。所谓动态就是指在运动中节能，而运动其实有宏观也有微观，宏观指球磨机，微观指助磨剂。所以，“一剂一机，一球一水，四化融合”便是球磨机节能的智慧。

四、日常生产中对用电量的控制

在我们以往的生产中，处处可见浪费现象，如果算笔细账，一年中的损耗，只怕会让人们大吃一惊。因此，在实施原料车间现场管理的过程中，一定要足够重视这个问题，在生产中做出合理的安排，在最大可能范围内节约用电。

（1）各浆料搅拌器的使用。对于浆池、中转缸、调色缸的搅拌器的开停时间，各位管理人员一定要督请本班各岗位人员注意跟踪到位。比如，中转缸喷粉，在停塔之前一定要将浆喷完。如果不喷完，有时还得再等四五天才能喷粉，这样搅拌器就得一直开动四五天，将造成用电量的巨大浪费。我们不妨再算笔细账：中转缸搅拌器开动三天需要 7.5kW × 80% × 24 × 3 = 432 度电，按 0.63 元/度电算，电费为 272.16 元，车间班长工资按 7 500 元/月算，可支付班长一人的日工资还有余。而这 432 度电在这三天属于白白地浪费。当然，其他各浆池、浆罐都有此类现象发生。如果我们能够合理地安排、妥当地控制，则可以节约大量用电。

（2）泵浆料流量的控制。在我们日常生产中，有些人为了图方便省事，将泵流量开得很小，一个调色缸 20 个小时还泵不满；有的人为尽快完成任务又将流量开得很大，使泥浆流得到处都是。这是对用电和原料两方面的浪费，既污染了环境，又影响了工作效率。正常的浆流量应该是振筛刚刚能过浆，而又保证浆不外溢的最大限度。这个限度需要各管理人员在对泵浆工的现场管理中时刻注意跟踪，深刻认识到工作质量的好坏将直接关系到产品成本控制的成功与否。

（3）喂料环节、喷雾环节、送粉上压机环节，同样受喂料量、送粉量与用电量的影响。从喂料机到球磨机入料，一条输送线的总功率大概有 21kW。按每球节约 10 分钟计算，则每天可节约 21 ×0.75 ×10 球 =157.5 度电。事实上，由于场地设计等因素，有的喂料输送线很长，远不止以上的电机功率数。因此，抓好喂料速度的问题，对用电量的节约，也有非同寻常的意义。另外，各送粉上压机输送线，也要尽量研究送粉的最大流量，以节约送粉时间。同时，还要时刻注意选用最短的送粉线来输送粉料。

（4）平时清洁环境卫生时，很多人贪图方便，直接用水冲洗，既严重地浪费了水，又极大地增加了用电量。我们用的每一滴水都是经过增压泵加压后引入车间的，用水量的增加，也自然使电量成倍地增加，这个问题，也是各位在日常管理中容易忽略的问题。在今后的工作中，各级管理人员一定要督促好本班员工，将车间内各处溅落的污泥先铲干净，用斗车拉入垃圾堆后，才能再用少量的水冲洗。

表 4 –9　原料车间电耗统计表

时间：　　　　　　班次：　　　　　　　　　　　　单位：kWh

喂料机	上料带	球磨机	浆池搅拌器	振筛	除铁器	柱塞泵	喷雾干燥塔	送粉带	转粉带	配料秤	照明

第三节　燃料的控制

喷雾干燥塔燃料的控制，也是原料车间成本控制的一个重要环节。喷雾干燥制粉是陶瓷工业高能耗的生产工序之一。陶瓷厂能源审计数据显示，喷雾干燥制粉燃料占陶瓷厂总能耗的1/3。随着能源危机的到来和市场竞争的日趋激烈，降低喷雾干燥制粉的能耗，对降低企业生产成本、提高企业竞争力以及促进陶瓷行业的可持续发展，具有深远而重要的意义。在实际生产操作中，应重点从以下几个方面来考查燃料的控制并达到节约燃料（天然气、水煤浆、水煤气）的目的：

（1）浆料性能与用油量的关系。根据重油本身比重及浓度，寻找相应的浆料的浓度、水分、黏度、密度的不同数据加以比较，再跟踪喷雾干燥塔的用油量来确定最佳浆料性能指标。比如，当浆料的浓度为61%，浆料的水分、黏度、密度变化时的用油量，或者当浆料的水分确定为33%，各指标变化时的用油量等，多方面加以综合分析比较，总能找到一条最佳的浆料性能特征。

（2）泵压的控制。由于柱塞泵压力不同，喷雾干燥塔单位时间内的产粉量也不同。那么，对于不同泵压下的不同产量，用综合指标与用油量相比，就能确定最佳的泵压力，达到节约用油的目的。

（3）热风炉的给风量。根据炉温、塔内负压、塔顶温度的数值与油耗量的关系，再加上单位产粉量的比较，确定最佳的燃烧工艺，达到降低油耗量的目的。

（4）根据喷枪数量的多少与产粉量的大小及单位时间内用油量的多少来确定最佳的喷枪数量，达到降低油耗、增加产量的目的。

在实际生产中，要对这四个方面综合考虑，加以分析比较，使各种要求相平衡，得到最佳经济指标。

一、喷雾干燥塔节能降耗的主要措施

由于喷雾干燥过程中的能耗直接影响着企业的经济效益及发展前景，所以陶瓷企业及行业专家们都提出了很多在喷雾干燥过程节能降耗的办法，总结起来主要有以下几方面：喷雾干燥塔本身性能结构，干燥物质本身的性质，燃料问题，干燥介质性质等方面的因素。

1. 干燥介质的控制

提高热风的进塔温度：在出塔温度恒定的条件下，热风的进塔温度（又称进风温度）越高，带入的总热量就越高，单位质量的热风传递给泥浆雾滴的热量就越多，单位热风所蒸发的水分也越多。在生产能力恒定不变的情况下，所需热风风量减少（即减少了热风离塔时所带走的热量），降低了喷雾干燥制粉的热量消耗，提高了热风的利用率及热效率。但进塔热风温度不可过高（不超过600℃），温度太高，就会烧坏塔顶分风器。

降低热风的出塔温度：在进塔热风温度恒定的条件下，热风出塔温度越低，进出塔温差越大，热风传递给泥浆用于干燥的热能就越大，所以热风利用率就越高。但排风温度也不可过低，低于75℃时粉料太湿，影响正常干燥。

出塔热风（废气）的循环利用：陶瓷泥浆经喷雾干燥制粉后，出塔热风若被直接排入大气，热量损失将十分巨大（约为制粉工序能耗的10% ~20%）。所以应该将此部分余热充分地利用起来，如可将出塔热风循环利用到预热干燥工序。出塔热风除了直接循环利用外，还可以利用热交换器对这部分余热储存或交换后再利用。

2. 喷雾干燥塔自身因素

挑选合适的规格：陶瓷行业大部分厂家采用6000型喷雾干燥塔，有些陶瓷厂采用8000型和10000型，最大的有12000型，喷嘴多达54个。型号越大生产能力越强，生产每吨粉消耗的能源相对就少，厂家可根据具体情况进行型号选择。

整体密闭型控制：由于该系统采用负压操作，若有漏风就会增加能耗，所以设备各部位及连接法兰处，热风炉、热风管道、排风管道的热电偶插孔，塔体上的负压测量孔，塔体下锥翻板下料器出料口，旋风除尘下料口等部位必须密封好，不能漏风。

热风炉的控制：热风炉是喷雾干燥塔干燥的热风源，其燃料消耗量直接影响干燥成本，所以是喷雾干燥塔节能的关键部分。热风炉效率主要取决于燃油雾化喷嘴，当燃油雾化均匀且燃烧充分时，热效率最高，因此应严格控制雾化空气压力和流量以及燃油压力和流量。另外，雾化喷嘴的雾化角、喷射高度、喷枪角度都应控制在合适的范围内。一般雾化喷嘴的雾化角为90° ~120°，喷射高度为4 ~4.5m，喷枪角度保持在110° ~120°，以保证喷雾料与热风可以进行充分的热交换。热风炉燃料的选择可直接影响燃料消耗的成本，如用清洁的石油气、轻柴油等会使成本大大增加，用重油、混合油等一定要控制其含硫量，否则很难保证废气中SO_2排放达标。现在很多陶瓷厂用煤转气中分选出来的粉煤掺和煤灰（煤转气中含未燃碳10% ~20%，有的高达20%）制水煤浆，并把煤转气中产生的酚水和焦油喷进热风炉中燃烧，可以杜绝这些有害物质的排放，在高温燃烧中将其变为对环境无害的水和CO_2排掉。这样不但可以大大降低燃烧成本，而且可以充分利用这些废渣、废液，节能降耗。

3. 控制泥浆的质量

（1）降低陶瓷泥浆的含水率，干燥所需热量就少，但是含水率低的泥浆流动性又不好，流动性差雾化效果就差。为解决这一矛盾，生产中通常加入合适的减水剂（稀释剂）或电解质（如水玻璃、纯碱、腐殖酸等）来调节泥浆的流动性，同时降低泥浆的含水率。

（2）提高陶瓷泥浆温度可有效降低泥浆黏度，改善泥浆雾化性能，防止因泥浆结晶而堵塞雾化喷嘴。所以可以利用出塔热风回收的余热来预热泥浆，这是该工序能源循环利用的有效途径。

二、干法制粉的推广与应用

1. 经济效益

（1）从原料车间投资成本来看，设计2万平方米产品的瓷砖生产线，干法制粉原料车间设备总投资在1 000万元左右，与钢材降价后的传统的原料车间的总体设备投资基本持平，但干法制粉的原料车间占地节省，其车间总面积只需传统车间总面积的2/3，车间厂房、地面硬化、球磨机基础、水池、浆池等基建投资与传统车间相比最低节约500万元。

（2）从生产运行成本来看，其一，用电成本降低，传统方式的原料加工，从原料到制成可供压制成型的粉料，每吨粉耗用电量58度左右，干法制粉每吨粉总耗电量在28度左右，每吨粉节约用电量30度，按国内平均电价0.58元/度计算，日产2万平方米的瓷砖生产线耗粉量为380t，则原料车间每日节约的电费为380×30×0.58=6 612元，月节约电费19.836万元；其二，燃料成本降低，传统喷雾干燥塔制粉工艺每吨粉料最佳控制用粉煤54kg，按当前国内现行煤价580元/吨计算，原料车间日煤耗成本为380×0.054×580=11 901.6元，月煤耗成本为35.704 8万元，而干法制粉完全不需要用燃料来支撑生产，则燃煤所用的35.704 8万元资金成为生产运营净利润；其三，用水量大大降低，传统的原料加工过程中，须经球磨工艺将原料加工成泥浆，泥浆含水量在35%左右，则日产2万平方米产品的瓷砖生产线原料车间日用水量在180t左右，而干法制粉生产工艺中，原料车间总用水量不超过30t，干法制粉生产工艺很好地解决了水资源缺乏制约瓷砖厂规模发展的矛盾。

（3）从整线生产成本来看，用页岩做陶瓷生产原料的生产线，窑炉烧成周期只需18～28分钟，那么，在同等产量的情况下，窑炉设计的长度大大缩短，并且产品烧成温度控制在1 110℃左右，产品吸水率即可达到6%～10%，在此状况下，窑炉燃料消耗量在1.8kg/m^{2}左右，则日煤耗节约20 000×（2.6－1.8）/1000×580=9 280元，月节约燃料成本27.48万元。

综合以上三项，干法制粉每月可为企业最少挣得净利润83.020 8万元。

2. 红坯干法制粉的生产工艺（以450mm×450mm小地砖为例）和环保效应

（1）原料工艺：粉料水分6%～7%，颗粒级配100目筛余8%，粉料容重1.8g/cm^3。

（2）压制工艺：压机YP2100力泰机，压次14，单框3片，压力200～230MPa。

（3）烧成工艺：干坯强度2MPa，烧成温度1 110℃，成品强度35MPa，烧成周期18分钟，烧成收缩率5%，烧后吸水率6%～10%。

（4）红坯干法制粉的环保效应：

①红坯干法制粉生产工艺流程配备有布袋聚尘系统，生产过程中的粉尘多经过聚尘器收集再流回生产线中进行增湿造粒，既良好地保护了环境又有效地利用了原料。

②干法制粉生产工艺中，减少了喷雾干燥塔燃煤制粉环节，解决了瓷砖生产过程中喷雾干燥塔所造成的粉尘、烟雾、硫化物等对环境的污染和影响。

3. 干法制粉的工艺

干法制粉工艺的原料配方比较简单，这样可避免原料在加工过程中出现分层现象。由于干法制粉工艺中原料杂质难去除，一般选用比较纯的原料。原料粉碎中，依据各种原料自身特性，选用不同的粉碎设备单独粉碎，这样既可提高粉碎效率，也可保证配方满足对各原料细度的要求。

（1）工艺流程。

原料粗、中、细碎→配料→细磨→过筛→增湿→造粒→干燥→过筛除铁→陈腐→干压成形。

（2）生产工艺原理。

将粉碎后（粒度小于等于40mm）的原料分别放置在喂料斗中，原料在自重的作用下由底部排出，经置于喂料斗底部的电子皮带秤和上料皮带机，输送到立式磨机内进行研磨，研磨后合格的粉料通过风力输送，经过旋风集料器和脉冲布袋集料器进行收集，然后经气流输送系统输送到储料仓内。储料仓内的粉料经仓底的螺旋输送机，加入到称重计量斗内。当进入计量斗的粉料重量达到设定好的重量后，螺旋输送机停止加料，计量斗底部的出口打开为造粒机加料，造粒机开始造粒。经造粒机成型后的颗粒通过造粒机底部卸出，经过优化机二次优化，优化后的粉料进入干燥流化床。最后干燥、优化后的颗粒经大倾角皮带机直接进入到料仓，经陈腐后使用。

（3）设备配置。

湿式造粒机由直段和曲段筒组成，筒体可以旋转，旋转速度依所需粉料的性能而调节，在筒体内有一组特殊的增湿加水装置，高速旋转时，其离心力作用使水雾化，并与粉料结合。同时该装置起到搅拌作用，使粉料形成水料结合的颗粒，并经筒体的曲段滚动，达到造粒的目的。

采用立式磨机取代传统的球磨机，改变了粉料输送系统，大大提高了磨粉的效率，减少了电能的消耗。立式磨机过去一直用于水泥、化工等行业，现被引进到陶瓷墙地砖制粉工艺中，作为干法制粉新工艺原料研磨的粉磨设备。在粉料输送方面采用新型细粉气力输送系统，有效避免了细粉输送过程中的二次污染，提高了生产中的清洁度。其原理为：将配比好的原料经立式磨机的进料口加入到其内部，由减速机带动磨盘旋转，通过磨盘和磨辊的相对旋转挤压，将磨盘上的原料压制成细粉，高压风机将细粉吹到立式磨机上方的选粉机，粒度合格的粉料经气力输送系统进入到料仓，不合格的大颗粒粉料重新返回到立式磨机内进行二次研磨，依此循环工作。

第四节　原料车间的其他成本控制

一、维修费用的控制

表4-10　原料车间维修费用统计表

时间：　　　　　　　　　　　　　　　班次：　　　　　　　　　　　　　　　　　　　单位：元

喂料机	输送带	球磨机	搅拌器	振筛除铁器	柱塞泵	喷雾干燥塔	中转罐	粉料仓	其他

在陶瓷制品的生产过程中，若要保障生产的正常稳定进行，就必须保障设备的正常运转。设备在长期运转过程中，不可避免会磨损部分配件，而要保障设备的正常运转，易损件的更换就成为必然。但在现实的生产管理控制中，物件损耗数之所以惊人，其原因就在于对易损件的处理态度不妥。有些物件明明修修补补仍可保证其正常用于生产，可往往由于员工偷懒，图省事、图方便，便将磨损件整体丢掉，再添新品，这种现象在陶瓷行业中

相当普遍。比如，传动用的摆线针漏油或转动不灵敏，更换油封、轴、轴承，则可正常投入使用，可由于车间管理人员、机修偷懒，便将整个摆线针拆下换新，丢掉旧的。一个油封几毛钱，一条轴也仅 30～50 元，而一台摆线针则需 500 多元，这个差距是显而易见的。因此，在生产过程中，机修对设备的维护和保养，如果做到认真细心，精益求精，则对物件损耗的降低有着决定性的作用和意义。比如，在喂料过程中，如果大家能细心观察，喂料机的链板脱落时及时动手加以解决，就能很好地保护整条链板，而不致因疏忽大意造成整条链板的报废，损失上万元。另外，对于那些需要更换的备用件，比如振筛网，如果我们在使用过程中精心地对其加以保护，尽可能地延长其使用寿命，则也能达到降低物耗的目的。

因此，在管理工作中，我们既要对设备进行精心的保护，又要精打细算地使用每一颗螺丝钉、每一粒链卡，尽可能地延长其使用寿命，这样一定能够达到降低物耗的目的。

为了使设备得到维护，保证设备的正常运行，应制定设备管理制度：

（1）喂料机。

①每班操作人员必须对喂料机大小托轮进行一次加油。

②开机前检查喂料机托轮插销有无脱落，发现插销脱落时，要马上通知机修维修。

③及时调整弯曲链板。

④波箱不能加油过多或缺油。

⑤铲车向喂料机压放料时，注意抬高车臂，以防压坏喂料机料斗。

（2）输送带。

①操作人员开机前必须检查该组输送带是否走偏，有无杂物卡住输送带。

②检查联轴器是否松开，链条是否太长咬链齿。

③检查波箱是否漏油或噪声大，是否无油烧电机，是否少油或多油。

（3）球磨机。

①大轴承三个月加一次油，操作人员在开球时先用辅机把球转均匀，再用主机起动。

②检查减速波箱是否多油或少油，检查刹车胶磨损情况，检查机座松动或振动情况。

（4）吊葫芦。

①操作人员不得将吊葫芦斜拉或拉输送带，以防钢丝绳被卡死或卡断。

②若葫芦波箱因缺油烧电机，扣罚保养负责人 10 元/次。

③严禁操作人员在升吊机时撞烂葫芦。

（5）浆池搅拌机。

检查波箱是否漏油、缺油，以防烧坏波箱零件或烧电机。

（6）振筛（湿式振筛）。

①检查更换振筛的筛网时螺丝有没有装好，如少装螺丝、压杆螺丝不平，会造成振筛破裂。

②检查振动电机螺丝，以防打烂机座。

（7）抽热风机。

①检查电机是否过载，以防烧电机。

②检查波箱是否漏油、少油或多油。

（8）柱塞泵及气泵。

①检查油箱是否缺油、漏油并及时维修。

②保持柱塞泵正常运转；禁止用力敲打气泵的气阀。

做好日常的设备保养是降低车间配件损耗费用的最直接有效的办法。

二、尾粉、废粉的回收利用

表 4－11　原料车间原料损耗统计表

时间：　　　　　　　　　　　　班次：　　　　　　　　　　　　　　　　　　　　单位：kg

过筛废浆	清水沟废浆	泵浆废浆	中转废浆	塔口废粉料	粉料中转废粉料	用粉废料	压机漏粉

（1）喷雾干燥塔除尘器尾粉的回收利用过程：①在尾粉搅拌缸内加水，水位在搅拌机上边的搅拌位置，让除尘器内的粉尘落入水中搅拌成浆料；②每隔 15 分钟检查一次搅拌机内的搅拌是否有泥块，如有泥块必须用木棍打烂，避免沉积物加大搅拌机的负载力；③每隔一小时用波美计抽测一次搅拌机内的浆料浓度，达到 57 度时，可开动管道泵放浆入相同料的浆池；④放完浆后，必须清洗管道，并按第一条的规定加够水，重新搅拌，在放浆过程中搅拌机不能停止；⑤每次放完浆要用水清洁干净搅拌缸的卫生；⑥当除尘器出现堵塞，长时间无粉出时，必须拆开下粉管，将粉料清理出来，搅拌机内要有足够的水，否则会塞缸；⑦洗塔转料时，要用水全面冲洗干净除尘器内的粉尘，避免混杂浆料。

（2）要回收利用清洗浆池、粉箱、喷雾干燥塔的余泥，原料车间清理水沟的余泥，喷雾干燥塔底晒出的大块泥料，粉料输送过程中洒落的粉料，过筛系统筛出的大块泥料，干燥窑废坯，压机废坯，洒落的粉料，统一收集这些废粉存放在同一仓位，在坯体配方中按适合的比例加入；烧成窑尾烂砖、抛光线烂砖、抛光后废品、烂砖统一收集后，经破碎机破碎再按适合的比例加入坯体配方。

（3）浆料振筛筛出的尾渣，浆料、粉料除铁器吸附的铁渣需要作为废弃物处理掉，日常生产中可回收的废料和完全不可回收的废渣要严格区分开来，分别加以处理。

（4）原料车间污水处理系统沉淀的污泥，抛光、磨边污水处理系统沉淀的污泥经压榨晾干后要再回收利用，按适合的比例加入坯体配方中。

三、废水的回收利用

（1）设专门的污水处理池，将原料车间球磨机溢出的水，柱塞泵冷却水，冲洗除铁过筛设备用的水，喷雾干燥塔除尘器过滤水，洗塔、洗粉箱冲出的水以及车间搞卫生冲洗地面的水，全部用明渠引入原料车间专设的污水处理池，经过净化、沉淀后再返入球磨机内作配方研磨用水。

（2）污水在流动、存储过程中，绝对禁止设备维修渗出的油污流入，并坚决杜绝食品、装快餐用的纸盒、塑料袋等生活垃圾污染水源。这些杂物的渗入加大了污水处理的难度，成本上更得不偿失。

（3）有条件的企业可储存雨水，作为球磨机的回收利用水。

（4）原料污水处理。

①首先在进入污水处理站的明渠或暗渠口放置格栅或格网，去除悬浮杂质；污水进入隔油池，经过隔油池进入调节池；为避免堵塞渠道或浮油进入调节池，要经常清走悬浮杂质和浮油。

②24小时不停在进水渠口设置的设备适量加入碱水（石灰）、助凝剂（聚丙烯酰胺），石灰按100：2比例溶于水添加，聚丙烯酰胺按100：0.15比例溶于水添加，并根据水质实际情况进行加减调节。抛光原料污水pH值控制在9～11，瓷片原料和抛光车间污水pH值控制在6～9。

③由于水质复杂，一般采用目测方法，上班人员要每隔30分钟用烧杯在沉淀池取样，以废水中有絮凝状沉积物析出，沉积物与上清凝液分离明显为准；每隔2小时测试进水口和出水口pH值，如果污水呈酸性就要加大碱度，直到pH值达到本厂要求。

④沉淀池产生的污泥经过柱塞泵，到板框压滤机压干脱水后经输送带送到泥仓。

⑤设备应定期检查，每班人员要在每班交接前15分钟和接班后一小时检查水泵柱塞泵、压滤机等设备的传动系统、润滑系统、密封系统是否正常，发现故障或配件损坏，立即维修、更换，杜绝有关设备出现漏油、漏水、漏浆现象。

⑥由废水经水处理后得到的清水流到清水池后用水泵把清水泵回车间使用，做到污水零排放。

⑦做好日常记录，主要记录处理水量、投药量、耗电量、进水性、出水水质、压滤周期、压渣量、泥渣含水率等信息。

四、铲车用油的使用制度

为了完善0号柴油的使用制度，加强用油的监管，保证用油安全，杜绝一切浪费或违规用油的现象，特对铲车用油的使用做如下规定：

（1）0号柴油的加油阀门用铁箱上锁，锁匙由原料车间跟班主责保管，每班一把，不得借与他人使用。

（2）各用油车辆需要加油时，通知原料车间跟班主责到油库开锁。

（3）跟班主责到办公室取表格后，到油库开锁，填写表格中的相关内容，加完油后将表格挂回车间办公室。

（4）加完油后，铲车司机在表格上签名确认。

（5）跟班主责在加完油后，关好阀门，重新将阀门上锁。

（6）其他部门需用油时，可找原料车间跟班主责去开锁取油，但要按上述条例执行。

五、厉行节约的思想在原料车间管理中的体现

（1）每一度电、一滴水、一颗螺丝钉都应物尽其用，因此，应树立无长明灯、无长流水、无随便丢弃设备配件的管理理念，由管理者引导车间岗位人员，养成人走随手关灯、

关水，随时收捡车间配件的良好习惯。

（2）将装化工料、球石等的编织袋理清、折叠好，可统一回收给相关客户。

（3）工作中更换下来的破晒网、设备维修中处理的旧轴承、设备改造过程中产生的废钢材等均可分门别类地收集、整理，按相关的产品价格处理给相应的客户。细算起来这也会是一笔不小的资金，可成为企业的纯利润。

（4）节约用水要求。

①车间全体员工都要树立起节约用水意识，水龙头随用随关，防止出现长流水和水跑、冒、滴、漏现象。

②各部门要经常自行检查供水设备，有漏水的地方，要立即修复。

③车间各工序要按照工艺标准要求用水，优先使用处理后的水，在停机、停线时不得开启水龙头。

④住宿舍人员应树立起可循环用水意识。如清洗衣服后的水可以用来拖地、冲洗卫生间等。

（5）节约用电要求。

①白天在不影响工作的情况下不得开照明灯，尽量使用自然光源。使用节能电器，减少用灯数量。公共过道、卫生间的电灯根据需要开启并随手关闭，做到人离关灯以及关风扇和空调等电器。

②车间在停机、停线的情况下不得开动设备。

③办公室里的计算机、打印机、复印机等办公设备不用时要自觉关机，尽量减少待机时间。

（6）节约用气要求。

①不用气时阀门要关闭，发现有漏气现象，要立即排除。

②不得用气来吹地面和设备、搞卫生，或用气来吹身体。

③各部门按工艺要求用气，不得超标。

④要经常检查压力表、空压机等供气设备的运行情况，出现问题，立即解决。

（7）节约用料要求。

①配件、工装夹具、检测器具等零部件损坏后，要做到能修则修，能利用则利用，修不好的可拆分用在其他地方。更换报废旧配件需要重新领用新配件的，由设备动力部管理人员进行严格的审批后，仓库方可发货。

②在生产和运输过程中，不得出现因装了过多原料、辅料、化工料、包装材料等与生产有关的物资而造成散落浪费的现象。包装里面不得有余料剩下，要倒干净，并彻底用完。车间要严格执行工艺准备用量，不得超标、浪费。

③节约用油，油桶内的油要全部用完，不得出现因加油过多而造成浪费和污染的现象，不得用油来擦拭保养机器设备。铲车驾驶员在等人、卸货或做其他较长时间的停留时，应关闭发动机，减少燃油的消耗量；选择行车路线时，应尽量顺路、不兜圈，做好节油措施。

第五章 原料车间的技能管理

第一节 各工序岗位职责

一、原料车间主任岗位职责

原料车间主任负责本车间（本部门）的全面管理工作，主要职责包括以下几点：

（1）协助生产厂长全面管理原料车间的工作，确保每月产量指标、质量指标、成本指标、损耗指标的完成，对生产中未能解决的问题，及时上报生产厂长。

（2）公平、公正、合理地用好每一个下属，致力于培养管理与技术新骨干，加强车间员工的技能培训、安全生产意识培训、产品质量意识培训、生产成本意识培训等。

（3）协助生产厂长完善原料车间薪酬制度；制定和完善各层级各工序的考核制度，并适时对车间各工序人员进行及时的业绩评定。

（4）对产品生产工艺参数进行保密。

（5）做好生产及附属设施的维护及确保整个生产的运作安全。

（6）加强车间内部“5S”管理并时时督导本车间各级管理人员加强生产现场管理。

（7）制定并完善车间员工的各项工作管理制度。

原料车间主任的权限包括：

（1）对生产性设备或配件的购买、使用、报废等提出申请，并对各种生产材料的质量进行监督。

（2）定期或不定期召开本车间员工生产工作会议。

（3）对车间下属各级人员的考勤、出差、休假、工资分配进行审批或审核。

（4）对车间下属员工的工作绩效质量有考核、监督权。

（5）对车间下属员工的招聘、晋升、调配、辞退有建议权；对车间各级人员的奖惩有建议权。

二、原料车间副主任岗位职责

（1）协助车间主任宣导及推动各工序的计酬方案。

（2）制定车间各工序跟班班长的岗位权责及考核标准，并督促车间各工序完成，明确辖内各级人员的工作职责，做到层级落实并经车间主任核准后方可实施。

（3）营造团队气氛，积极发挥上传下达的桥梁作用。

（4）经常巡查本车间各工序的粉料、产量、质量情况，发现问题及时查出原因，并督促该工序责任人尽快解决问题。

（5）每天跟踪全厂生产质量情况，发现本车间产品缺陷要马上查找原因，并指挥相关工序人员及时解决问题，确保本车间缺陷率不超标。

（6）确保浆料供应，不允许有人为原因中断供料而造成压机停机，窑炉停产。

（7）保证浆料质量水分和筛余应控制在规定工艺参数范围内，以免后续工序产生缺陷。

（8）要严格进行对球磨效率、浆料过筛除铁、色浆配制、生产成本等的控制，降低电耗、油耗、机物件损耗等生产费用。

（9）安排好设备保养、维修工作，尽量避免由于设备损坏而影响生产工作的正常进行。

（10）制订培训下层的工作计划，提高其管理水平与工作技能，并建立考核制度，对补考仍不合格的员工实行换岗。

（11）做好安全教育工作，落实车间工序主责与工伤事故率作经济挂钩的制度。

（12）对因跟踪不到位而造成设备损坏或影响生产负责。负责车间设备日常点检工作，并作设备使用情况评估，对废弃设备申请要请求动力部处理。

（13）负责机修人员安全意识、质量意识等操作技能的培训。对违规操作的员工进行培训教育，提高员工的工作积极性、自觉性，严格抓好机修人员劳动纪律。

（14）负责跟踪车间设备卫生清理工作，配合各工段做好“5S”和环保工作。

三、球磨主管岗位职责

（1）负责球磨日常工作安排，确保浆料产量、质量稳定，将车间主任的工作计划及目标细化到工序各岗位。

（2）负责各种浆料的入池、过浆、除铁工作，确保浆料除铁质量并严格控制浆料损耗。

（3）负责每天上午8：00前将现存各种浆料数量准确统计好。

（4）负责本段所有机械设备的维修、保养计划工作。

（5）负责本段所有设备的保养点检记录工作和机修人员的日常工作安排。

（6）对因跟踪不到位造成入错料、抽错浆、入错池等后果负责。本段有产量、质量问题时，必须24小时跟踪处理。

（7）对因跟踪不到位而造成的机械损坏负责。

（8）负责对所属人员安全意识、质量意识的培训，并对有违规操作的员工进行培训和教育。提高员工的自觉性、积极性，严格抓好本工段劳动纪律。

（9）负责跟踪球磨机物料的使用，尽可能降低物料的损耗。

（10）负责球磨段用水用电的节能降耗，多想办法不断改进生产方式，降低制造成本。

（11）负责球磨段的现场管理的监督，做好车间“5S”卫生工作，每天检查工作。

四、喷雾干燥塔主管岗位职责

（1）负责跟踪安排每批料的抽浆配色工作，并控制好浆料损耗。

（2）负责定期安排各塔热风炉、煤气枪的清理工作。

（3）负责喷雾干燥塔工作安排，保证四个喷雾干燥塔的正常喷料工作，保证各塔的利用率在98%以上。

（4）负责按排产表按时完成每批料的喷料工作。

（5）负责日常生产中粉料性能级配水分和开塔料的自检打饼对色工作。

（6）负责确保各种粉料喷料水分和粉料级配在考核范围内（合格率为90%），水分必须按各种粉料工艺要求执行，并严格控制好浆料、粉料损耗。

（7）负责每天上午8：00前将现用各种粉料存量准确统计好，如需要补料应及时提出申请。

（8）负责所有粉料仓清洗工作和各批料的入仓安排，并规范安排各排料仓。

（9）负责跟踪解决本工段所产生的杂质、杂料等问题，并做好日常预防措施。

（10）对因跟踪不到位而造成的抽错浆料或粉料入错仓等生产事故负责。

（11）负责本段所有人员的安全意识培训、质量意识培训，提高员工的积极性、自觉性，严格抓好各工序的劳动纪律。

（12）负责喷雾干燥塔至粉料入仓工段的机械设备保养、点检工作。

（13）对本工段所发生的事故负主要责任，如本工段在生产过程中出现质量问题，必须24小时跟踪解决。

（14）负责本工段“5S”和现场卫生管理工作。

五、配送料主管岗位职责

（1）负责日常混料、送料安排，保证正常向各台压机送料。

（2）负责按各窑的排产计划，安排好各线转产工作，并且要在转料前做好配料、混料的妥善安排。

（3）负责按工艺要求搭配混合好每批产品的粉料，并计算好每批料的配料量。

（4）负责各线在用和未用粉料的自检湿控工作，自检项目包括：粉料水分抽测，粉料配比抽测，混料过程粉料打饼对色，并落实人员打饼签名确认。

（5）负责对各线底料、面料送压机前的搭配，保证正常的粉料水分。

（6）使用粉料供压机，合格率按工艺要求保证为90%以上，对本工段因安排不好、处理不当而造成的粉料损耗负责，以及因跟踪不到位而造成的混错料、送错料负责。

（7）负责微粉机转料前后的清理安排工作，以及输送系统和打磨设备在使用过程中的防污工作，并确保设备24小时待用。

（8）负责跟踪和解决本工段所产生的各种缺陷，做好书面记录，并且要做好日常的预防措施。

（9）负责本工段机械设备保养、点检工作。

（10）负责本工段各工序人员的素质培训、质量意识培训，提高员工的积极性、自觉性，并严格抓好各工序的劳动纪律。

（11）对本工段所发生的事故负主要责任，如本工段有生产和质量问题，必须24小时跟踪解决。

（12）负责仓底至压机段的卫生和“5S”工作，及日常管理工作。

六、跟班大班长岗位职责

（1）以身作则，严格遵守车间的各项管理制度，对车间规定的工艺监控点进行定时检查，发现问题及时处理或汇报。

（2）不断学习，提高自身的技术水平，善于总结，取长补短。

（3）服从上级安排，每天根据上级工作要求，围绕车间的分解目标，对辖内进行生产指挥、技术指导、定期培训，保证完成车间的各项生产任务。

（4）抓好员工的安全生产防范措施，做好设备与“5S”现场卫生的检查，改善车间工作环境。

七、原料车间机修班长岗位职责

（1）协助车间主任全面抓好原料车间的设备维修、保养、整改以及设备的创新使用，以保证整个原料车间方便、快捷、经济地运行。

（2）编制原料车间的设备保养维修计划，划分设备保养维修的责任范围，确定责任人，制订设备的周、月、季、年维修保养计划，并督导计划的贯彻实施。

（3）加强跟班机修、日班机修的工作管理，合理安排机修的日常工作，确保设备运行过程中无停产、误产事故的发生。

（4）加强与车间各工段大班长、班组长、车间副主任的沟通与配合，形成和谐统一、团结一致的管理工作局面。

（5）加强与设备科、电器部、供应部、成型车间等企业内其他部门的工作配合，确保在统一管理的局面下完成公司下达的各项经济指标。

（6）贯彻执行公司领导节能降耗的指示，将把生产成本降到最低、设备使用率达到最高作为机修设备维修保养的最高宗旨。

（7）加强下属员工的技能培训、专业知识培训、安全意识培训，确保无工伤事故发生。

（8）完成生产厂长、车间主任、设备科长交代的其他临时性工作任务。

八、原料机修岗位职责

（1）上班提前5分钟到达机修房等候工作安排，上班10分钟内必须带齐工具离开机修房到达工作现场。

（2）工作主动、认真、负责，中途未经主任同意不得擅离工作岗位（抢修、救灾除外），否则一律作旷工处理。

（3）工作时使用电焊、风割、电源接线，高空作业，在易燃物品附近作业等，必须特别注意安全，做足安全措施，确保人身财产安全。

（4）爱护公物，积极开展“节能降耗”活动，学习厂部的“五提高一降低”“每日为厂节约一角钱”精神，节约每一根焊条、每一个螺母、每一颗螺丝。

（5）努力提高自身的技术水平，虚心求学，互相帮助，团结一致，共同把工作做到最好，以最高的效率完成工作任务。

（6）每日下班前，不管工作完成与否，一律把工具拉回机修房，保持工作场地干净、整洁。

（7）生产需要加班时，必须无条件服从加班，否则作旷工处理。

（8）严格遵守出勤制度，凡请假者必须提前一天申请，否则不予批准或者作旷工处理。

九、跟班机修岗位职责

（1）提前10分钟到岗做交接班，接班前首先巡查车间所有的设备运转是否正常，设备保养工作是否完成，发现问题及时上报并协助解决。

（2）工作应主动、认真、负责，中途未经当班班长同意不得擅离工作岗位（抢修、救灾除外），否则一律作旷工处理。

（3）工作时使用电焊、风割、电源接线，高空作业，在易燃物品附近作业等，必须特别注意安全，做足安全措施，确保人身财产安全。

（4）爱护公物，积极开展“节能降耗”活动，学习厂部的“五提高一降低”“每日为厂节约一角钱”精神，节约每一根焊条、每一个螺母、每一颗螺丝。

（5）努力提高自身的技术水平，虚心求学，互相帮助，团结一致，共同把工作做到最好，以最快的速度完成工作任务。

（6）当班期间协助当班班长完成设备的抢修工作，对各工序员工报告的设备隐患必须无条件第一时间赶到现场进行处理，不得以任何借口和理由拖延时间。设备维修期间必须在机修房黑板上注明工作地点，以方便其他工段班组长明确机修去向。

（7）交班时若正在进行设备抢修，必须协助完成设备抢修工作方可交班。

（8）设备维修完毕，所用维修工具必须全部拉回机修房并打扫干净维修场地。

（9）生产需要加班时，必须无条件服从加班，否则作旷工处理。

（10）严格遵守出勤制度，凡请假者必须提前一天申请，否则不予批准或者作旷工处理。

十、球磨班长岗位职责

（1）提前15分钟，了解清楚车间的工作安排和工作状况，准备接班。

（2）会同交班班长共同对交班各工序的卫生区域的清洁情况进行评定，并及时公布结果。

（3）了解各种工艺要求及数据，填写好车间的相关通知黑板，做好班内人员通知，按章执行。

（4）当班时要检查设备的运行情况，发现异常时要组织机电人员处理，如超过半小时仍无法处理的要迅速向上级反映。每月 30 日要就辖内的分段主责设备向车间做出情况报告，提出维修保养改造建议。

（5）根据车间、技术科的工作要求，监督班内人员按操作规程和工艺文件完成工作任务。

（6）对班内所要入球的化工料、色料要预早安排色料运输人员保证运输量，按要求放好。

（7）记录好本班所有的入球、开机、停机时间及原因，且监控每球料的化工料、石位、落水量的抽测等工作。下班前填写好“球磨交班留言表”。

（8）按车间的规定定期对辖内的工序人员进行培训，提高操作员的素质。

（9）注意安全，督促员工执行安全规定，提醒相关工序人员系好安全带，避免事故发生。

（10）当班时有疑问要及时向上级询问，切勿先做后请示，以防造成损失。

（11）了解车间和厂部下达的辖内工序指标任务，协助车间做好“节能降耗，提高产量、质量，降低成本”的工作。

十一、铲车司机岗位职责

（1）提前 10 分钟到岗作交接班，了解上一班所配原料的品种名称、本班应配球的数量，以及所需配球的品种名称。

（2）当班期间，服从司磅员的指挥，按车间制定的与铲车工序相关的操作规程进行操作，按技术科工艺文件进行铲料、上料，在保证速度的同时，亦要保证原料符合车间和技术科的要求。

（3）积极协助班长搞好生产工作，服从调动安排。

（4）对机物件、油要有节能降耗意识，尽量降低生产成本，并对全车间产量、质量、粉损负责。

（5）遵章守纪，切实做好安全措施。

（6）开车前后必须对铲车进行全面检查、保养，出现故障时尽快找厂内维修人员进行处理。

（7）禁止酒后开车或作业，不允许无关人员学车或上车。

（8）做好砂仓及泥屎仓的“6S”现场卫生清洁工作。

（9）做好交接班工作，交班前检查铲车的运行状况，做好保养，发现异常及时要求铲车维修工进行解决，方可交班。

（10）服从副主任、主任的工作管理与安排，完成领导交代的临时性工作任务。

（11）加强技能学习，加强安全防范意识，时刻懂得自我保护，防止安全事故发生。

十二、喂料工岗位职责

（1）提前10分钟到岗作交接班，了解所进球的品种、数量、配方、化工原料是否有变化，并检查喂料机、输送带是否正常，场地是否清洁。

（2）严格按工艺文件要求，将喂料机内所配的泥沙等原料全数送往球磨机输送带，严格控制送料过程中的原料洒落。

（3）严格按工艺要求称量化工原料，并按质按量送往球磨输送带。

（4）喂料过程中，及时将大块的泥铲碎，并将泥中混有的树根等杂物及时从输送带上捡出，严禁杂物进入球磨机。

（5）喂料过程中，及时巡检喂料机的载板、链板、插销是否有脱落、松动等情况，输送带是否跑偏，托轴、托碌是否有损坏等问题，发现问题及时处理，并及时报告当班班长、跟班机修。

（6）每进一球，都要将喂料机、输送带的余泥清扫干净；时刻保持喂料机周围、底部以及输送带及带底清洁干净，时刻清理地面洒落的余泥及输送带支架上洒落的原料。

（7）做好交接班工作，交班前检查喂料机载板、链板、插销是否有脱落、松动等情况，发现异常及时协助解决，方可交班。

（8）服从班长、副主任、主任的工作管理与安排，完成领导交代的临时性工作任务。

（9）加强技能学习，加强安全防范意识，时刻懂得自我保护。

十三、入球工岗位职责

（1）提前10分钟到岗作交接班，了解所进球的品种、数量、配方、入水量是否有变化，并检查球磨机、输送带和场地卫生。

（2）严格按工艺文件要求，将输送带上的泥沙等原料全数送往球磨机，严格控制入球过程中的原料洒落。

（3）严格按工艺要求控制化工原料加入量、入水量、球石添加量，并按质按量送往球磨机内。

（4）喂料过程中，将泥中混有的树根等杂物及时从输送带上捡出，严禁让杂物进入球磨机。

（5）每进一球，都要将输送带上的余泥清扫干净；时刻保持楼面、输送带和带底清洁干净，时刻清理地面洒落的余泥及输送带支架上洒落的原料。

（6）每球到时间后及时协助质检员检测浆料质量，量好球磨机内空高度、浆面高度，并做好浆料质量分析，以便加强球磨效率控制。

（7）根据球磨内空状况确定球石添加量，并及时将信息告知喂料工、铲车司机、司磅员。

（8）做好交接班工作，交班前检查输送带、水箱、水管、吊机是否正常，发现异常及时协助解决，方可交班。

（9）服从班长、副主任、主任的工作管理与安排，完成领导交代的临时性工作任务。

（10）加强技能学习，加强安全防范意识，时刻懂得自我保护，防止安全事故发生。

十四、放浆工岗位职责

（1）提前10分钟到岗作交接班，了解各球的品种、数量、停球时间，各放浆池浆料的名称、数量，并检查各放浆管、浆阀、放浆池口筛网和场地卫生。

（2）严格按工艺文件要求将已检测合格的浆料放入指定的浆池，并且保证所有的放浆池口都要装有10～20目筛网。

（3）每入完一球料，都要及时将球底卫生清洁干净方可开球；每球浆料放完以后才能通知楼面入球工开始进料。

（4）每球开球前，检查放浆口是否拆除，球盖是否盖好，用辅机转动球身观察是否有浆料漏出，确保无误后方可开动主机。

（5）每开动一球，必须在黑板上详细记录开球时间、停球时间。

（6）每检测一球，必须详细记录浆料质量（浆料筛余、黏度、密度、水分）以及球内空高度、浆面高度等相关数据。

（7）每放一球，都必须详细记录所放浆名称和放入浆池号。

（8）做好交接班工作，交班前检查各放浆管、浆阀、浆池口筛网，发现异常及时协助解决，并彻底清洁好场地卫生，方可交班。

（9）服从班长、副主任、主任的工作管理与安排，完成领导交代的临时性工作任务。

（10）加强技能学习，加强安全防范意识，时刻懂得自我保护，防止安全事故发生。

十五、配色工岗位职责

（1）提前10分钟到岗作交接班，了解上一班所配浆料品种、名称、浆池号、生产线以及本班所需配制色料的品种名称、所需泵出的浆池号、所需泵入的浆池号，检查筛网是否完好、全自动除铁器是否正常工作、浆槽是否干净畅通和场地卫生是否整洁。

（2）严格按车间工作要求和工艺文件要求配制浆料，浆料配制完成后及时在黑板上注明所配浆料的品种名称以及配好的时间，并及时报告当班班长。

（3）每配好一种色料都必须将色料罐、过浆筛、除铁器、除铁槽等相关设备冲洗干净。

（4）当班期间详细记录好本班所配浆料品种、名称、浆池号、均化池号、配色池号以及所配色料的数量，以方便车间随时查询。

（5）做好交接班工作，交班前检查各配色罐、放浆管、浆阀、筛网、除铁器，发现异常及时协助解决，并彻底清洁好场地卫生，方可交班。

（6）服从班长、副主任、主任的工作管理与安排，完成领导交代的临时性工作任务。

（7）加强技能学习，加强安全防范意识，时刻懂得自我保护，防止安全事故发生。

十六、除铁工岗位职责

（1）提前 10 分钟到岗作交接班，了解过筛除铁系统所处理的浆料品种、名称，检查筛网是否完好、全自动除铁器是否正常工作、浆槽是否干净畅通和场地卫生是否干净。

（2）严格按车间工作要求抓好浆料的除铁工作，发现筛网破损及时通知机修更换，保证正常的除铁效果，工作过程中不得有浆料溢出，不得因偷懒故意调小浆料流量。

（3）安装有槽式除铁器的，必须每 2 小时冲洗一次磁棒。过浆筛每班清洗一次，过浆槽每班清洗一次。

（4）过筛除铁过程中每隔 2 小时检查一次所泵浆池浆料的存量情况，并时刻关注所泵浆料的浆池号、品种、名称，以及所泵入的均化池号或配色池号。

（5）浆池泵满、泵空转浆时，一定要第一时间告知班长，经批准后方可转浆。

（6）当班期间详细记录好本班所泵浆料的品种名称、浆池号或均化池、配色池号，以方便车间随时查询。

（7）做好交接班工作，交班前检查各放浆管、浆阀、筛网、除铁器是否完好，发现异常及时协助解决，并彻底清洁好场地卫生，方可交班。

（8）服从班长、副主任、主任的工作管理与安排，完成领导交代的临时性工作任务。

（9）加强技能学习，加强安全防范意识，时刻懂得自我保护，防止安全事故发生。

十七、喷雾干燥塔班长岗位职责

为了稳定产量和质量，保证顺利完成车间的各项指标，现要求各班长当班时，按照如下规定进行各项目的检查、督促。如遇特殊情况，可以先处理，再按时间表工作。

（1）接班后检查卫生，到技术部公布栏记录现时质量超标数据，同时安排抽测员在质检员取粉前一个小时对各正在送料的粉箱粉料进行检测，并将数据通过班长反映给各司炉工。

（2）第二个小时中，班长的主方向是抽查各制度的落实情况，如磁棒是否超标，各塔所生产的粉料是否稳定，油硅、水分、粒子等是否一小时检测一次等项目。

（3）留意质检员第二次公布的数据，并通知司炉工，其后去落实情况。

（4）检查及计算上日的粉料合格率。

（5）巡视各塔人员有无抽测及记录生产数据，包括枪数、炉温、压力、喷片孔径等。

（6）了解质检员的第三次数据，并依此作安排及调整。

（7）巡视各工序在该时段的粉料质量（水分、粒子、清洁时是否违规等）。

（8）将记录的数据整理成工作报告，即交班记录。

（9）所有巡视都要兼顾纪律问题。

十八、塔底工岗位职责

（1）提前 10 分钟到岗作交接班，了解本班喷雾干燥塔正在喷粉的品种、名称，确定喷雾干燥塔余料存放的仓位；检查塔底输送带、振筛、尾粉除尘器的运转情况，并检查场地卫生。

（2）喷雾干燥塔口的粉料一律用斗车拉到指定的泥仓，禁止用水冲余泥很多的地面，并巡查喷雾干燥塔尾粉出口的浆罐搅拌器的运转状况，发现问题及时上报班长或机修解决问题。

（3）喷雾干燥塔崩塔时的粉料未经班长以上的人员允许，不得铲回粉料输送带。

（4）协助司炉工搞好喷雾干燥塔的转产工作，服从司炉工的操作指挥，清洗塔底第一、第二、第三条输送带，并清理好振筛。

（5）工作过程中发现振筛网破烂要及时通知机修更换，不得故意戳烂振筛网。

（6）做好交接班工作，交班前检查各输送带、筛网、尾粉搅拌器，发现异常及时协助解决，并彻底清洁好场地卫生，方可交班。

（7）服从班长、副主任、主任的工作管理与安排，完成领导交代的临时性工作任务。

（8）加强技能学习，加强安全防范意识，时刻懂得自我保护，防止安全事故发生。

十九、喷雾干燥塔司炉工岗位职责

（1）用煤气塔要提前30分钟以上通知煤气站。

（2）了解停塔前所喷的粉料品种、粉料级配，对比现在要喷的粉料级配是否合格，若级配偏大或偏少，则要上水检查，马上更换喷片。

（3）了解准备喷的粉料品种、级配应入哪个中转缸及粉箱，并核实中转缸和粉箱是否与通知单相符。

（4）检查喷雾干燥塔、柱塞泵阀箱内的胶垫片，保证正式压水后压力稳定。

（5）清理干净并开启输送带。

（6）打开两边的塔门，启动大风机（用30Hz），保持5~10分钟，再将大风机频率调低到15Hz，准备点火。

（7）检查煤气供气系统：检查安全水箱是否够水，若不够水要打开水阀加水；检查煤气管水封安全阀门是否关闭（注：停塔时是关闭，开塔后是打开）；检查煤气管电磁阀是否关闭，压力表的指示是否在零位置；枪嘴口上有结焦必须马上清理。

（8）将点火开关打向手动，打开点火，用细煤气阀点燃煤气点火枪，然后按下煤气管电磁阀绿色按钮，打开电磁阀。如果大管点火时间超过30秒仍未着火，必须马上按下急停开关，关闭总气阀，加大风机频率，把塔内和炉膛内的煤气排出。5分钟后再调回15Hz重新点火，点火成功后，左手按住电磁阀绿色按钮，右手将点火开关打向自动。

（9）关闭炉嘴助燃风机后的闸板，启动助燃风机，然后慢慢拉开闸板，将火焰调节到蓝色即可。在正常燃烧后，塔顶温升至250℃~300℃时，慢慢关闭两边塔门。

（10）正常生产时，管道压力表低于4kPa，航空航天工业部压力表低于1.5kPa。

（11）塔顶温正常升至350℃时开始上水，3~5分钟后停水，塔顶温在440℃~480℃即上浆喷粉，正常生产时，塔顶温要求为450℃~500℃。

（12）在生产过程中，根据实际的情况可逐渐加减喷浆枪，如加减2支枪以上要提前通知煤气站，在气站允许的情况下才可以进行规程操作。

（13）现场生产中，要调节好喷枪的角度、平整度、均匀度，以及喷片的匹配、雾化、柱塞泵压力、负压。

（14）每小时检测粉料水分、级配一次，如有偏差要立刻调整好。

（15）在转产、转料或其他情况下要停塔，必须提前20分钟通知煤气站。

（16）每天检查煤气系统运转是否正常，并做好记录，有问题立即上报车间主管。停塔后先关闭总气阀，确定安全阀已熄火停塔，才打开塔门。

（17）拉开塔门后，人站在塔门外侧下边用电筒观察塔内状况，如有粘塔、挂壁情况则首先拆出粘塔下方的喷枪，立即通知塔口工泵水洗枪。

（18）停产后洗净塔身各部位，并检查需要更换的配件，及时更换处理。

（19）完成塔上工作之后，在时间充足的情况下协助塔口拉泥屎，洗输送带，并搞好各环节的清洁卫生，做好交接班的工作。

二十、粉仓顶放粉工岗位职责

（1）提前10分钟到岗作交接班，了解上班喷雾干燥塔正在喷粉的品种、名称，确定喷雾干燥塔粉料所进的料仓号，检查塔底至仓顶输送带、振筛的运转情况，并检查场地卫生。

（2）查看配料车间粉料仓粉料存量，并看清班长安排本班各塔所喷的粉料的名称、数量、应进的粉料仓号，检查所指定的粉料仓内是否为同种粉料或者是否已用空洗净等状况。

（3）未经班长以上级别的人员允许，不得将输送带转仓或粉箱满仓溢出的粉料铲回粉料输送带或粉料仓。

（4）负责喷雾干燥塔斜坡输送线上的振筛巡检及除铁器的清理工作，至少每半小时清理输送沿线的除铁磁棒一次。

（5）转产时，负责清洗斜坡第四条带以上的输送带，并协助配料车间人员进行粉箱清洗工作。

（6）工作过程中发现振筛网破烂要及时通知机修更换，不得故意戳烂振筛网。

（7）当班期间详细记录所喷粉料品种、名称、所进粉仓号，并上交一份报表至配料车间。

（8）做好交接班工作，交班前检查各输送带、筛网是否正常完好，发现异常及时协助解决，并彻底清洁好场地卫生，方可交班。

（9）服从班长、副主任、主任的工作管理与安排，完成领导交代的临时性工作任务。

（10）加强技能学习，加强安全防范意识，时刻懂得自我保护，防止安全事故发生。

二十一、配料大班长岗位职责

（1）协助车间主任全面管理原料配料工段的工作，协助车间薪酬方案、考核方案以及各项管理制度的全面推行和实施。

（2）负责本工段所有员工的安全知识、技能知识、工艺知识等的教育培训工作。

（3）督促本工段各工序员工严格按工艺文件要求进行操作。

（4）负责每天早晨8点按时盘点粉料仓粉料储量和检查粉料仓的清洗状况工作，全面掌握粉料仓储备粉料的名称、数量，核算粉料的日用量，准确平衡各种粉料的存量，预定压机转产时间。

（5）保证粉料水分、颗粒级配、底料面料配比的准确性，加强粉料过筛除铁效果和打磨机清理状况等工作的监督与检查。

（6）及时向本工段员工灌输成本意识，加强车间粉损控制，确保粉料充分利用。

（7）定期召开本工段配料组长会议、车间员工会议，加强产品产量、质量状况分析。

（8）完成车间主任交代的临时性工作任务。

（9）加强与上下工序之间的沟通与联系，切实降低乃至杜绝生产事故的发生。

二十二、配料班长岗位职责

（1）提前20分钟接班，了解清楚车间的工作安排和工作状况，掌握好工作任务的完成情况和生产遗留问题后准备接班。

（2）接班后会同交班班长对交班工序的卫生区域的清洁情况进行评定，并及时公布结果。

（3）了解各工序的各种工艺数据要求，填写好相关的工艺通知和工作安排表，通知班内员工按操作规程执行。

（4）对辖内的工作安排完成情况实行全面监控，对各种运行数据要做好记录，下班前填写好“班长交接班记录表”。

（5）当班时检查设备的运行情况，发现有异常时要通知机电人员处理，如超过半小时仍未能处理完毕的要迅速向上级反映情况，请示处理意见。

（6）当班时做好与相关车间的沟通工作，及时处理突发性的生产问题，在权限范围内处理不了的，要及时向上级反映，请示处理意见。

（7）协助上级定期对工序员工做出培训和考试，提高员工的操作水平和专业知识。

（8）对制度的落实和执行作充分了解，及时向上级提出修改建议。

（9）了解厂部和车间下达的各项生产指标任务，掌握好完成情况，协助车间抓好“节能降耗，提高产量、质量，降低成本”的工作。

（10）做好辖内工序员工考勤记录工作，对员工的工作表现、实绩要深入了解，月底进行公正评分。

二十三、仓底送粉工岗位职责

（1）负责原料车间对成型车间的粉料输送供应和粉料质量监控操作，以车间制定的与送粉工序相关的操作规程为操作依据，服从配料班长的指挥。

（2）以车间和技术科的工艺文件通知为工艺依据。

（3）保证送粉工序正常运行，所送粉料量达到成型车间所需要求，所送粉料符合车间和技术科的质量要求。

（4）认真学习车间制定的各项规章制度并贯彻执行。

二十四、看筛除铁工岗位职责

（1）负责原料车间对成型车间的粉料输送供应和粉料质量监控操作，以车间制定的送粉工序相关操作规程为操作依据，服从班长的指挥。

（2）提前10分钟到岗，检查岗位卫生、设备运行等基本生产状况，做好交接班手续。

（3）以车间和技术科的工艺文件通知为工艺依据。

（4）保证送粉工序正常运行，所送粉料量达到成型车间所需要求，所送的粉料符合车间和技术科的质量要求。

（5）认真学习车间制定的各项规章制度并贯彻执行。

二十五、配料员岗位职责

（1）负责各种粉料的比例混合工序操作，服从配料班长的指挥。

（2）以车间制定的所有与配粉工序相关的操作规程为操作依据。

（3）以车间和技术科的工艺文件通知为工艺依据。

（4）保证配粉量达到车间所需要求，配粉料质量符合车间和技术科的要求。

（5）遵守厂规、厂纪以及车间制定的各项安全生产规范。

（6）积极参加厂部和车间举行的安全生产培训会议。

二十六、压机顶放粉工岗位职责

（1）认真学习车间制定的各项规章制度并贯彻执行。

（2）提前10分钟到岗，检查岗位卫生、设备运行等基本生产状况，做好交接班准备工作。

（3）负责原料车间对压机车间的粉料输送供应和粉料质量监控操作，以车间制定的与送粉工序相关的操作规程为操作依据，服从配料班长的指挥。

（4）以车间和技术科的工艺文件通知为工艺依据。

（5）保证送粉工序正常运行，所送粉料量达到压机车间所需要求，粉料质量符合车间和技术科的质量要求。

第二节　原料车间工序操作规范

一、铲料操作规范

铲车铲料作为原料车间的第一工序，对后工序的产量、质量起到十分重要的作用。上料速度和准确性会直接影响车间的运转，所以各司机必须具有高度的责任心。

（1）铲车司机开车前必须对铲车的机油、液压油、柴油、水的存量及刹车、轮胎气压等作详细的检查，符合开车的要求时才能发动着车；着车后再检查发动机有无杂音，油管有无漏油等，发现异常时必须熄火叫维修工维修到合格为止。

（2）当球磨人员叫铲料时，必须要有质检员监磅，喂料机报警灯亮时，严禁上料，且凭自己的经验对怀疑有问题的地方及时向质检员提出询问，对不明白的地方要弄清楚为止。上料时以“球磨配料单”的数据为准，不得私自更改，不得有错漏的现象，每种料重量最大偏差 ±20kg，多铲料时要自觉停车将喂料机斗内的超出部分用铁铲铲出，保证所铲原料质量符合要求。

（3）绝对禁止酒后开车或作业。工作时应降低行驶速度，采用较小的转向角度，尽量使铲车在承受范围内工作，不超载作业。当轮胎打滑时不再加大油门，作业时前轮或后轮不得离地。不允许转弯铲料和使用二档铲料，应在铲料前降低车速，转用一档铲料。

（4）要经常检查铲车，保养好，保持车身清洁，及时清理铲车粘住的泥沙。加强卫生观念，时刻保持道路、砂仓口以及所属各场地范围的清洁，特别是泥屎回收仓要经常清扫。要做好洒水防尘工作，以防止出现灰尘满天飞的现象。

（5）铲车司机要洁身自爱，不允许当班时让无关的人员学车或上车，当厂外供应原材料的货车司机有事相求时要乐于相助，不能违章收钱。

（6）当铲车闲置或交班时必须停在喂料机口，以备通知入料时加快通知速度。

（7）铲车入料时每斗剩下的原料必须放回原来的仓，不得将原料乱堆入仓，不允许剩余原料不退仓就铲其他料。

（8）当班时要相互配合好，黑泥、白泥要在入料前将其破碎为小于 $25cm^3$ 的体积，以加快球磨入料速度。

（9）上料时不能求快而使铲斗过满，导致转动时料沿路掉落地面，增加损耗，影响道路环境。

（10）加油时要爱护加油设施，严禁将油漏入水沟造成污染。

（11）配合好垃圾场及后勤部门，及时为其解决问题。

（12）当铲车出现故障时要尽快找厂内维修人员处理，维修人员超过半小时仍未能修好的必须及时向班长或主任汇报，超出 1 小时仍未修好的必须要通知球磨副主任。

（13）服从监磅质检员的指挥，协助监磅质检员做好泥屎仓的管理。

二、喂料操作规范

（1）喂料机顶装有报警灯，规定灯亮时严禁铲料，所以报警灯亮时，严禁任何操作人员往喂料机内铲料或向机斗内扔任何物件，否则视为操作人员的失误，车间视情况追究当事人的责任，而当灯亮又需要往斗内铲料时必须经球磨班长以上级别人员同意，经检查确认安全后，在场直接指挥入料。

（2）操作人员要进入喂料机斗内操作或维修前必须先按下喂料机边的报警灯按钮，经检查报警灯有转动闪光报警后才允许进入斗内操作，而且在有条件的情况下，应尽可能通知一起工作的人员注意外边的环境，以防万一。

（3）球磨人员安排铲车铲料前必须检查喂料秤显示器是否在零位，假如不在零位时先检查斗内是否有存料，有存料时先进行清理，检查无剩料时按下显示屏复位按钮先复零后再进行下一步的操作。

（4）球磨工经班长同意后在喂料机顶上的小黑板上写清楚铲料的品种和配方号，然后铲车司机根据黑板所写的品种进行铲料，全部料铲完后球磨工将黑板上面所写的品种擦掉，开始上料入球。

（5）严禁未经班长同意乱挂黑板或乱写入料的品种，否则出现安排错误影响生产时要追究当事人的责任，当铲错料或安排出错时必须第一时间通知球磨副主任进行处理，球磨副主任再向上级请示处理意见。

（6）每次当球料入完，喂料机操作工要检查喂料机斗，如有粘边的沙泥要全部铲落斗内送入球，喂料机同周边跌落的泥沙亦要全部铲入机内或直接铲上输送带送至全部入球，喂料机显示恢复为零时，才能进行下一步的操作。当喂料秤出现重量显示时多时少，变动范围较大或喂料机链条、波箱等出现问题时，属显示和电路部分损坏的要到电工值班室找电工处理，属机械部分的找跟班机修处理，假如直接看到损坏比较严重的情况要第一时间通知球磨副主任处理。

（7）有关铲车铲料和入料、输送带使用要求请参看《铲车操作规程》和《输送入料操作规程》。

（8）喂料机操作员要协助车间监督好铲车司机的工作，对破碎泥块超出车间规定影响入料速度的，要敢于指出及向上级反映。

（9）入料时要勤检查链板及切泥刀的工作情况，遇到故障时要停机处理，否则造成设备损坏而影响生产的要追究责任。

（10）入料时喂料机操作员绝不允许离开喂料机和在无人看管喂料机的情况下上料。

（11）保证上班 8 小时内的卫生合格，清洁工具按车间指定地点存放。

三、球磨机输送入料操作规范

（1）先选好上料的输送带路线的 3 台喂料机，可以让 3 台喂料机同时输送不同品种入 3 个大球，所以班长对需入料的大球要预早安排。一般来说，在车间没有另行通知的情况下，球磨工可以按质检室的入球记录表原有的品种继续入球。

（2）球磨工应利用铲车铲料入喂料机的时间，先将球口铁板和球盖打开，将落料斗放到大球口，经检查位置吻合，初步估计入料的水不会流出球外后，再将球面的活动输送带推到合适的位置，将所需的化工料按规定拉够后放于球口不阻碍操作的地方，再将水箱的水量调好，准备开带入料。

（3）开带前检查输送带面或带旁是否有异物或不利于安全的物件，然后按照输送带的托号按下开关，开动输送带，再检查输送带是否走偏，发现输送带走偏时要用托碌将其调好，调整后仍走偏的要将输送带关停，迅速找跟班机修处理，严禁用手或沙铲刮主动轮、被动轮里面的泥沙。

（4）检查好输送带后开始入料，打开放水阀，借助水将泥沙等原料冲入球内，直至所有的原料全部入完球为止。入料期间球口部分不准离人，以防溢出，要将输送带沿线跌落的泥沙铲回输送带送入球内，泥沙入完后将球口的化工料亦全部放入大球内再用水冲干净落料斗，将输送带关停，推开球面的活动带，将落料斗用吊车吊起后放好，盖好大球的所有球盖和球口铁板准备开球。

（5）入料过程中假如不能一次将泥沙入完，需要摇球后再入，除要停止入料、停水、吊起落料斗外，还需要开动大球进行操作，参考《球磨机操作规程》。

（6）入球的水必须控制好，要求初入料时水量开小，再适量增加，否则可能会出现未入完泥沙就放完水的情况，给后面的入料造成困难。

（7）球磨班长必须每天到质检室询问水分的数据，更新球磨的落水量，记录黑板的数据，作好班内通知。

（8）由于车间安排转产，大球转入另外的品种需要清洗球磨机时，球磨人员请参考《球磨机清洗操作规范》进行操作。

（9）保证当班时所负责区域的卫生状况符合车间的要求，清洁工具按指定地点存放。

（10）注意安全，到球面工作时要系好安全带，扣好安全钩，尽量避免事故的发生。

四、球磨操作规范

制定该操作规范的目的是规范球磨工序的操作，使经球磨处理的浆料符合工艺要求。

1．职责

技术部负责确定坯料配方；铲车司机负责按配方配泥沙料；司磅员负责配料监控；球磨工负责按配方配泥沙料外的其他原材料，并负责球磨工序的操作；质检员负责浆料检验。

2．主要生产设备

喂料机、球磨机、搅拌机、输送带、铲车。

3．操作规范

（1）配料：配料前由司磅员先核实电脑电子秤数字显示是否为“0”；铲车司机检查铲车各部位零件是否正常，然后根据技术部配方单规定的泥沙料仓号和配方逐一加料入喂料机称量，司磅员负责监磅并将磅码入球磅单。泥沙料称量允许偏差 ±20kg，加至足一球泥沙料时即停止加料，准备喂料。

（2）喂料：

①喂料前由班长检查球石空位高度，控制球石空位高度在1.65～1.80m，球石未够时通知铲车司机、司磅员及时补加已清洗干净的球石，并做好记录。

②喂料工检查喂料输送系统是否正常，入料球口是否正确，确认无误后先开动各相关皮带，再开动喂料机，将配好的泥沙料通过喂料输送带送入球内。

③喂料运行过程中，球磨工随时注意设备运行状态，如发现异常，及时停机处理，并随时注意破碎大块黑泥和排除杂物，再进入球磨。

④泥沙料喂料完毕，球磨工负责将掉下的泥沙料清扫入球内，并负责将应加的添加剂和水等按配方规定的量加入球内，直至将应配的料加完为止。

⑤球磨工负责用电动葫芦吊起球盖放在球口上，拧紧球磨口上的四支螺杆，应做到多次循回拧紧操作，直至不漏料为止。

⑥开动辅机，转动约半圈，拆掉放浆花篮，盖上小球盖，拧紧螺丝，准备开机。

（3）开机：

①开机前应先检查球背面是否有其他人，球磨机械、电机、皮带、安全防护罩、离合器是否正常。确认正常后，才能准备开机。

②在开电源开关前，先把手擦干，再按开关，严禁用湿手或其他导电的物体去按开关。

③主机启动前，先开辅机，让球体缓缓运转3～10圈后再脱开离合器，等球转稳后，即借球磨机摆动的惯性，顺势启动主机，直至球磨机运转正常，并在黑板上记录开机时间和计划停球时间，完成以上步骤后开机才算结束。

④开机时和开机后，都应观察球磨机械有无异常响声，转速是否正常，如发现异常应及时停机，找班长或机修检查维修好后再开机进行球磨。

（4）球磨：球磨工作速度约13小时/球（具体由质检员及班长根据不同材料和检测结果确定），球磨时间到时，由放浆工停机，并做好停机时间记录。

（5）停机：停机时先停主机，等球磨机停稳后，先上好辅机离合器，再启动辅机使放浆口向上，球体停稳后，球磨工用铁杆拧松螺杆，拔松球盖，排除球内空气后再完全松开横杆螺丝，打开球盖，马上通知质检员取浆料检验。

（6）浆料检查：质检员在停球后根据《浆料检验规范》对浆料的250目筛余、密度、黏度进行检验，并做好检验记录。浆料质量按工艺文件的规定进行认定，若检验结果合格，通知球磨工放浆；若检验结果不合格，由质检员确定处置方式：返球或补加料后返球等，并明确返球时间，同时做好记录。经返球后的浆料应重新进行检验，检验结果合格后通知球磨工放浆。

（7）放浆：装放浆花篮，启动辅机使浆口向上左右摆动2～6次，装上放浆管，启动振筛，检查放浆管出口是否对准应放入的浆池，装上除铁槽，放好磁铁棒，启动放浆阀，再关闭放浆阀，拆除放浆管。放浆时同时开启大球盖，将大球盖吊出，准备下次投料。

（8）储浆：放浆后记录清楚浆料品种，应不停地搅拌地下浆池，混合均匀，陈腐后才能转入下一工序使用。

（9）过筛除铁：放入地下浆池的浆料必须经过过筛除铁后才能放入中转浆池。振筛、除铁器过浆槽及输浆管必须定时冲洗，以防浆料沉淀，阻塞浆管。振筛网必须随时检查、定时更换。

4. 注意事项

（1）喂料输送系统工作前应先检查其机械和润滑状况是否正常，调整喂料出口对准应入的球口，确认无误后才能开机工作。若发现设备有异常，应马上停机通知班长或维修工，待设备维修好后才能继续工作。

（2）球石应用水冲洗干净后才能使用。

（3）球磨过程中，主任、班长和球磨工应巡回检查球磨机是否正常，若发现异常，应马上停机通知维修工处理，设备恢复正常后才能继续开机；同时注意黑板上记录的停球时间，时间一到马上停球，5 分钟内通知质检员取样对浆料进行检测。

（4）放浆时应将浆料放清，浆料流动性差时严禁用水冲放，严禁将不同品种的浆料混入同一浆池。每球浆料必须经质检员检验确认合格后才能放浆。

5. 球磨机操作技能培训资料

（1）配料的误差：每种料为 ±5kg，化工料为 ±0.5kg。

（2）原料加工。

①球磨机型号：14t、16t、18t、24t、36t、40t、60t、100t。

②内衬：高铝、中铝、天然石、橡胶。

③球石：高铝、中铝、碳化硅（低中铝）、天然石（鹅卵石）。

④装量干料：球体体积 =1：1.8。

⑤球石比例：Φ60：Φ50：Φ40：Φ30 =2：3：3：2。

（3）球磨及浆料的工艺参数。

①筛余要求（250 目）：渗花 0.8% ~1.0%，微粉 0.6% ~0.8%。

②球磨空间高度：1.95 ~2.05m；入料后空间高度：0.4 ~0.55m。

③工艺参数。水分：32.5% ~34.5%；流速：渗花 28 ~45 秒，微粉 30 ~55 秒；密度：1.68 ~1.73g/cm^3。

④过筛：40 目—60 目—80 目；高位：100 目、120 目。

（4）影响球磨筛余的因素：有效空间（浆有无放完）、球石量、球石比例、加水量、减水剂量（重量和质量）、球磨机转速。

①球磨机转速的确定：

a. 临界转速：理论上把研磨体的离心力超过重力，不能自由落下时的最低转速称为临界转速。公式为：

$$N = 32/\sqrt{D}$$

注：N = 临界转速（r/min）；D = 球磨机总直径（m）。

b. 正常转速 = 临界转速 ×（0.7 – 0.9）

②球石装填量经验公式：

$$G = \pi r^2 dL25\%/1000$$

注：d = 球石比重；L = 球磨机长度（m）。

氧化铝球石磨耗：0.02% ~0.026%/h，≤0.03%。

碳硅球石磨耗：0.2% ~0.22%/h。

（5）球磨机工作原理。

球磨机的工作原理是当球磨机转动时，研磨体贴在筒体内壁与筒体一道旋转，并被带到一定的高度而自由落下，给物料剧烈的撞击与摩擦作用而将物料粉碎。

球磨机粉碎的目的：

①使原料中的各种成分达到工艺所要求的细度且混合均匀；

②使原料颗粒变细，表面积增大，提高坯体的可塑性；

③使原料中的杂质易于分解、消除。

（6）球磨工序工艺与相关的技术参数间的关系。

影响球磨效率和质量的参数有原料参数、磨制时间、原料称量（各种原料的配比）、球磨机转速、加水量、研磨介质性状（性质和形状）、解胶剂及研磨介质等，其中原料参数是依赖性最强的参数。

原料参数包含原料的化学及矿物组成、筛余（入磨原料的颗粒度）、收缩性、吸水率、烧失量、烧后性状和杂质含量等。其中原料的筛余和吸水率是经频繁检测受控的参数。

球磨制得的泥浆性质是检测球磨质量的主要标志。表示泥浆性质的参数有泥浆筛余、泥浆黏度、泥浆密度和泥浆含水量等。其中泥浆筛余、泥浆黏度和泥浆密度通常为经频繁检测受控的参数。

球磨工序工艺与相关技术参数间的依赖关系表

工艺参数	技术参数	依赖强度
磨制时间	泥浆筛余	强/
磨制时间	泥浆黏度	弱\
原料称量	泥浆筛余	强/
原料称量	泥浆黏度	弱\
球磨机转速	泥浆筛余	强/
加水量	泥浆筛余	弱\
加水量	泥浆密度	强/
加水量	泥浆含水量	强/
研磨介质性状	泥浆筛余	强/
解胶剂	泥浆筛余	弱\
解胶剂	泥浆黏度	强/

①磨制时间与泥浆筛余的关系。

众所周知，球磨机是借助研磨体运动时的冲击、摩擦这两种基本作用而粉碎物料的。磨制时间越长，物料受冲击和摩擦时间越长，被粉碎得越细，则泥浆筛余越少。

②磨制时间与泥浆黏度的关系。

一般研磨时间越长，泥浆中所含粉料量的百分比越大，泥浆的黏度也就越大。

③原料称量与泥浆筛余的关系。

由于各种原料的性质和硬度不同，其粉磨效率也就不同，黏土料比硬质料易于粉磨。坯料中各种原料的配比不同，尤其硬质料与黏土料的配比不同，粉磨细度就不同，则泥浆筛余就不同。黏土料占的比例越大，在同一研磨时间内泥浆的筛余越少。

④原料称量与泥浆黏度的关系。

由于各种原料的称量不同，各种原料在球磨机中的粉磨效率不同，在同一研磨时间内黏土料研磨得细些，而硬质料研磨得粗些，一般泥浆中黏土料占的比例越多，黏度也就越大。

⑤球磨机转速与泥浆筛余的关系。

球磨机转速直接影响球石在球内的运动状态，转速不同，研磨形成的效率也不同。当转速太快，超过了球磨机临界转速时，球石离心力超过自身重力，因力带着物料和水随磨筒壁一起旋转，而失去摩擦和冲击作用。如果转速太慢，低于临界转速很多时，球石未被带到一定高度就滑落下来，而球石下落时的动能较小，冲击力不足，所以研磨效率低。当转速适当时（接近临界转速），重力的分力等于离心力，球石带着原料由于离心力的作用沿球磨机内壁上升到一定高度，倾泻落下碰击在下部的物料和球上，此时物料受到最大的冲击力和摩擦作用，因此粉碎效率最高，泥浆筛余最少。

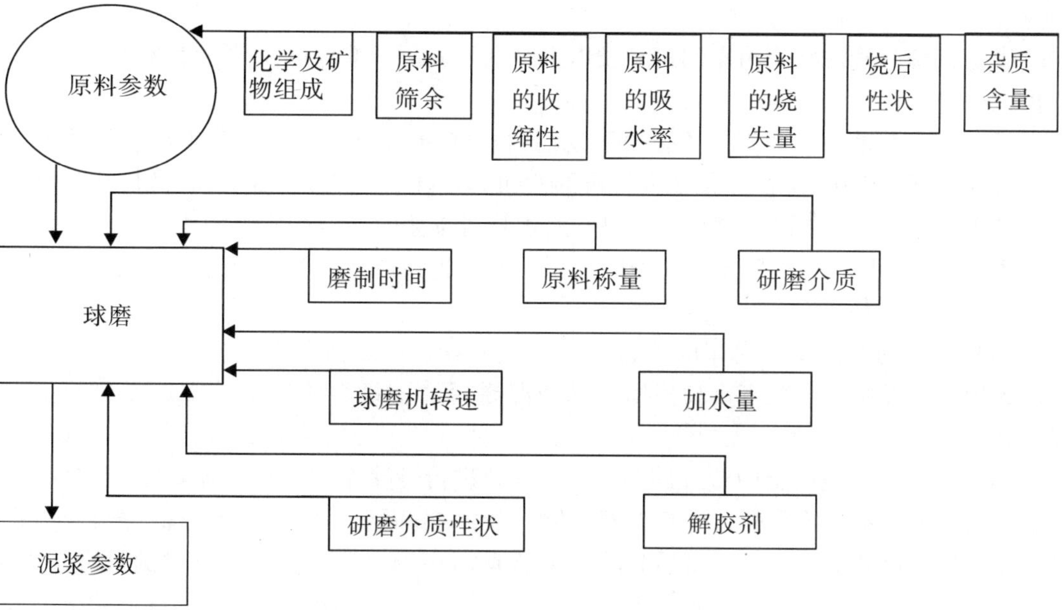

球磨工序工艺及相关的技术参数关系示意图

常用辅助材料：

（1）减水剂：Na_2CO_3、水玻璃、$NaPO_3$、NaOH、腐钠、RCOO－Na。

（2）增强剂：CMC、阿拉伯树胶、木质素钠、膨润土。
（3）色料：TiO_2、各种颜色色料。

五、浆料检测、放浆操作规范

（1）球磨停球完毕前，球磨工必须预先通知质检员，由质检员带齐检测取浆所需的工具到球磨机旁准备取浆，球磨工停球打开球盖，质检员取浆后拿到质检室检验，检验合格后即可通知球磨工放浆，不合格时通知球磨工进行返球处理，返球完毕后再重复检测工作。

（2）浆料合格后可安排放浆，但放浆前球磨工必须了解清楚车间的浆料安排和浆池的使用情况。一般情况下，车间未作特别安排时可按原有的使用池号放浆，并填写好浆池面的“浆池使用一览表”中的内容，否则出现问题一律由放浆人员负责。

（3）放浆时先停球安装好放浆专用的球阀，使用辅机将球磨机放浆口转到放浆渠口，搞好放浆所需的浆渠路线的卫生后，打开球阀即可放浆。放浆时保证浆料不溢出浆渠或流进其他浆池内。放浆后关好球阀，清理好浆渠，准备再次入料。

（4）所有操作人员必须保证当班的卫生状况符合车间的要求，一切机件、工具、杂物按车间的指定地点存放。

六、中转设备清洁、浆料除铁过筛操作规范

（1）浆池的清洗必须由车间班长及以上级别的人员批准方可安排。清洗的人员由车间安排。

（2）清洗浆池前，操作人员必须于浆池内拉好36V的安全电灯，将污水泵放入池内竖立放好，接上380V电源，浆池搅拌机的按钮必须挂有“有人工作，严禁合闸”警告牌后方可操作。进入池内进行清洗工作时，用水管对浆池内和搅拌机上的积泥进行全面清洗至干净为止，然后将污水泵也冲洗干净，拉上地面放到指定位置，除去电柜的牌，经班长以上人员验收后方可使用。

（3）浆料的贮存一般由车间安排指定浆池贮存，一般情况下根据“先放先对色，先可用先用”的原则，由跟班班长根据实际情况填写“安排泵浆通知单”后交泵浆工完成操作。

（4）浆料从浆池泵至中转缸储存时，必须要进行过筛除铁，开泵前泵浆工先选择好泵浆的线路，关好不用的浆阀，并打开排气阀，换好振筛网，清洗干净振筛，放好除铁棒，开动振筛后即可开泵输浆。开泵后先将泵的流量由小调大，调至振筛能过的最大量即可，但必须要控制好使除铁盆的液面高于除铁棒的位置，经除铁棒将浆料中的铁质除去，并每隔半小时清理一次，经除铁后的合格浆料流进中转缸贮存或直接泵上喷雾干燥塔造粒，不合格的全部筛到中转缸外，由泵浆员清往废泥场。

（5）完浆后，必须对泵浆所用的设备进行清洗，特别是用过的管道必须全部清洗干净，泵浆工下班前填写好“泵浆工交接班记录表”。

（6）了解振筛是否还要使用，待确认不再使用后，应停掉供浆泵，关好振筛，打开供浆泵后的阀，放掉浆管内的浆尾。

（7）打开水阀，用水先通好吸浆管，待浆池的吸浆管冷却后马上关好浆池面的浆阀。

（8）用胶管套好出浆管的口，并将胶管引到缸边水沟。开动泵，冲洗浆管，待胶管排出的水干净时，马上停泵，关好水阀，打开供浆泵后的阀，将管内的水放掉，关好泵的冷却水。

（9）拿起除铁盆的磁棒，清干净后放好，用工具将除铁盆内的积泥清理干净，将振筛面的积泥清干净，盖好缸口，用水冲干净除铁盆及振筛，清理清出来的积泥、铁渣，拉到垃圾堆处堆放，不能倒到泥屎仓。

（10）清洗中转缸时，首先了解清楚缸内是否有浆，确认无浆后，停掉搅拌机，挂好安全警告牌，然后取工具将缸底排污口打开。以二人为一组，一人入内冲洗，一人在缸口负责监视缸面及缸内的情况，保证缸内人员的人身安全。

（11）取一段长度足够从附近水龙头通到缸内的水管，并将其中一边固定在水龙头上。打开水龙头，用水管先冲洗中转缸表面的除铁盆，冲至无污渍为止，按着冲洗振筛，将缸面全部冲干净。

（12）从缸口处进入缸内，并把水管一同拉入缸内进行缸内清洗。先清洗缸顶，然后清洗缸身及搅拌机的浆，待全部积泥及污物冲走后再清洗缸底，直至将缸底全部冲干净，积水全部排出缸外为止。

（13）从缸口梯爬出缸外，关好水龙头，拆出水管，收拾好放回工具箱内。

（14）取工具将缸底排污口装好，拧紧螺丝，经班长检查合格方可完工。

（15）清洗完毕后必须检查周边的卫生状况是否符合车间的要求，一切所用的机件、工具、杂物必须在车间规定的地点存放。

七、磁棒冲洗操作规范

由于中转磁棒冲洗工序与原清磁棒工序在设备的设计上有本质上的区别，因而操作上也有区别，此工序是利用高压水射掉沾在磁棒上的铁质，从而达到除铁的目的。

（1）泵浆员接到上级通知后，按要求将同品种的浆料通过气泵或柱塞泵泵入相应的大中转池的振筛进行筛分，经过除铁槽除铁后放入大中转池。

（2）清磁棒人员在泵浆之前要先调节好除铁槽内气管的气压，保证气压在0.2～0.25MPa，让浆料在气压滚动下不至于沉淀，且必须保证除铁槽侧的气管的阀门全部开启或统一尺寸开启。

（3）当浆料流入除铁槽内，又经过磁棒的除铁流入大中转池后，开始开动电动葫芦，在除铁槽内入浆口第一个磁棒架吊起磁棒，吊到指定的冲洗地点，由另一人对磁棒进行冲洗，冲洗时开动洗车机，调节好水枪及水压，保持水枪喷枪出的水不开叉，水压在0.2～0.25MPa即可，水压太高时会影响洗车机的寿命。冲洗干净后再将磁棒吊到原来的位置。如此循环，完成磁棒冲洗工作。对于流入中转池的浆料，用一支磁棒置于流入池中的浆槽中一小时后，若磁棒上的铁质小于2g即为合格。

（4）除铁槽要每天清洗一次，车间规定一班负责1号除铁组、二班负责2号除铁组、三班负责3号除铁组的清理，注意事项如下：

①停泵浆、洗管、清洗振筛参照《浆料除铁、过筛操作规程》。

②在停泵后用软管接头连接除铁槽底部的球阀，让除铁槽内的浆料通过软管流回大中转池。

③浆料放完后将软管收好，将除铁槽底的铜球阀打开，然后将除铁槽内部冲洗干净。

④冲洗过程中严禁敲打除铁盆，否则作违章处理。

（5）下班前进行清洁时，可抽一人负责清洁，但不可以全部人员停止工作搞清洁。也不允许出现清洁时无人冲洗，但浆料却一直在运转中流入大中转池的情况。

八、球釉工序操作规范

（1）开球：先将球盖盖好，再将球磨机的刹车打开，然后启动球磨机。

（2）停球：先停球磨机，球口向上，再固定刹车。

（3）开球盖：先将球盖两边螺丝拧松，将里面的空气排出，然后松开两边的螺丝，再打开球盖。

（4）放浆球盖：放浆球盖必须加上密封圈，防止球口周围漏浆，然后拧紧球口两边的螺丝，关闭球盖上的开关，打开刹车再启动球磨机转几圈，检查是否漏浆，无异常再停球，将球口向上。

（5）放浆：放浆前必须启动球磨机数分钟后再放浆，以防沉淀。放浆完毕，关闭开关，启动球磨机，将球口向上。对还有浆料的球磨机，每班转动10～30分钟。

（6）加色浆：每次加色浆，必须由相关人员计算出加入量，并参考数量标准后才能加入。在加色浆的过程中必须注意慢慢拉，不能让色浆溅出。在色浆加入浆池的过程中要小心，不得让色浆粘在浆池壁上。加完后，一般桶内仍有少许色浆，应加入少量的水冲洗干净，然后将水倒入浆池内。

（7）对色试烧：待加完色浆的浆池混浆1小时后，取该浆池的浆料，过80目分析筛两次，除铁两次，然后烘干打样，与相应的存样在同等条件（同一时间、同一窑炉、同一压机、同等重量）下试烧，烧样出来后应尽快通知对色人员对色。

（8）入球：按照配方单上的色料、化工料信息及下水量准确入球，在入球过程中，必须注意保持楼面入球口周围干净，入完球，启动球磨机后，做好楼面、球磨机、地面的卫生清洁工作。

（9）入色料、化工料：按照配方将色料、化工料准确地称好，将其放至相应的球口，并监督球磨车间人员入色料、化工料。

九、渗花釉的配制与调试操作规范

1. 渗花釉的配制

配釉员根据工艺员开具的“釉料球磨配方单”，填写“领料单”并到化工仓领料，化工仓仓管员根据"釉料球磨配方单"进行监磅。甲基纤维素与增稠剂可以称在同一袋子里，柠檬酸铵和柠檬酸钠、EDTA可以称在同一袋子里，铬盐必须分开称取，其他色料可以称在同一袋子里，乙二醇另外用桶称。如果同时配制几种不同的釉料，必须全部称完一种釉料的化工料后才能称另一种。不同釉料的化工料要分开堆放，做好标识。

称取准确的水量倒入不锈钢搅拌桶中，开动搅拌机，先倒入柠檬酸铵、柠檬酸钠、EDTA，再倒入除铬盐以外的其他色料，待其完全溶解后（通常是10～15分钟），最后倒入铬盐，搅拌溶解后在搅拌桶底打开放釉球阀慢慢放出，过100目筛，用面盆接住，并倒回搅拌桶里，不停搅拌，直到100目筛筛不出固体物质为止。

在打蛋机内先倒入乙二醇，再倒入甲基纤维素和增稠剂，开打蛋机3～5分钟，待甲基纤维素和增稠剂完全溶解，如果打蛋机一次装不完，就分开两三次。将乙二醇、甲基纤维素、增稠剂的液体倒到面盆上，用人手慢入搅拌桶中，逐渐加快搅拌速度，直到全部加完此液体，搅拌桶里的水剂已变成釉料为止。打开放釉球阀慢慢放釉过60目筛，将结块的甲基纤维素和增稠剂筛出，直到没有结块为止。然后测釉的流速，一般按配方单要求控制在1分钟到3分钟，通常大面积印花用的釉料流速要快一些，需要3分钟，印线条的釉料流速要慢一些，需要1分钟左右，其他釉料多数在1分半到2分钟。如釉料流速与工艺要求偏差较大时，需用水、甲基纤维素或增稠剂将其调整到符合要求的状态。

在搅拌桶里取出一些釉料与正在使用的同一釉料进行印砖颜色对比，选择全通透、大面积的花网，然后烧出，抛光后比对颜色，如果肉眼观察基本没有差别则可以上线使用，如果肉眼看出有差别则叫工艺员进行颜色的调配。在颜色差别判定时，配釉员没有把握的就找工艺员判定，工艺员没把握的就找渗花砖主管判定，谁判定谁负责，直到判定为没有差别为止。对好色后，在搅拌桶外用粉笔写上釉料编号、使用生产线、使用版面号。使用工具：台称、电子秤、流速杯、秒表、60目筛、80目筛。

2. 渗花釉的调试

目的：为了指导和规范渗花釉的调试作业，确保调试的渗花釉能达到生产和工艺要求。

适用范围：适用于公司内渗花釉的调试作业。

作业细则：

（1）原理：渗花砖的工艺原理是将溶于水的发色金属离子制成渗花釉，用花网印于砖面，通过淋水的方式，使坯体在吸水时将发色金属离子吸入砖坯2～3mm处，在烧成时氧化成金属氧化物而发色。

（2）使用的化工料及作用：乙酸钴、乙酸镍、乙酸铜、铬酸钾、增稠剂、甲基纤维素、乙二醇、柠檬酸铵、柠檬酸钠、EDTA等。前四种是能发色并能溶于水的金属盐，后三种是提高渗花釉渗透性的无机盐，剩余三种是能将水溶液调整至适合印花使用的有机物。在普通白坯中，乙酸钴用于发蓝色，乙酸镍用于发暗棕色，乙酸铜用于发浅鲜黄色，铬酸钾用于发深黄色，可通过不同种类、不同用量搭配成蓝灰色、灰色、蓝绿色、绿色、黄绿色等不同深浅色调的各种颜色。

（3）使用工具：天秤或电子秤、杯子、搅拌用具等。

（4）一般渗花釉的通用配方如下：水85g，乙二醇15g，增稠剂5g，甲基纤维素

1.2g，柠檬酸铵10g，柠檬酸钠5g，EDTA 3g，发色金属盐若干。

（5）配制方法：先称取水85g，再称取柠檬酸铵10g、柠檬酸钠5g、EDTA 3g、发色金属盐若干，将其倒入水中，搅拌使固体完全溶解，变成有色的水溶液。另外用容器称取乙二醇15g、增稠剂5g、甲基纤维素1.2g，使这三种有机物混合在一起搅拌，使增稠剂、甲基纤维素在乙二醇中完全浸润成为流体。将有色的水溶液倒入乙二醇、增稠剂、甲基纤维素的混合物中并搅拌，几分钟后，此溶液即变成有一定流动性和稠度的适合印花的渗花釉。

（6）注意事项：

①不同砖色的坯体会影响金属离子的发色色调、深浅，一定要多试验、多对比、多总结才能熟练掌握不同颜色的调配。

②盐类搭配不同和处于不同环境温度时有不同的溶解度，要充分考虑各种盐的溶解度，绝不可以使溶液达到饱和状态，即发色金属盐类总量不能过多，否则会出现析晶情况，渗花釉就会因失去渗透能力而失去作用，因此要多试验、多总结，把握好用量搭配。

③渗花釉在坯体上的渗透深度是通过柠檬酸铵、柠檬酸钠、EDTA来调整的，这三种盐用量大则渗花釉渗透能力强一些，但在实践中也是看具体情况而定。

④渗花釉的流动性不能太差也不能太好，要根据使用的花网情况确定。花网大面积的，通常釉要稠一些，流动性差一些；花网是细线条的，釉要稀一些，流动性好一些。这要通过增稠剂和甲基纤维素的用量来调整。

十、色浆配制操作规范

1. 配色单的制定

（1）根据生产品种的具体要求，确定不同粉料的使用量。

（2）根据产品颜色的需求，确定各色料的加入比例。

（3）根据浆罐容量的大小，计算各种色料的具体加入数量。

2. 泵浆

（1）根据所需数量的多少，向指定的浆罐泵入相应数量的浆料。

（2）选定所指定的浆料的浆池，检查供浆系统的柱塞泵、各浆池蝶阀、浆管线路、振筛、除铁器是否正常开动。

（3）打开浆阀，启动柱塞泵、振筛、除铁器，架好浆槽开始向指定的配色罐泵浆。

3. 调色

（1）在调色池内放入适量的水。

（2）根据色料数量的多少加入3～5kg三聚磷酸钠。

（3）开动调色池内搅拌器，一边搅拌，一边将色料慢慢放入调色池内。

（4）色料放够量后，搅拌30分钟至1小时，直至色料搅拌均匀为止。

（5）若色料325目筛余超过0.5%，则需用球磨机对色料研磨2～4小时，至达到所要求的筛余量为止。

4. 配色

（1）配色罐内的浆料数量大致泵够后，取浆检测水分、密度，准确计算浆罐内浆料的数量，再根据实际数量调整色料加入量。

（2）将调制好的色浆接管慢慢放入配色罐内。

（3）注意色料放入配色罐时至少要过40目的筛网。

5. 打饼对色

（1）色浆配制好后，搅拌1~2小时即可取样打饼试样。

（2）打饼过筛必须统一操作，烘浆料时碟与电炉面相距5cm，适当控制好浆料的水分，造粒时要均匀过30目以下筛，使用五轻三重法打饼，试烧看效果。

（3）每一次配色浆池对色必须打两个饼，一个拿来与样板试烧对比，一个留待与下一池同种料作试烧对比，确保色调的准确性，判色时以样板砖为准，并以上一池作为参考。

（4）所有对色的浆料在开补加通知单的同时，必须在实验室同时进行小试来检测开单的准确性，以方便更快地纠正各确定对色方向，提高对色效率，减少对色次数。

（5）每次对色后需进行调色的一定要挂牌到需调色的浆池或中转缸处，牌中除注明调色的原因外，还必须加色（白）浆的数量、日期、时间，及填写有关通知单和黑板，对色后可用的必须通知有关人员及写黑板通知可用。

（6）所有浆料都必须确定对色与标准色板接近或相同后，才能开合格单。

十一、制粉操作规范

目的：规范制粉工序的操作，使粉料符合工艺要求。

职责：①技术部负责提出粉料的质量要求和配比要求；②司炉工负责各工段的操作和做好生产工艺记录；③质检员负责粉料的质量检验。

生产设备：喷雾干燥塔，泥浆柱塞泵，40目、60目、80目和100目湿式振筛，10~12目振筛，中转缸，除铁器，粉料混合机，皮带运输系统等。

操作规范：

1. 泵浆

泵浆前先检查柱塞泵是否正常，泵内输浆管是否堵塞，除铁器、振筛工作是否正常，筛网是否破烂，浆池内的品种是否属于生产用的品种，搅拌机是否已启动并正在搅拌浆池内的浆料，设备上的螺栓是否紧固，各项检查正常无误后才能进行泵浆工作。

泵浆开机顺序：安装好除铁槽磁棒→开中转缸60目、80目、100目振筛→启动中转缸的搅拌机→打开输浆管各处阀门或关闭分流阀门→关闭洗浆管水阀→启动柱塞泵→控制输浆流量。检查浆料从浆池通过输浆管道流入除铁器、振动器、振筛工作是否正常，发现筛网破烂马上更换备用筛网。巡回清除铁槽中的磁棒，确保有效除铁。控制输浆管流量，避免浆料流量过大而外溢。每次停泵超过10分钟时，必须用清水将泵内及输浆管冲洗干净，并排除清水，防止清水混入浆料内。

2. 开塔

开塔前检查喷雾干燥塔附属机械设备是否正常：油池的油温、油量是否符合工艺要求，各部位的油、水、电、浆料管道阀门是否处于适当位置，雾化喷枪是否安装妥当，中转缸的品种及贮量是否符合生产安排和供塔的用量，确认无误后，打开排风机、柱塞泵的冷却水阀，准备开塔。开塔时，打开排气孔，开动油泵循环供油，点燃热风炉供油喷枪，启动排烟风机和助燃风机，用喷枪上的手柄由小到大慢慢调节油、风的开度，让热风炉逐渐升温。当热风炉及塔顶风温达到工艺规定的温度范围时，准备喷雾干燥。

3. 喷雾干燥

开喷雾干燥塔下 10～12 目振筛，启动输送皮带至粉箱仓口，启动柱塞泵，用水喷雾冲洗管道及喷枪，开浆料阀开关、水阀开关，喷浆料干燥。调整各风、油、浆阀开度，使热风炉温度控制在 800℃～1 250℃，塔顶温度为 400℃～700℃，塔中温度为 120℃～450℃，塔尾温度为 70℃～200℃，塔中负压为 150～1 500MPa，塔下负压为 700～3 500MPa，泵浆压力为 0.6～1.8MPa，燃油温度为 60℃～100℃，油压为 0.2～1.0MPa，控制粉料的水分和级配与《粉料检验规范》相符。操作工每小时对粉料的水分、颗粒度等指标进行检验，根据检验结果调整工艺参数并记录。

4. 停塔

当生产任务完成或需转换品种时，需要停塔和洗塔。停塔步骤为关闭浆阀、开水阀，巡回开、关各喷枪，用水冲洗干净各喷嘴，停柱塞泵，关冷却水，打开排污阀并用水冲洗，停油泵，关油阀，将油枪嘴吹净，停助燃风机，停大排风机，关电源和水源。洗塔步骤为必要时移开塔下振筛架，启动大排风机，关闭浆阀、开水阀，启动柱塞泵，用高压洗塔管冲洗塔身至干净，关柱塞泵、水阀、冷却水阀和大排风机电源，用水冲洗振筛网、振动架、首节输送带。清理塔下卫生和旋风除尘下小搅拌器。清理完成后，准备开塔前操作。

5. 粉料配料

操作工根据技术部的配料指示进行配料。配料前，核对粉箱内的品种、箱号；检查皮带输送系统是否正常；检查皮带输送转换位置是否安装好除铁器；检查皮带输送出口是否已对准粉料应入的粉箱；转换品种时应先将粉箱输送皮带等清洁干净，确认一切正常无误后开始配料操作。启动各皮带输送系统和粉料混合机，按技术部规定的配比，先调整皮带远处粉箱闸板控制粉（粒）料流量，再调整近处粉箱闸板控制粉（粒）料流量，粉（粒）料分别流入皮带，经混合后输送至压机粉箱（大颗粒）。操作工应每班检验粉料配比两次（大颗粒测一次），各品种粉料配比允许偏差 ±0.2%，并应循回检查皮带输送系统是否正常，发现异常马上停止配料，待保养工检修正常后才能重新开始配料。粉料送压机过程由质检员每班对粉料水分和级配（大颗粒除外）进行两次检验，并记录在“粉料配料记录表”“粉料控制跟踪表”和“粉料情况日报表”上。

注意事项：

（1）凡转换品种，各工序都应清洁相关的容器、管道、泵、塔、输送皮带、粉箱等，保证不同品种物料不混放。

（2）各工序必须按操作规范和作业指示操作，不得随意改变配方，并做好生产工艺记录。

如何提高喷雾干燥造粒效率和粉料质量，从而降低生产成本、提高产品合格率，是陶瓷工作者一直探讨的课题。喷雾干燥是陶瓷工厂能耗最大项目之一，其燃料消耗约占陶瓷产品燃料消耗的 20%，占粉料制造成本的 30% 左右，而粉料质量的好坏直接影响后期制品的合格率。因此，提高制粉效率、节约能耗显得尤为重要。可以从以下几方面来提高制粉效率和粉料质量：

（1）在保证泥浆流动性的前提下提高泥浆浓度。

我们知道，泥浆浓度越高，干燥单位质量粉料的能耗就越小。但在生产上，泥浆浓度提高会使黏度增加，流动性变差，雾化效果也变差。由此，可以选择合适的减水剂来保证获得流动性好、浓度高的泥浆。

生产实践表明：浓度提高 10%，蒸发水量下降 50% ~60%，能耗下降 30% ~40%，而产量却能增加 60% ~80%，同时，泥浆浓度提高后，粉料球形程度高，流动性可得到显著改善。由于雾滴收缩率小，大颗粒百分含量增加，排气性能提高，干粉容重提高，压缩比下降。

目前陶瓷厂常用的减水剂有腐殖酸钠、水玻璃、STPP、鞣型减水剂（AST）、亚硫酸纸浆废液、聚丙烯酸钠等。

（2）提高泥浆温度。

由于泥浆是溶解了气体的悬浊液，随着温度的提高，水中溶解的气体量呈明显降低趋势。同时，温度提高，泥浆的黏度减小，流动性增加，雾化动力消耗下降，而且泥浆表面张力也随之减小，使浆液容易撕裂成雾滴，形成圆球形颗粒料。而在低温时，则会出现较多的“苹果形”颗粒，容易引起“拱桥”效应，粉料容重降低，影响粉料质量。要提高泥浆温度可以利用喷塔尾气或窑炉的余热（通过换热管）与泥浆进行换热。

（3）增加塔顶辅助喷嘴。

由于目前陶瓷厂多用压力式喷雾干燥塔，其热风是从上入塔，浆料则向上喷，导致塔顶上部有相当高的热空间无雾滴进入。为了充分利用热源、提高粉料产量，可在塔顶增设辅助喷嘴。

（4）改进分风结构，提高蒸发强度。

在进风口处设置分风器，使进入塔内的热风从塔的中轴线沿径向逐渐减小。由此可以将风分成几股旋转进入塔内，或者将风分成几股平行向下运动，这种改进可以提高热量的利用率，也能使粉料含水率均匀，从而提高粉料质量。

（5）控制进、排风温度。

提高进、排风温度可以有效地提高粉料的产量。但随着进风温度的提高，粉料的容重会降低。一般调整进风温度在 400℃ ~500℃。排风温度要确保稳定，以保证粉料的含水率一致。同时送浆压力与喷枪数量也直接影响到粉料的含水率。

（6）选择合适的陶瓷添加剂。

添加剂作为陶瓷生产的辅助原料，可以弥补原料本身的缺陷。黏土含量少或不含黏土的坯料由于可塑性差难以成型，必须加入润湿剂和增塑剂，使坯料颗粒之间形成液态间层，从而增加其可塑性，减小颗粒间的内摩擦力，保证压制坯体时压力分布均匀且压力损失减小，同时保证粉料的颗粒结构及性能。常用的添加剂有乙酸三甘醇、甘油、纤维素衍生物、高聚合度多糖等，其添加量在 0.2% ~1%，具有良好的效果。

（7）调节颗粒级配。

通过调整喷雾压力与喷嘴孔径可调整粉料粒径。一般压力增大，喷雾高度增加，雾滴变小；反之喷雾高度下降，雾滴变大。喷嘴孔径缩小，颗粒变小；喷嘴孔径增大，颗粒变大。生产中通常要求大颗粒量为50%左右，因此应尽可能减少细粉，以保证压制坯体时容易排气，减少层裂缺陷，并降低压缩比，提高流动性。

（8）确保燃料充分燃烧，调整燃油或气与风量的配比。

避免燃料灰烬落入粉料中，造成产品起泡、色脏等质量问题。同时严格控制热风炉内炉温，一般要求产生至少1 000℃高温，波动范围应尽量小。

（9）确定合理的陈腐期。

陈腐用来保证粉料的含水率均匀。同时坯料中厌氧细菌大量繁殖，在低温高湿环境下又不断死亡，变成腐殖酸，使坯料可塑性提高，一般粉料的陈腐期为24～48小时。影响制粉效率和粉料质量的因素是多方面的，要根据生产实际情况调整或改进工艺，从而提高生产效率。

十二、塔下供浆、喷雾造粒、筛分操作规范

（1）塔下供浆、喷雾造粒、筛分是三个相连的工序，彼此影响比较大，它们在陶瓷制造方面的作用是：将浆料泵入喷雾干燥塔内，经喷雾干燥塔将浆料的水分蒸发，变成粉状流出后再进行过筛，所以此工作分为开塔前的准备工作和生产控制操作两大部分。

（2）开塔前塔下人员必须要了解准备生产的浆料名称，需要使用哪个中转缸、哪一台泵供浆，供浆的管道如何。另外，塔下人员亦要知道粉料的颜色、技术参数、塔下筛网规格、泥屎堆放仓号，检查现有振筛框是否符合要求，振筛是否破损，如不合格要马上进行更换。

（3）喷雾干燥塔司炉工开塔前要了解粉料的名称、入箱号、技术要求、沿途所使用的输送带是否清洁，准备少量柴油及威士布，清干净沿途输送带、振筛、粉箱口等必用设备，打开所要入的粉箱口及将输送带推到箱口合适的位置，写好粉箱上下的品种黑板，再选择好使用的油泵，向塔下人员确认塔下情况，设备全部准备好时方能开塔。

（4）开塔时司炉工先将浸湿柴油的威士布点燃放入热风炉内，然后关闭塔门，开启引风机，待引风机正常运转而炉内的威士布仍在燃烧时启动油枪，慢慢打开油阀，待油喷入热风炉内燃烧后，开始正常升温，待塔顶温度升到约550℃时，通知塔下人员开泵上浆，通知时塔顶温度不能超过650℃。上浆后司炉工要马上检查塔内的雾化状况，雾化不佳或喷枪堵塞的要马上关闭此枪，拆出后换上备用枪并检查粉料的质量。塔下人员泵浆上塔后即可开动塔下振筛，对流出的粉料进行筛分，并配合司炉工调好供浆的压力，经手感初步检测合格的粉料即可送上粉箱。同时将开塔通知单送往质检室通知质检员进行检测，直至粉料合格为止。司炉工待设备正常、粉料合格后可对拆出的喷枪进行清洗工作，以待下次使用，然后将“喷雾干燥塔运行记录表”填好。

（5）当遇到突然停电，喷雾干燥塔突然停止运行时，司炉工应第一时间将所有的塔门打开，让塔外的冷空气流入塔内，以免将塔内的分风器烧熔；塔下工要将浆管内的浆尾放完，并用自然水压上水洗枪，如果停电的时间较长，必须将喷枪拆出，以免塞枪；如果时间较短，待有电时再上水通枪处理。

（6）当遇到大风机电机突然烧坏时，塔内没有负压，司炉工应及时关停热风炉的供油泵，通知塔下人员将供浆泵关停，放掉浆尾，关好浆阀，打开水阀开泵供水上塔，待塔嘴有水流出时将泵关停，再将塔门打开进行冷却，目的是不让分风器烧坏。

十三、送料、转料、配料操作规范

1. 送料、转料

（1）每次往压机送粉或转送粉都必须经车间配料组长及以上级别人员同意，转料或转送粉以快而不乱、提高运行率为原则，所以每次送粉前或转送粉前应预先做好准备工作，对品种、名称、送粉量、所送粉料技术要求、颜色、泥屎回收方式等做充分的了解。

（2）送粉时，送粉工按步骤先清干净压机粉斗，选择好输送带路线，并将需用的输送带沿线全部清干净，检查输送带开关是否在“自动”位置，然后开动输送带，检查输送带的运行情况，对走偏的要及时调整，然后开动箱底皮带秤和粉箱口进行送粉，送粉量要及时调节好，一般在车间未作特殊要求的情况下，以刚好够压机食用为宜。

（3）特别注意在开动输送带前必须搞好卫生，否则会出现粉料混杂的情况而影响质量。

（4）对送往压机的各种粉料做好记录，填写好“送粉运行记录表”和“粉料水分记录表”。

（5）送粉人员必须保证当班时间的卫生状况符合车间要求，一切工具、机件、杂物都要存放在指定的地点。

2. 配料

（1）配料属于一个比较特殊的工序，由于配完粉料后不能立即反映工作质量，当发现出错时，已不可能很完善地采取补救措施，所以配料员必须以务实的态度严格执行车间的各项要求。

（2）当班配料员的工作直接由当班组长指挥。

（3）接到混料指令后，先了解清楚混料所需粉料的品名及存放箱号、混料存放箱号，关好箱口，写好入料箱上下黑板内的粉料名称，然后选择混料所需使用的输送带组号。

（4）开动该组输送带的所有设施，检查各项设施的运行情况，若发现输送带走偏、有响声、有异味等情况，要停机找机电工进行处理，并及时向上级汇报情况，若超过半小时仍未能修好，必须告知车间主任。

（5）清理干净该组输送带的全部混料秤、输送带落料槽、搅拌机及不直接使用但积有杂质、杂料可能造成混杂的落料槽等设施。

（6）暂停该组带的混料秤，将其推到各个箱口后打开粉箱口，将粉箱面移动带推到混料箱口位置，推秤、推带时要求拉好电缆线，防止拉断电缆而触电。

（7）根据《作业指导书》要求选择好振筛所使用的筛网并将其装好。

（8）根据《工艺文件》或《作业指导书》要求的比例参数对各混料秤的粉料流量进行调节，一般情况下先称占比例最大的 A 粉料，得到重量 a 克，a/A 粉料比例 = 总重 H，B 粉料应重 = $H\times$B 粉料比例，C 粉料应重 = $H\times$C 粉料比例……调节各混料秤期间的粉料一律不准送入粉箱。

（9）部分粉料要求计算混料量。公式如下：

$$每分钟产量（吨）=\frac{14\times 输送带主动轮直径\times 电机输出转速}{秤盘长度}\times\frac{总重（克）}{1\ 000\ 000}$$

$$需开机时间（分钟）=\frac{需混料量（吨）}{每分钟产量（吨）}$$

（10）调好各项参数后将混料秤及输送设施开到自动，送料到箱面，先将因各秤未能同步汇合的粉料放落地面，待粉料均匀而稳定流落时再将箱面移动带推正至箱口位置，打开粉箱口入料（一般情况下，粉料放于地面不超过5秒）。

（11）快速检查核对一遍混料比例、放箱号、入箱号等各项数据，若发现问题应立即通知下一工序员工停用并找上级进行处理。

（12）检测各种粉料的水分、粒子级别，出现偏差时应通过转箱、搭配等方法调配到各项参数符合要求为止，无法控制时应向上级汇报处理。

（13）混料期间要密切留意秤口阻塞、料箱放空、设备运行等各种情况，发现问题要立即处理。

（14）所有跌落地面的粉料严禁铲上输送带送入粉箱（包括振筛满泻），特殊情况须经上级批准。

（15）混够料前先关好各储料箱口，若其中一台秤缺料，待流到振筛面时，立即将该组带振筛前一条带停下，并将后面的料全部清走。

（16）粉料入完箱后盖好粉箱口。

（17）混料期间各配粉人员必须填写好“配粉运行记录表”。

（18）配料期间必须注意当班的卫生，有空余时间必须将卫生清洁干净。

（19）所有清洁工具必须存放在车间指定地点。

十四、除尘器粉尾搅拌机回收操作规范

（1）搅拌缸内必须加水，水位在搅拌机上边的搅拌位置，让除尘器内的粉尘落入水中搅拌成浆料。

（2）每隔15分钟检查一次搅拌机内是否有泥块，如有泥块必须用木棍打烂，避免沉积加大搅拌机的负载力。

（3）每隔一小时用波美计抽测一次搅拌机内的浆料浓度，达到57度时，可开动管道泵放浆入相同料的浆池。

（4）放完浆后，必须清洗管道，并按第一条的规定加够水，重新搅拌，在放浆过程中搅拌机不能停止。

（5）每次放完浆要用水将搅拌缸清洗干净。

（6）当出现除尘器长时间塞堵无粉出时，必须拆开下粉管，将粉料清理出来。搅拌机

内要有足够的水，否则会塞缸。

（7）洗塔转料时，要用水全面冲洗干净除尘器内，避免混杂浆料。

第三节　各岗位工人作业指导书

一、铲车司机作业指导书

目的：为了安全生产，营造和谐的工作环境，做到安全驾驶、礼貌行车。

适用岗位：原料车间各铲车司机。

工作要求：

（1）铲车司机必须持有劳动管理部门发放的有效铲车驾驶证方可驾驶铲车。

（2）认真遵守《铲车的安全驾驶条例》和本公司设置的各路牌、路标指示，文明驾驶。

（3）不得驾驶有重大安全隐患的铲车进行作业。

（4）身体过度疲劳或患病而有碍安全行车时，不得驾驶铲车进行作业，绝对禁止酒后驾驶。

（5）按指定的油类加入铲车各部分，不可错加、超加或少加。

（6）作业时铲斗不能载人，大臂下不能站人。

（7）不可超载，倒车时应注意车辆前后环境。

（8）天雨路滑时应减速行驶，行车至转弯或交叉路口时应低速驾驶且鸣笛示警。

（9）驾驶室内不得超额坐人，不能在行驶时吸烟、饮食、攀谈、接打电话或进行其他阻碍安全行车的活动。

（10）交接班时司机必须对车辆全面检查一次，并询问上班司机车辆运行情况，发现机件损坏或丢失的情况应及时汇报上级并维修。

（11）时刻注意车辆运行情况，发现问题应停止驾驶，排除故障后方可继续驾驶，自己不能解决的应通知相关人员进行解决。

相关记录：交接班留言记录表，铲车维修记录表，配料工作日志。

二、喂料机配料岗位作业指导书

目的：保证配料准确并达到工艺要求，防止出现配料错误，保证安全生产。

适用岗位：喂料机配料岗位。

工作要求：

（1）接班的员工必须提前 15 分钟到车间签名报到，听从班长安排工作。

（2）入料前，首先要检查喂料机、输送带及电器等部分，如发现有异常，应及时找机修维修并予以协助。

(3) 在入料过程中若发现大块的泥团，应先把喂料机输送带停下，把大块泥团切细才可以开机，若发现有杂物，应将其清除掉。

(4) 加球石时，一定要把球石彻底冲洗干净才可以用斗车加入球。

(5) 每入一球料时，一定要把输送带跌落的泥沙及时清回该球，避免影响浆料质量。

(6) 原料全部入球后，要停止送料，进行摆球，使料落入球内。摆球时，一定要注意安全，看清楚周围是否有人，确认无人时才能开机摆球。

(7) 入完一球料后，一定要把周围环境清扫干净。

(8) 维修喂料机时，一定要挂上“有人工作，严禁入料”的警示牌。

(9) 秤内、喂料机内的原料放完后，将称五仪显示器清零，准备配下一球料。

(10) 卫生负责范围：喂料机 1 号至 2 号输送带架、斜坡、平台（包括马达、波箱）要时常保持干净，清洁度以见到油漆为标准；线槽 1 号至 4 号球磨机座边斜坡底、喂料机前面 4m 远的路段，要时常保持干净。

三、球磨机入料岗位作业指导书

目的：保证配料准确，防止出现配料错误，保证安全生产。

适用岗位：球磨机入料岗位。

工作要求：

(1) 接班的员工必须提前 15 分钟到车间签名报到，听从班长安排工作。

(2) 要按照配方单的要求准确放入、放齐化工料，一定要准确过磅，不得乱放，同时也要注意：放水时，要按照水池规定的刻度衡量加水的重量，要按工艺参数控制好浆料的比重及流速，加球石时，量准每球空球的高度，将其控制在 1.90 ~ 1.95m，以防球石不够造成加磨。

(3) 入料前必须看清楚该喂料机的料是什么品种，确认准确后方可入料。

(4) 入完一球料后，在球磨上面装球盖，必须系上安全带；装球盖时，球口螺丝必须拧紧，以免在运转过程中球塞脱落；要把球口楼面的铁盖板严密盖好。

(5) 球磨达到预停时间时，先停机，然后系上安全带，把球磨机的小盖的螺丝慢慢松开，待球内的气体排干净后，才能打开小盖，取浆出来。由质检员测密度、筛余及黏度，确认合格后等通知才能放浆。

(6) 每入完一球料后，正常开机 1 小时再停球，系上安全带，扣上安全扣，把大球盖打开，将球内杂物（如木头、化工袋等）清除干净后，盖上大球盖，再次正常开机运转。

(7) 在操作中，严禁开喂料机第一条输送带，如有违反者，造成工伤事故的，应负全部责任。

(8) 空闲时间楼面工与该楼面员工应互相帮助，并把自己负责的场地清理干净，将使用的工具摆放整齐。

(9) 在放浆时，大球口盖不准停放在球口上面，避免大球转动跌落伤人，要把大球口盖吊上楼面安全的地方摆放好。

（10）入料满料斗时，使用吊机要注意安全，不得站在吊机底下，避免吊机跌落伤人。

（11）卫生负责范围：整个楼面、楼梯、窗口、水池、电柜边每个角落、输送带架、马达、波箱等区域要时常清扫干净。使用的物具应摆放整齐，无用的杂物应及时清走。

四、放浆工作业指导书

目的：保证浆料能够达到工艺要求，防止浆料出现污染事故，保证安全生产。

适用岗位：放浆工。

工作要求：

（1）接班的员工必须提前 15 分钟到车间签名报到，听从班长安排工作。

（2）工作时一定要带上安全帽。

（3）在放浆前，首先看清楚浆料的品种，检查粗筛网是否磨损，如发现有筛网磨损，应及时找机修更换，无问题后才可以放浆，更换出来的筛网要在指定的地方放好。

（4）在放浆时，大球口盖不准停放在球口上面，避免大球转动跌落伤人，要把大球口盖吊上楼面安全的地方摆放好。

（5）放浆时，必须经过振筛后才可以放入浆池内。

（6）放完一球浆料后，把浆池盖好，清洗干净所用的物具，整齐放置。

（7）在开启主机时，如难起动，应及时通知班长，找电工检查，如有不经电工检查，开机后导致烧坏主机马达的，每次扣罚该放浆工 50 元，扣罚当班班长 50 元。

（8）清洗浆池时，一定要在对应的开关处挂上“有人工作，严禁合闸”的警示牌。

（9）浆池面要时常保持清洁，避免踩踏泥浆滑倒伤人。

（10）卫生负责范围：浆池面、除铁槽、浆管。浆管不使用时要摆放整齐，搅拌机、机座、大小波箱、球磨机两端大轴承座要时常保持干净，清洁度以见到油漆为标准。

五、抽浆工作业指导书

目的：保证浆料能够达到工艺要求，保证安全生产。

适用岗位：抽浆工。

工作要求：

（1）接班的员工必须提前 15 分钟到车间签名报到，听从班长安排工作。

（2）上班时，先检查各振筛网是否破损，如有破损的，应及时找机修更换，在抽浆过筛前，向班长了解清楚工作要求，经班长指示后才能实施抽浆。

（3）在抽浆时，检查各浆池的碟阀是否关好，如有渗漏浆的碟阀，应及时找机修更换，避免不同品种浆料混合，影响浆料质量。

（4）要按时做好除铁工作，每隔 1 小时清除一次，并把除出的铁屎、杂料在下班前拉到废料仓过磅，由班长检查。

（5）在抽浆过程中，先开动振筛，然后慢慢开动柱塞泵，再逐步开大柱塞泵，避免柱塞泵一时间开得过大爆浆管，筛满造成浆料浪费。

（6）在没有浆料抽时，应听从班长安排从事其他工作。

（7）交班前，要清洗干净所用的物具、磁棒；交班时，将干净的物具及磁棒如数交给下一班。

（8）卫生负责范围：振筛平台浆池面、搅拌机、柱塞泵要时常打扫干净，清洁度以见到油漆为标准。除槽、浆管不使用时要清洗干净，并摆放整齐。

六、配色工作业指导书

目的：保证所配浆料的准确性、稳定性，确保生产的顺利进行。

适用岗位：原料车间球磨工段配色工。

工作要求：

（1）接班的员工必须提前15分钟到车间签名报到，听从班长安排工作。

（2）在岗位上交接班，做到对工作清楚无误并签名确认。

（3）了解当班各线的生产情况，核对浆料库存情况，计算好当班所用色料量，做好准备工作。

（4）入料前必须看清楚“工艺通知单”及“班长安排表”，确认无误后方可入料。

（5）色料数量要精确过磅，入水要加满，防止球体偏重，电流超标。

（6）装球盖时，必须拧紧球口螺丝，以免色浆在运转过程中溢出，并盖好防护板再启动球磨机。

（7）球磨达到预停时间时，先停机，把球磨机球盖的螺丝慢慢松开，待球内的气体排干净后，才能打开放浆。

（8）在操作过程中，要先关闭球体电源，并做好安全预防工作。

（9）抽浆完成后，洗干净球磨机及过浆管道，及时做好各标识牌的更新。

（10）放色浆入池时要过80目筛网，搅拌半小时后及时通知技术科打样板小饼烧板对色。

（11）搞好本岗位卫生，做好交接班工作。

相关记录：各种色料配比、重量，交接班记录表，所配色料名称、时间信息，下一班注意事项等。

七、喷雾干燥塔司炉工作业指导书

目的：规范司炉工工序的操作，使粉料符合工艺要求。

适用岗位：喷雾干燥塔司炉工。

工作要求：

（1）接班前工作：①检查喷雾干燥塔的设备运转状况和生产情况；②掌握泥浆的性能、制粉的工艺参数；③查看“工作记录表”，核对生产品种、烘干温度要求。

（2）正常交接班后工作：

①打开电源和两边塔门，启动大排风机，将中负压拉到400～450Pa。

②检查沉降室上下各处水阀开关、气管安全阀气门，启动安全阀检查是否达到开塔要求。

③将电制开关打向“手动”，打开燃气阀气压表够压 3 分钟后，先按小管点火开关，待小管点火后再按大管点火开关，待其正常燃烧后关闭小管气阀，将沉降室水阀开关打开，逐步升温再关闭塔门。如果大管点火较长时间不着火，必须立即关闭总气阀、拉大风机的负荷，把炉膛里和塔内的燃气排出 5 分钟后，再调回正常的负压重新点火。

④顶温正常升至 300℃ ~400℃时上水，塔顶温度升到开塔要求的约 550℃或理想温度时，上浆喷粉。

⑤在生产过程根据实际情况可逐渐加减喷浆枪或更换喷片。

⑥现场生产中，要调节好喷枪的角度、平整度、均匀度，喷片的匹配，喷片的雾化，柱塞泵压力，负压的稳定。

⑦每半小时检测粉料水分级配一次，如有偏差立刻调整好。

⑧其他情况下需停塔操作的，上水前先打开喷淋塔气动阀，再关闭布袋除尘气动阀。

⑨停塔后先关闭总气阀、安全阀，确定已熄火停塔，才打开塔门。

⑩拉开塔门后，人站在塔门外侧边用电筒观察塔内状况，如有粘塔、挂壁等情况，则首先拆出粘塔下方的喷枪，并立即通知塔口工泵水洗枪。

⑪停塔约 15 分钟后，关闭沉降室供水阀，再停掉大排风机。

⑫洗净塔身各部位，并检查需要更换的配件，更换处理要及时。

⑬完成塔上工作之后，在时间充足的情况下应协助塔口拉泥屎，清洗输送带，并做好各环节的清洁工作。

（3）交班前工作：①搞好本岗位卫生，扫干净楼面、烘干台；②将钢碟、电子秤、扫把按指定位置有序排放；③做好交班记录。

相关记录：喷雾干燥塔工作记录表。

八、塔口工作业指导书

目的：规范塔口工序操作，保证输送系统的正常运作。

适用岗位：塔口工。

工作要求：

（1）接班前工作：①接班前全面检查输送系数及运行状况与场地卫生情况；②了解本塔所生产粉料品种、所入仓情况以及泥屎所倒仓位。

（2）正常交接班后工作：

①开塔时将振筛推到塔口下。

②接到司炉工通知打开中转缸碟阀，开动柱塞泵上浆，刚开塔的前几车粉料必须倒带返到地面，待粉料水分稳定时再通带入仓，并跟踪粉料是否顺利输送到指定粉仓。

③生产中如有崩塔、水分严重偏差的干料、湿料必须倒带返到地上，不能入仓。

④旋风除尘器所回收的粉尘以及掉落在地上的粉料必须及时清扫并集中拉到指定的泥屎仓。

⑤停塔转料时，先在旁边拉开振筛，然后洗干净输送带，冲洗干净冷风器，及时清扫洗塔掉落的泥屎并拉到指定的泥屎仓。

(3) 下班前准备工作：搞好本岗位卫生，冲洗干净地面，将斗车、砂铲摆放到指定位置。

九、仓顶工、洗仓工作业指导书

目的：规范仓顶工序操作，保障生产、设备的正常运作。

适用岗位：喷雾干燥塔仓顶工、洗仓工。

工作要求：

(1) 接班前工作：

①全面检查输送系数及运行状况与仓顶卫生情况。

②查看交班本，对生产粉料品种所入仓号进行核对，确保粉料入仓无差错。

(2) 正常交接班后工作：

①开塔前先把输送系统全面洗干净并将入仓带对准入仓口。

②粉料入仓后，记录入仓时间、品种，做好粉仓标识。

③生产中经常检查输送带运转是否正常，如发现输送带跑偏必须及时调校，以免跑偏刮带损坏输送带，造成粉料中有胶粒而产生杂质。

④停塔时，将输送带系统全面洗干净，尤其将输送带底清洗干净。

⑤粉仓放空后必须及时洗干净，洗仓时先装好下水斗，然后用高压水将粉仓从上至下彻底洗干净，以便转料时使用。

(3) 下班前准备工作：

①搞好本岗位卫生，扫干净仓顶、输送带底。

②将扫把、斗车、砂铲放在指定的位置。

③做好交班记录，以便了解生产情况，跟踪质量问题。

相关记录：喷粉转箱工作记录表。

十、配料员作业指导书

目的：保证所配的粉料的准确性、稳定性，保证各线生产所需用料，完成当班的生产任务。

适用岗位：原料车间送料工段配料员。

工作要求：

(1) 了解当班各线的生产情况，盘好各种料仓存量，计算好当班用料量，做好准备工作。

(2) 提前将各种粉料打板与样板核对，检查粉料陈腐期、水分是否符合工艺要求。

(3) 将皮带秤、输送带、振筛的杂质和粉尘清洗干净，检查有关设备是否正常，检查待用的仓号、粉料型号、名称是否与要求使用的粉料一致。

（4）各项检测符合要求后，摆放好称放料，测流量以检查各种料流量准确性。
（5）配料注意事项：
①必须按配料的工艺要求配料。
②配料送用前记录好所配料的型号、名称等标识并打板核对样板。
③在配料过程中，每隔 1 小时必须检测各种粉料流量、颗粒度及水分。
④搞好本岗位卫生，做好交接班工作。
相关记录：配送流量配比检测记录表，粉料型号、名称、时间等信息。

十一、送粉工作业指导书

目的：保证各台压机的正常用料，加强对粉料的过筛除铁工作，提高粉料的质量。
适用岗位：原料车间送粉工。
工作要求：
（1）提前 15 分钟到本岗位，了解上一班的生产流程，完全弄明白后接班。
（2）在送料过程中必须亲自到仓底与配料员配合开秤送料，并一直跟踪到入料斗。
（3）送一次布料的送粉工必须每 30 分钟清洁磁棒一次，送两次布料的每送完一次面料后即清洗磁棒；送一次布料的负责检查各台振筛的使用情况，如有损坏应立即通知机修更换。
（4）根据上一班的生产流程交接情况和本班负责人的生产指令计划好当班的生产工作。
（5）送料过程中，每一小时检测一次各种粉料的水分，如有波动，则采取相应的措施（两仓料搭配或开高温太阳灯）。以上措施如无效果，需请示班长确定是否更换相应的料仓，以确保压机使用合格的粉料。
（6）在每送一次料时洗粉并打板与样板核对。
（7）下班前的工作与“7S”工作：
①搞好本岗位场地卫生，将各种工具按指定位置摆放。
②与接班人员做好交接班工作。
③在生产过程中，一定要注意安全生产，清理设备时，切记要停机清理，并且要有人守住开关，严防安全事故的发生。
相关记录：在记录簿记录清楚当班送料次数，粉料型号、名称、时间等信息。

十二、微粉破碎工作业指导书

目的：确保粉料的有效破碎和破碎机正常使用及运作，提高粉料质量和延长破碎机使用寿命。
适用岗位：微粉破碎工。
工作要求：
（1）班前了解本班生产流量及生产任务，接班后及时向上一班操作工了解各台破碎机的运作情况，做到心中有数，确保本班操作准确无误。

（2）到岗位检查各台打粉机的运行情况，检查螺丝是否松动，是否有异常运作噪声，检查各部件是否完整。

（3）检查下料口、下料管是否正常下料，过筛情况是否适度，如发现有塞管和塞筛的现象要及时处理，杜绝因堵粉塞管而造成缺料的生产事故。

（4）空闲未用的破碎机、粉管、振筛要清洗干净，使其处于随时待用状态，尽可能把准备工作提前完成。

（5）每次转料时先将破碎机电源开关关掉，等破碎机完全停止后将料管拆下，将料斗剩余的料放掉。拔掉破碎机电源电线，推到清洁池边待清洗。

（6）换上干净的破碎机，叫电工接好电源电线，打开开关检查运作方向，如有反接的关掉电源接回正常。接上落料管，打开振筛开关，通知压机开机进行正常破碎工作。

（7）在破碎机正常运作过程中要经常检查破碎机的运作情况，如有因粉料过湿造成破碎机堵塞的情况，应及时停机处理。

（8）下班前的工作与“5S”工作：搞好现场卫生，在确保设备正常、生产正常的情况下交班，交班时向接班人员交代清楚各生产情况。

十三、机修工作业指导书

目的：保证车间设备运行正常，能如期保质、保量完成公司下达的生产任务。

适用岗位：机修工。

工作要求：

（1）上班前30分钟、下班前30分钟对车间内运行设备做全面检查，有问题及时解决，确保全车间设备的正常运行。

①按车间班组要求完成规定的保养润滑、日常点检工作，并做好详细记录。

②在生产现场作业要做好两项工作：第一，挂“有人作业，严禁启动”警示牌，以防有人误动造成事故；第二，做好防范工作，不得因维修影响到生产。

（2）监督指导操作工正确使用设备。

（3）遇到机械设备故障时，要分清轻重缓急，应先确保生产的正常运转，再根据实际情况排除故障。

（4）使用电焊、氧焊后要及时关闭开关，并把设备机台、工具清扫干净，归类摆放整齐，不得把氧焊、电焊、砂轮切割机等系列工具让非机修人员操作。

（5）做好当班的工作记录，写清楚已完成事项，交代未完成事项，做好交接班。

相关记录：设备维修保养记录表。

第四节 原料车间各工序人员应知应会

一、铲车司机

(1) 熟识各原料仓的原料名称。
(2) 懂得铲车的操作技能。
(3) 知道厂部及车间的规章制度。
(4) 知道严禁酒后驾驶。
(5) 知道喂料机的警示灯亮时严禁上料。
(6) 知道每种料的误差在 ±20kg 以内才合格。
(7) 知道黑泥、白泥破碎后直径要小于 25cm。
(8) 知道不同的原料严禁混杂。
(9) 知道当班的工作任务。
(10) 懂得计算自己的日底分。

二、喂料工

(1) 知道厂部及车间的规章制度。
(2) 知道进入喂料机前要启动报警灯装置。
(3) 知道每球的料必须当球入完。
(4) 知道喂料机及输送带的启动及停止方法。
(5) 熟识本工序的操作规程。
(6) 懂得计算自己的日底分。
(7) 知道自己的岗位职责。

三、球磨工

(1) 知道厂部及车间的规章制度。
(2) 熟识本工序的操作规程。
(3) 在球面工作时，会系好安全带。
(4) 知道各球的品种的入水量、化工料使用量、球石补加量及预球时间、筛余、浓度、球石深度等参数。
(5) 知道各球所入的品种、放浆的池号及各浆池的对色情况。
(6) 知道吊笼严禁载人及超载（载重量 500kg 以下）。
(7) 懂得日底分的计算方法。

（8）知道自己的岗位职责。

四、司炉工及塔下工

（1）知道厂部及车间的规章制度。
（2）熟识本工序的操作规程。
（3）知道当班生产的粉料名称、工艺参数、入箱号、泥屎堆放的位置等信息。
（4）懂得浆料浓度和水分、喷片孔径、泵的压力与粉料水分及粒子之间的关系。
（5）熟识本工序的设备使用情况。
（6）知道自己的岗位职责。
（7）懂得日底分的计算方法。
（8）熟识粉料的检测方法。

五、泵浆工及清磁棒工

（1）知道厂部及车间的规章制度。
（2）熟识本工序的操作规程。
（3）知道车间对各浆料使用筛网、浓度的要求。
（4）熟识本工序的设备布局及使用情况。
（5）知道自己的岗位职责及日底分的计算方法。
（6）知道各浆池、中转缸的使用情况。

六、送粉工

（1）知道厂部及车间的规章制度。
（2）熟识本工序的操作规程。
（3）知道各粉箱的种类及使用情况。
（4）知道各粉箱的存量。
（5）了解各台压机所用粉料的种类、工艺要求、使用设备。
（6）知道自己的岗位职责及日底分的评定方法。
（7）熟识粉料的检测方法。
（8）知道自动送粉的原理及操作方式。

七、拉煤渣人员

（1）知道喷雾干燥塔正常生产时煤渣的颜色状态。
（2）知道煤渣槽缺水所造成的后果及煤渣的倒放工作。
（3）知道水煤炉的生产工作原理。

（4）熟识喷雾干燥塔水煤炉各种突发性故障的应急处理。
（5）懂得协助司炉工处理水煤炉的开塔、停塔等操作。

八、配料员

（1）知道各压机各个料斗所使用的粉料名称。
（2）知道各压机各个品种粉料的比例。
（3）知道各种粉料的工艺参数。
（4）知道微粉机的工作原理。
（5）熟识微粉机清机时的机械撤装与故障处理规程。
（6）熟识微粉的工艺检测方法。
（7）熟识微粉机的清理工作。
（8）熟识微粉颗粒的调整工艺。

九、球磨班长

（1）熟识球磨工序各岗位的操作规程。
（2）知道各球、各浆的浆料类别、数量及使用情况。
（3）知道各品种的配方号、落水量、化工料使用量及色料量。
（4）会安排、分解车间的生产任务，落实到各工序。
（5）知道厂部及车间的规章制度。
（6）知道考核评分制度的有关内容及计算方法。
（7）知道安全生产的重要性，能发现员工的不良操作习惯。
（8）知道各设备的工作原理。
（9）知道自己的工作职责，具备发现并解决问题的能力。

十、喷雾干燥塔班长

（1）熟识喷雾干燥塔各工序的操作规程。
（2）知道当天的生产安排及各种技术参数。
（3）有能力安排并落实生产任务到各工序。
（4）知道厂部及车间的规章制度。
（5）知道各设备的工作原理。
（6）知道考核评分制度的有关内容及计算方法。
（7）知道自己的岗位职责。
（8）具备发现问题的能力。

十一、配送料班长

（1）熟识混送料各工序的操作规程。

（2）知道当天的生产安排及各种技术参数。

（3）有能力安排并落实生产任务到各工序。

（4）知道厂部及车间的规章制度。

（5）知道各设备的使用原理。

（6）知道考核评分制度的有关内容及计算方法。

（7）知道自己的岗位职责。

（8）熟识各粉箱的品种及存量。

（9）具有发现及纠正下属问题的能力。

第六章　原料车间的设备管理

第一节　原料车间的设备维护和保养概述

在陶瓷行业，生产工艺主要是靠设备的运行来保障和调节。对于陶瓷制品来说，设备的正常运行，是陶瓷生产工艺得以实行、产品生产稳定和品质提高的基本条件。因此，在生产实践中，我们必须维修和保养生产设备，使其正常而稳定地运行，这要作为现场管理工作中的一个极其重要的方面来抓。

一、原料车间的主体生产设备

（1）球磨工段。球磨工段主要是负责生产喷雾粉料用的浆料，其日常工作围绕着浆料的生产、存储及供送来进行。那么，其主体设备也必须围绕这三个方面的工作来设置。在现阶段，我们原料车间球磨工段的主要设备如下：①用来配原料的喂料机和运送原料的输送带及传动波箱、马达；②用来研磨原料成泥浆的球磨机及其辅助设备传动带、变速箱连接轴、马达等；③用来供生产用水的增压器、移水管、水箱等；④用来运送物件的吊车；⑤用来放浆、送浆、储浆的浆池、中转浆罐、调色浆罐、输浆管道、闸阀等；⑥用来保持浆料性能稳定的搅拌器；⑦用来净化浆料的振筛、过浆槽、除铁器；⑧用来转送浆料的柱塞泵、气动泵；⑨用来供送生产用电的电气设备。

（2）喷雾工段。喷雾工段主要是负责生产压制用的粉料，其主要工作围绕喷粉和送粉来进行，其生产设备就是以喷雾干燥塔为主体，包括以下辅助设备：①供存储燃料油用的油池、油箱、输油管道；②供输浆用的浆管、柱塞泵、气动泵、阀门；③供输水用的水管、水阀；④供浆料雾化成粉用的高压枪管、喷枪、喷嘴、喷片；⑤供燃料雾化用的加热器、喷雾油枪；⑥供排风、给风、助燃风、雾化风用的各种风机；⑦供燃料燃烧的热风炉；⑧供聚粉用的喷雾干燥塔；⑨供排气和排粉用的排风管及微粉管；⑩供送粉用的输送线；⑪供各种设备启动运行用的电气设备。

（3）配料工段。配料工段的主要生产责任是将喷好的喷雾粉料进行存储、中转、调配及送往压机使用，其设备按储粉和送粉工作性质来设定，包括：①储粉用的粉料箱；②送粉用的输送带；③保护粉料不受污染的防护盖；④调配粉料用的配料秤；⑤供各设备启动运转、运行的电气设备。

二、设备的巡检制度

在日常的生产运行中，每个班都要对设备进行常规的巡检工作，做好巡检记录。巡检工作要分三个步骤来完成：第一步是开机前的试运行，在设备投入使用前，必须首先开动 5～10 分钟试行，对各传动、啮合等部位的运行状况进行跟踪检查，正常时即可投入使用，不正常时立即对存在问题的部件进行维修和整改，并做好润滑；第二步是设备运转过程中的巡检，对正在生产运行的设备，每班要进行 3～4 次的巡检，对每一个传动部位、每一个啮合部件都要现场跟踪检查，发现运行中易于维修的问题要及时维修，对不便于维修也不危及产品的产量、质量的，要做好跟踪记录，待停机时及时处理；第三步是停机后的检修，一个生产周期结束，设备停止运行后，对各个传动部位再次添加润滑脂，保证下次生产时能正常开启，稳定运行。

（1）喂料机、喂料输送线的巡检。开始喂料前，启动喂料机，使载板转动一圈，观察载板、链板、插销、托碌等的综合运行情况，擦边连接不良的要及时更换链板、加固插销等。检查加料机输送线是否跑偏，托轴是否损坏，轴承是否磨损，滚筒齿轮是否磨平，链条是否有跳动现象，马达、波箱是否有异常响声等。对以上问题，在生产过程中及生产结束后，再进一步跟踪检查，即可达到保证喂料设备运转正常良好，并尽可能延长喂料设备的使用寿命的目的。

（2）球磨机的巡检。入料前，检查球内衬胶是否破损，开启前，检查减速箱油量是否充足，传动带松紧是否适宜，刹车装置是否完好，电气设备各接触点是否完好，主动轴、传动轴及轴承是否磨损，主机、辅机是否正常。球磨机开启后，观察各传动部位是否移动、断裂及马达传动件声音是否异常，运转时电流波动情况如何等。停机后对各部位再做一次细致的跟踪检查。

（3）喷雾干燥塔的巡检。开塔前，检查油料是否充足，油温是否适中，柱塞泵柱压是否稳定正常，喷枪角度是否适中，喷枪是否堵塞，喷嘴、喷片、高压管是否变形、破损，雾化风机是否正常，冷却水是否打开，油路、浆管、粉线是否畅通。喷粉过程中进一步跟踪油温、油压、泵压、助燃风力、雾化效果、炉膛温度、塔内温度，每小时检查一次，观察变化情况，掌握生产动态，喷粉结束后，对各关键设备再次进行全面的跟踪和检修。

（4）送粉线的巡检。供粉前，开启整条输送线，观察各条带是否跑偏、摩擦，链条是否跳齿，波箱、马达是否发热，交接头是否有异常响声，在供粉过程中及供粉结束后，对以上几项内容再加以跟踪检查，发现问题及时处理，保证生产的正常有序进行。

三、设备的定期保养制度

（1）周期性生产设备，每班保养。①每次喂料机、喂料机输送线进完一个球，就必须将沿途洒落的余物清理干净，铲入喂料机和输送带并接入球磨机之后，将输送带边缘拖挂的泥料清扫干净，将轴承、链条、波箱上洒落的余物清扫干净，保证设备的干净整洁。②每次球磨机入完一料球，应将球口、机身洒落的余料清扫干净，送入球内，将传动设备上的积尘、油污擦拭干净。③每班交接班时，将振筛、除铁磁棒、过浆槽清洗一次，检查筛网是否完好，如有破损应立即更换；④每次喷雾干燥塔喷完一个品种的浆都要对浆管、柱塞泵、喷枪、油枪、输送线等进行清洗；⑤送粉线每转称一个品种都要清理带面交接头、磁棒、防护棚并检查链条、轴承、托轴等是否有损坏迹象。

（2）周保养。①每周对喂料输送线、喷雾送粉线、压机供粉线各传动部位的轴承、链条加润滑一次；②每周对喂料机控制柜、球磨机配电柜、搅拌器、振筛、柱塞泵等电控箱以及喷雾干燥塔、送粉线等的电控设备用干风机吹风一次，除去电箱、电柜里的积尘。

（3）月保养。每月对浆池、调色缸、中转缸的搅拌器和送粉线，喂料机的传动波箱加润滑一次。

（4）季保养。每季对球磨机大波箱、变速箱、两端的滚动轴承、制动器轴承加润滑一次，每季对各球传动带螺丝进行加固。

（5）年检。①喂料机的载板由于常年生产中的拉动、冲击会产生变形或损坏，年底停产后应进行校正或更换。喂料机的测重感应仪经过整年使用有可能失灵或计量不准，则在年检中需要对其误差值进行调校。在使用过程中磨损、变形、老化的喂料机的输送线皮带、托轴、轴承、滚筒等则应给予校正修补、焊接或者更换。②在年底检修时，将球磨机减速箱、主动轴承、起动变速箱、搅拌器传动波箱、输送线传动波箱等的原有润滑油全部废除、清理，重新更新，添加新的润滑脂。③浆池、浆罐、浆管、粉料台应进行冲洗疏通，对氧化剥落部分进行修补更换或层防护。④喷雾气热风炉受一年的高温加热，可能产生剥落、漏风或者温度不易稳定等不良性状，须全面铲除并重修保温层，对排风管、微粉管、沉浆池等区域常年的积垢做一次清除清理，校正更换常年使用中弯曲、变形、漏气的喷枪、高压管、喷嘴。⑤储油箱、油池等储存的油料用空后，清理常年的沉积物，以减少油垢结焦等问题。⑥打磨粉箱内壁，上防护漆，修补更换送粉线输送带，完善防护装置。⑦改进对生产运行产生阻碍的设备等。以上七个方面在年底检修时，都要全面彻底地进行，以保证来年生产的正常运行。

四、设备的维修

对设备进行维修，要遵守一个原则，即尽可能地提高设备利用率，延长其使用寿命。

（1）易损件的使用与更换。在生产实践中，有些设备往往使用寿命较短，更损频率高，比如振筛的筛网、柱塞泵磁针圈、导向套、浆管的碾阀等物件，而物件能否正常工作关系着产量和质量的好坏。如果在使用中，我们能够按规定使用这些物件，并加以妥善保管，小心保护，则可以尽可能地延长其使用寿命，达到物尽其用的目的。

（2）配件的更换。摆线针、链条、滚筒、带座轴承等，如果整件更换，浪费确实很大，因为设备中有很大部分仍是可用的，如果我们仅对其磨损件进行更换，比如更换轴、链卡、轴承内芯物件，则可大幅度地降低物耗。

（3）校正与校补。比如喂料机大轴、球磨机大轴等配件损坏后更换一条动辄几千上万元，若我们对常用磨损部位进行焊补，再精加工，达到结合部位的适合尺寸，则其加工费用最多不过几百元钱。

（4）整件更换。对于那些影响产品生产正常进行或者影响产品质量的损坏设备，即使损耗再大，我们也得整件更换，比如球磨机内衬和压机马达、波箱，但更换后的物件不能废弃不用，而要对其收集、修补、整理，在今后的生产中再投入使用，以达到提高利用率的目的。

第二节　原料车间的设备操作与维护

一、铲车的操作规程与养护要求

图 6-1　铲车

1. 铲车操作规程

本岗位员工在操作过程中按以下规程进行操作：

（1）检查车辆：①检查燃油、冷却水及润滑油情况；②检查行车、驻车制动可靠性；③检查空载时铲斗系统运行情况；④检查叉车检查内容中与铲车有关的内容。

（2）起步：①起步前观察四周，确认无妨碍行车安全的状况后，先鸣笛，后起步；②制动气压表读数须达到规定值方可起步；③起步时不得突然加速，应平稳起步。

（3）驾驶：①驾驶前取下前后车体安全连接杆，并妥善保管；②在坡道上行驶时，应使拖启动操纵杆处于接通位置，拖启动必须是正向行驶；③改变行驶方向及变换驱动操纵杆必须在车停后进行；④运载物料时，应保持动臂下铰点离地面 400mm 以上，不得将铲斗提升到最高位置运送物料。

（4）装卸作业：

①发动机的水温及润滑油温度达到规定值时方可进行全负荷作业，当水温、油温超过90℃时方可作业，否则会损坏发动机。

②禁止在前后车体形成角度时铲装货物。取货前，应使前后车体形成直线，对正并靠近货堆，同时使铲斗平行接触地面，然后取货。

③不准一边驾驶一边起升铲斗。

④铲斗铲装货物应均衡，不准装载偏重货物。

⑤铲车是用来进行装载及短途运输散装物料的车辆，禁止用铲斗进行挖掘作业。

⑥驾驶员离车前，应将铲斗放在地面，禁止驾驶员在铲斗悬空时离车。

⑦起升的铲斗下面严禁站人或进行检修作业，若必须在铲斗起升时检修车辆，应对铲斗采取支撑措施，并保证牢固可靠。

⑧禁止用铲斗举升人员从事高空作业。

⑨在架空管线下面作业，铲斗起升时应注意不要碰到上方的障碍物；在特高压输电线路下面作业时，铲斗还应与输电线路保持足够的安全距离。

⑩在为载重汽车倾卸物料过程中，铲斗前翻时不得刮碰车辆，卸载动作要缓和；在卸车作业时，应注意铲斗不要刮碰车厢；在推运或刮平作业中，应随时观察运行情况，发现车辆前进受阻时，应慎重操作，不得强行前进。

2. 铲车养护要求

铲车维护保养要根据装载机作业时间的长短、作业环境以及实际技术状况进行，还可对六级维护周期作适当调整。各级维护内容如下：

（1）日维护由驾驶员自行完成，每日开车前和收车后进行。其作业内容有：①检查发动机机油面，若低于油标尺刻线应加油，如高于油标尺刻线应找出油增多（被稀释）的原因；②检查燃油箱油面；③检查发动机、变矩器、液压泵及转向器的紧固、密封情况，以及是否有过热现象；④检查有无漏油、漏水、漏气、漏液、漏电等情况；⑤检查传动轴及万向节、各铰销等处的螺栓有无松动或损坏现象；⑥保持车容、车貌清洁，清除油污、泥土、杂物等；⑦检查整机各处有无异响、抖振等不正常现象。

（2）周维护由专业维修人员每周进行一次，除完成每日维护内容外，还要完成以下工作：①按规定的部位和规定的油（脂）的牌号加油；②清洗机油粗滤器、燃油粗滤器和空滤器滤芯；③检查并调整风扇、发电机传动皮带的松紧程度；④检查并添加喷油泵体内机油；⑤检查蓄电池电解液面和密度，电解液面应在极板上 10～15mm 处，不足应加蒸馏水；⑥检查并调整各踏板自由行程；⑦检查油门、驻车制动、变速器等的操纵杆有无卡滞、不灵活等现象。

（3）月维护由专业维修人员每月进行一次，除完成日、周维护作业内容外，还要完成以下工作：①清洗机油细滤器和燃油细滤器滤芯；②检查轮胎气压及磨损情况，气压为 0.27～0.39MPa（2.8～3.0kgf/cm^2），松软地面上作业时取下限；③检查车架、工作装置等受力较大部位的焊缝是否脱焊，有无裂开现象。

3. 轮式装载机变速箱的常见故障及原因

（1）挂挡时，不能顺利进入挡位。原因有：①压力阀压力过低；②液压泵工作不良，密封不好；③液压管路堵塞；④离合器密封圈损坏、泄露；⑤挂挡阀杆不到位。

（2）变速箱变速时，挡位脱不开。原因有：①离合器摩擦片烧毁；②活塞环胀死；③离合器回位弹簧失效或损坏；④回油管路堵塞。

（3）已挂上挡，但装载机运行乏力，甚至不能行走。原因有：①摩擦片磨损严重，间隙过大；②离合器自动倒空阀，密封不严，使压力下降；③换挡操纵阀管路堵塞；④切断阀不能回位；⑤变速阀定位弹簧疲劳或折断，钢球跳动；⑥离合器活塞环、密封圈磨损严重。

（4）操纵压力过低。原因有：①变速箱油底壳油量不足；②主油道漏油；③变速箱滤清器堵塞；④转向泵（或液压泵）损坏，造成严重内漏；⑤变速箱调压阀压力调整不当；⑥挂挡压力阀弹簧失效或折断。

（5）变速箱自动脱挡或乱挡。原因有：①换挡操纵阀定位装置失灵，引起失灵的主要原因是定位钢球磨损严重，或弹簧失效；②换挡操纵杆由于长期使用，杆的位置、长度发生变化，杆件比例不准确，使操作位置产生偏差，从而造成错位。

二、喂料机操作规程及养护要求

图6－2　喂料机

1. 喂料机操作规程

（1）喂料机顶装有报警灯，报警灯亮时，不论任何时候，任何操作人员严禁往喂料机内铲料或向机斗内扔任何物件，否则视为操作人员的失误，车间可视情况追究当事人的责任，而当灯亮又需要往斗内铲料时必须经球磨班长以上级别人员同意，经检查安全后由其直接在场指挥入料。

（2）操作人员要进入喂料机斗内操作或维修时，必须先按下喂料机边的报警灯按钮，保证报警灯有转动闪光报警后才进入斗内操作，而且在有条件的情况下应尽可能通知一起工作的人员注意外边的环境，以防万一。

（3）操作人员安排铲车铲料前，必须检查喂料秤显示器是否在零位，假如不在零位时应先检查斗内是否有存料并先清理存料，检查无剩料时按下显示屏复位按钮归零，再进行下一步的操作。

（4）球磨工经班长同意后，在喂料机顶的小黑板上写清楚铲料的品种和配方号，铲车司机根据黑板所写的品种进行铲料，全部料铲完后，球磨工将黑板上面所写的品种擦掉，开始上料入球。

（5）严禁未经班长同意乱挂黑板或乱写入料的品种，否则出现安排错误，影响生产的，要追究当事人的责任。当铲错料或安排出错时，必须第一时间通知球磨副主任进行处理，球磨副主任再向上级请示处理意见。

（6）每次上料完毕后喂料机操作工要检查喂料机斗，如有粘边的泥沙应全部铲落斗内送出入球，喂料机周边跌落的泥沙亦要全部铲入机内或直接铲上输送带至全部入球，喂料机读数显示恢复零时，才能进行下一步的操作。当喂料秤显示重量时多时少，变动范围较大或喂料机链条、波箱出现异常时，属于显示和电路部分损坏的要到电工值班室找电工处理，属于机械部分损坏的找跟班机修处理，假如直接看到损坏比较严重的要第一时间通知球磨副主任处理。

（7）有关铲车铲料和入料及输送带使用要求请参看《铲车操作规程》和《输送入料操作规程》。

（8）喂料机操作人员要协助车间监督好铲车司机的工作情况，对破碎泥块超出车间规定时间影响入料速度的，要敢于指出并向上级反映。

（9）操作人员入料时要勤于检查链板及切泥刀的工作情况，遇到故障时要停机处理，否则造成设备损坏而影响生产的，要追究责任。

（10）入料时喂料机操作员绝不允许离开喂料机，不允许在无人看管喂料机的情况下上料。

（11）保证上班 8 小时内的卫生合格，在车间指定地点存放清洁工具。

2. 喂料机养护要求

传动机构：

（1）检查主传动减速器是否紧固、连接件是否松动、减速器内润滑油量是否符合要求等情况。

（2）检查传动齿轮啮合情况，应平稳无噪声，要每周加润滑脂。

（3）检查皮带位是否正常。

破碎机构：

（1）检查破碎减速器安装螺栓是否松动、减速器内润滑油量是否符合要求、减速器运转是否平稳。

（2）传动链条应适当润滑，传动轴承应每周加一次润滑脂。

（3）破碎装置应无弯曲、变形、断裂。

专用地磅：

（1）检查传动齿轮、杠杆、簧片是否变形，表盘传动指示部位应每周加润滑油。

（2）检查计量是否准确，若误差较大应及时通知设备科处理。

（3）地磅下部各刀口部位应保持清洁，防止泥沙塞死造成计量失准，检查吊环状态，若发现裂纹、断裂应立即修复，并重新审核计量准确性。

（4）保证电器各控制按钮齐全有效，接线无松脱、绝缘良好。

三、球磨机输送带（喷雾干燥塔送料带、粉箱压机上料带）操作规程及养护要求

1. 球磨机输送带操作规程

图6－3　球磨机输送带

（1）开机前检查：①电机及线路是否正常，机械地脚螺栓是否松动；②润滑油量是否正常；③皮带机的安全防护装置是否完备好用，皮带机的安全防护装置即开机警示铃、急停拉绳开关、头尾轮安全罩及联轴器防护罩等是否正常；④皮带机上是否有人和其他杂物，机旁是否有修理人员作业等。

（2）启动注意事项：①经检查确认无问题时才能发出开机指令；②操作工在接到开机指令后，要按响三声警示铃后方能按启动按钮，开启皮带机（特别注意：任何人在未接到开机指令前不得擅自开机）；③多条皮带串联时，开机顺序为从卸料端至上料端依次开启；④开动以后，先空料运行1～2分钟，经检查各部分正常后，才可以上料带负荷运行；⑤往皮带机上加料一定要均匀，防止加料过多，压停皮带，影响机械安全运转。

（3）开机后巡视：①皮带机运行以后，操作人员必须集中精力坚守岗位，看管皮带的人员要经常沿线巡视，发现问题及时汇报或解决；②运行中如发现皮带跑偏、打滑、乱跳等异常现象时，应及时调整；③经常检查电气设备的接地保护和绝缘情况，要经常用仪表检查电动机，并定期保养；④皮带机架必须连接牢固，不能有裂纹、变形或异常声响。

（4）运行中禁止事项：

①机械运行中，严禁任何人跨越皮带行走，不管皮带运行与否，禁止跨越皮带或站在皮带上，严禁乘坐皮带、在皮带上睡觉等。

②皮带打滑时严禁往转轮和皮带间塞东西。

③皮带松紧度不合适时要及时调整拉紧装置，处理皮带跑偏时禁止用工具通过撬皮带的方式解决。

④皮带运行时，禁止用工具接皮带机头尾轮皮带间的漏料。

⑤头尾轮与皮带间夹有异物时，严禁运行中拿取，皮带运行时严禁清理各导向滚筒上黏附的积料。

⑥禁止戴手套触摸运行中的托辊以及其他运动部件。

⑦在运行中严禁重车停机（紧急事故除外）；如果突然停电，应立即将拉绳开关拉上。

（5）停机注意事项：①停机时要首先停止给料，待皮带机上的物料全部卸完后，才能发出停机指令；②多条皮带串联时，停机顺序为从上料端至卸料端依次停机；③停机后在检查机械各部时，必须做好清洁工作，并认真填写台班运行记录，把当班的情况向下一班交代清楚。

2. 球磨机输送带养护要求

通过擦拭、清扫、润滑、调整等一般方法对设备进行护理，以维持和保护设备建筑机械性能和技术状况，称为设备维护保养。设备维护保养的要求主要有四项：

（1）清洁。设备内外整洁，各滑动面、丝杠、齿条、齿轮箱、油孔等处无油污，各部位不漏油、不漏气，设备周围的切屑、杂物、脏物要清扫干净。

（2）整齐。工具、附件、工件（产品）要放置整齐，管道、线路要有条理。

（3）润滑良好。按时加油或换油，不断油，无干摩擦现象，油压正常，油标明亮，油路畅通，油质符合要求，油枪、油杯、油毡清洁。

（4）安全。遵守安全操作规程，不超负荷使用设备，设备安全防护装置齐全可靠，无不安全因素。

设备的日常维护保养，一般有日保养和周机械加工保养，又称日例保和周例保。

日例保：日例保由设备操作工人当班进行，要求认真做到班前四件事、班中五注意和班后四件事。

（1）班前四件事：消化图样资料，检查交接班记录；擦拭机械加工设备，按规定润滑加油；检查手柄位置和手动运转部位是否正确、灵活，安全装置是否可靠；低速运转检查传动是否正常，润滑、冷却是否畅通。

（2）班中五注意：注意运转声音，注意设备温度，注意压力、液位、电液压机械气、液压、气压系统，注意仪表信号，注意安全保险是否正常。

（3）班后四件事：关闭开关，所有手柄放到零位；清除铁屑、脏物，擦净设备导轨面和滑动面上的油污，并加油；清扫工作场地，整理附件、工具；填写交接班记录和运转台时记录，办理交接班手续。

周例保：周例保由设备操作工人在每周末进行，一般设备保养时间为 2 小时。

（1）外观：擦净设备导轨、各传动化工机械部位及外露部分，清扫工作场地。达到内外洁净无死角、无锈蚀，周围环境整洁。

（2）操纵传动检查各部位的技术状况，紧固松动部位，调整配合间隙。检查互锁、保险装置。达到传动声音正常、安全可靠。

（3）液压润滑：清洗油线、防尘毡、滤油器，添加油或换油。检查液压系统，达到油质清洁，油路畅通，无渗漏，无研伤。

擦拭电动机、蛇皮管表面，检查绝缘、接地，洗涤机械，使之完整、清洁、可靠。

四、球磨机操作规程及养护要求

图 6－4　球磨机

1．球磨机操作规程

（1）开机前点检工作：①检查楼面安全盖板是否盖好；②检查球盖是否盖好；③检查球磨机前后安全防护链条是否挂好；④检查耦合器梅花胶垫是否完好；⑤检查球磨四周是否有人在工作，有无障碍物；⑥检查电源电压是否在 380±5V 的范围内；⑦检查三角带有无翻/侧转或过于松动。以上项目检查完毕，确认正常，才能开机。

（2）开机操作：①把电柜上的转换开关拧到辅助电机位置，按下辅助电机正转按钮，启动辅助电机，使筒体正转，同时观察球口螺丝是否紧固，有无漏水现象（如发现异常要立即停机处理）；②正转 3 圈后将转换开关拧到中间“停机”位置停机，按下球磨机制动线圈触点，此时球磨机筒体在其重心力的作用下自动运行、摆动，待摆动停止后，放开制动线圈触点，扳动离合器拨叉扳开离合器；③将控制柜上的转换开关拧到“主机”位置，按下主机启动按钮，主机开始运转。

（3）开机后注意事项：①注意刚开机时运行是否正常，有无异常噪声和振动；②注意电流是否正常（正常运转时电流不得超过 150A）；③正常情况下，开机后观察 5 分钟，确认正常后才能离开，如发现异常要立即停机处理。

（4）停机操作：①当球磨机运行到规定时间需要停机时，按下控制柜上的“停机”按钮即可停机；②当球磨机出现故障需要停机时，按下控制柜上的“停机”按钮停机，停机后要及时记录好停机时间；③再次开机时同样要及时记录好再次开机时间，停机时间长则按正常开机顺序开机，停机时间短则直接开主机启动球磨机即可。

（5）放浆定球位操作：①停机后合上离合器，启动辅助电机，将球磨机小球盖转到正上方，停辅助电机，将转换开关拧到中间“停机”位置；②把要安装放浆阀的小球盖螺丝拧松，排出球磨机筒体内高压气体；③待筒体内高压气体排完后，拆开小球盖，安装上清理干净的放浆阀，关闭好阀门；④启动辅助电机，正转 125，再反转 35，打开球盖，安装好放浆管/除铁槽，检查除铁槽出口是否对准指定的放浆池口，确认无误后，打开放浆阀门放浆，浆料放完后，拆开放浆管，关闭放浆阀，将除铁槽清洗干净并摆放好。

（6）设备运行点检项目：电压是否在 380 ± 5V 范围内；电流是否超出 150A；机台有无异常振动和噪声；球口有无漏浆现象；球口螺丝有无滑落现象。

2. 球磨机养护要求

（1）传动部分。

①检查、紧固所有连接螺栓，传动轴与筒体平行调节螺栓应保持适当润滑，锁紧螺母应无松动。

②检查减速箱传动情况，要求平稳没有冲击异音，油量符合要求（在标尺刻度线范围内），上、下箱体接合部密封良好，没有明显滴油，若漏油严重应解体处理。

③检查液力耦合器工作情况，要求平稳无噪声，无漏油，油量为容积的 60% ~80%，每年换一次油。液力耦合器与马达半联轴器应啮合良好，弹性胶块应完好。

④检查刹车制动器闸瓦衬垫是否完好，磨损应大于原厚度的 40%，制动架各连接转动部位应每月加一次润滑脂。销套配合间隙不大于 1mm，若磨损过大应更换或修复。制动电磁铁应调整适当，刹车有效，分离时闸瓦衬垫与制动轮间应无摩擦。

⑤筒体正常运转情况下，筒体主轴承应平稳无异音，每季打开端盖检查润滑情况，每半年换一次钙基润滑脂，加入时应为容积的 60% ~70%，筒体两端轴承座螺栓应紧固。经常检查筒体内石衬（胶衬）磨损情况，确定局部无脱落，石衬磨损剩余量应不小于 50mm。

⑥皮带应保持适当张紧力，表面应无油渍、污物。

⑦电机连接螺栓应紧固，安装水平应与液力耦合器保持一致，每半年测一次，绝缘电阻应大于 0.5 兆欧，电机运转应平稳，温升应不超过 70℃。

⑧各按钮开关应动作可靠、灵敏，连接线可靠，绝缘良好。

（2）维护、保养细则。

①保持机台清洁，筒体清洁、无积尘，减速机无漏油、不缺油，主、副电机运转时散热良好。

②球磨机运转时保证电压在 380 ± 5V 的范围内，否则主机不能启动。

③要保持三角带干燥清洁，不得有水、油等介质，三角带运行一段时间拉松动后要调紧。

④耦合器用 46 号优质抗磨液压油或 32 号透平油，加注量为耦合器内容积的 70%，6 个月过滤一次，变质要及时更换，缺油要补加。

⑤大减速机用 90 号抗磨齿轮油润滑，加注量在油标线上（浸没减速机内大齿轮 4 ~ 6cm），3 个月检查一次，缺油要补加，变质要更换。

⑥小减速机用 T30 号机械油润滑，加注量在油标线上（浸没减速机内大齿轮 2 ~ 4cm），3 个月检查一次，缺油要补加，变质要更换。

⑦坑带轮两端轴承用 3 号二硫化钼锂基脂润滑，2 个月补加一次。

⑧筒体两端大轴承用 3 号二硫化钼锂基脂润滑，3 个月补加一次，加注量为轴承内容积的 70% ~80%。

⑨主、副电机两端轴承用3号二硫化钼锂基脂润滑，一年补加一次，加注量为轴承内容积的70% ~80%。

⑩离合器用废机械油润滑，每星期用长嘴油壶加一次油。

⑪球口螺丝用废机械油润滑，每次拆螺丝时用长嘴油壶加一次油。

⑫每年用水平管校验筒体两端、减速机四角水平一次，发现异常立即调整。

⑬刹车调节要适当，不宜过紧。

⑭保持主、副电机和制动线圈干燥及通风良好。

⑮每次调节三角带后，调节螺杆上要抹一层润滑脂，并用PV薄膜包扎好以防螺杆生锈。

（3）球磨机常见故障原因及处理方法。

表6-1　球磨机常见故障原因及处理方法

序号	故障现象	可能原因	处理方法
1	电机不能启动	①电源未接通；②熔丝烧断；③过电流继电器调得太小；④负载过大；⑤控制设备接线错误	①检查开关、熔丝、各触点及电动机引出线头，将故障查出修理；②查出烧断原因，排除故障，然后按规格配上熔丝；③适当调高继电器电流；④加浆；⑤纠正
2	电动机带负载运转时转速低于额定值	①电源电压过低；②绕线式转子一相断路；③负载过大	①用电压表、万用表检查电动机输入端电源电压；②用检验灯、万用表等检查断路处，排除故障；③减轻负载，调整进料数量
3	球磨机运行时转速太慢、负载大	①耦合器内缺少油；②耦合器内油过量	①适当增加液压油；②适当减少液压油
4	接地失灵，电机外壳带电	①电源线与接地线搞错；②电动机绕组受潮、绝缘老化或引出线与接线盒碰壳	①纠正接线；②干燥处理电动机绕组，绝缘老化要更换线组，整理接地线
5	电机运转时声音不正常	①定子与转子相擦，轴承走内圆或外圆；②电动机在缺相下运转；③转子风叶碰壳；④轴承缺油	①更换转轴、轴承、端盖，锉除转子硅钢片擦出部分；②检查开关及触点，排除故障；③校正风叶，拧紧风叶罩螺丝；④清洗轴承加新油（3号二硫化钼锂基脂），加注量控制在轴承内容积的65% ~70%
6	筒体运转时两端大轴承声音异常	①轴承走内圆或外圆；②轴承缺油；③轴承损坏	①维修轴头、轴承座；②加注新油；③更换轴承
7	电动机减速振动	①轴头弯曲；②紧固螺丝松动；③轴承损坏	①校正或更换转轴；②收紧螺丝；③查出并更换损坏部位轴承
8	减速机漏油	①加油过量；②密封件损坏	①放出多余的油；②更换密封件

（续上表）

序号	故障现象	可能原因	处理方法
9	三角带打滑，难启动	①三角带过松；②球磨筒体内空位太大，物料太少；③球磨好后停机时间太长，浆料在球内沉淀；④料、水配比不对，水量不够	①调紧三角带；②调整配料量，加球石；③加入相同的浆料直至加满磨筒体内位，然后加盖开机；④打开球盖，补加水
10	放浆时筒体随重心转动	①刹车老化；②刹车太松；③放浆前未定好球位	①更换刹车片；②调紧刹车；③放浆前按操作规范定好球位
11	球口漏浆	①球口螺丝未拧紧；②球口密封圈老化、损坏；③球口盖盖上前未清理干净，边缘有杂物	①停球拧紧螺丝再开机；②更换密封圈；③拆下球盖，清理干净球口边缘再盖好
12	三角带侧翻转	三角带变形、拉长	校正

五、电动葫芦（吊机）操作规程

有下列任何一种情况的不应进行操作：

（1）超载或物体重量不清，吊拔埋置物或斜拉、斜吊等。

（2）电动葫芦有影响安全工作的缺陷或损伤，如制动器、限位器失灵，吊钩螺母防松装置损坏，钢丝绳损伤达到报废标准等。

（3）捆绑吊挂不牢或不平衡而可能滑动，重物棱角处与钢丝绳之间未加衬垫等。

（4）作业地点昏暗，无法看清场地和被吊物。

（5）起吊物品为熔化金属及有毒、易燃、易爆物品。

（6）起吊球磨机球盖未松齐所有螺丝。

作业守则：

（1）每天作业前应按以下要求作日常检查。

①在操作者步行范围内应无障碍物。

②从地面观察轨道上不应有异物。

③按钮装置在吊钩起升、下降、左右运行时动作应灵敏、准确；同时按动一组按钮电动葫芦不得动作。

④限位器在空载吊钩上升至极限位置时限位应准确可靠。

⑤吊钩装置在圆周 360°与垂直 180°范围内应转动灵活，滑轮转动时无卡阻和碰擦，吊钩螺母防松装置无异常，钩口闭锁装置正常。

⑥按钢丝绳的报废标准检查钢丝绳。

⑦制动器在起升、下降及运行的制动应灵敏可靠。

⑧导绳器及其他安全装置动作正常、安全可靠。

（2）不得利用限位器停车，不得在吊起重物时调整制动器，进行检查和维护。

（3）达到额定载荷时，应先作小高度短行程试吊再以最小高度吊运。吊重运行时不得从人的上方通过。

（4）不得拆改电动葫芦的安全装置。

（5）使用中如有异常响声，应先停车、后检查，排除故障后再开车。

（6）电动葫芦处于工作状态时不许进行保养和维修。

（7）电动葫芦出现故障应及时上报。

（8）建立档案，做好日常使用、保养、维修等情况记录。

钢丝绳的报废标准：钢丝绳发生密集断丝或有一绳股断裂时应予以报废，并及时更换新绳。

六、浆池搅拌器操作规程

（1）开机前检查所有电路电压是否与摆线针电机所标额定电压相符，起动电压的误差不能超过电机额定电压的10%。

（2）开机前检查冷却油路是否畅通，各个加油点是否加足相应的润滑油：摆钱针推荐用90号极压工业齿轮油，在重负载或环境温度较高的场合下运行时，宜采用120～150号极压工业齿轮油，在较轻负载下运行时可用45～50号机械油。产品出厂时，摆线针都未注润滑油，使用前务必按规定加足润滑油，且第一次加油跑合运转1～2周后即更换新油，并将润滑油污冲洗干净，以后连续使用，每半年更换一次。加润滑油时应在减速电机停机时进行，油面不应超过油镜、油标的警示线或油位计中部。禁止在搅拌机运转时加油，因为运转时加油难以掌握加油量的多少，若加油稍多，会有搅拌热产生，使油的温度升高，不利于润滑。若加油太多导致溢流孔堵塞，不能把过多的油及时排出，会缩短电机的寿命。

（3）使用前应先抽开减速箱体侧门，向箱体内充加10～15kg 4号钙基润滑脂，以后在运行中也要定期添加润滑脂，以免大、小齿轮烧坏。

（4）加料前先开机空转5分钟，观察运转是否正常，如有较剧烈的震动及较明显的噪声，则不得开机加料，应通知厂家检查排除故障，待故障排除后才能开机运转；加料时应先开机后加料，然后边开机边加料，绝不可等浆池加满了才开机。

（5）在停电或换电的时候更应该注意搅拌机的使用安全。如停电时间不长，浆还未沉结，搅拌机已停止运转，这时不能一下将搅拌机起动，应采取点动的方式慢慢起动搅拌机，多点动几次，直到浆液有了一定的初速度再按下按钮正式开机。如停电时间长，浆液有沉结现象，则应先用气泵伸入池底将沉结物化开，然后采用点动的方式慢慢起动搅拌机，多点动几次，直到浆液有了一定的初速度再按下按钮正式开机。

警告：在浆池有浆的情况下，搅拌机应连续工作，不能一停一开，以免损坏搅拌机，为了保证搅拌机轴承座的使用安全，浆池加料液面不宜太高，至少离池顶360mm，以免泥浆损坏油封及轴承。

七、链排式煤粉热风炉操作规程

图 6－5　链排式煤粉热风炉

（1）概述：链排式煤粉热风炉以颗粒直径小于 25mm 的小煤块和粉状散煤为燃料，它们直接进入炉内，所产生的热风经旋风除尘后进入喷雾干燥塔。该炉吸收燃煤的特征，煤层均匀，逐步燃烧，具有热效率高、温度控制稳定、操作简便等特点。

（2）结构说明：链排式煤粉热风炉由炉体、加煤斗、流煤斗、送煤机构、配风机构、除尘系统和控制箱七部分组成。

炉体：炉体是主要组成部分，整体结构采用 Q235 钢焊接而成，坚固耐用，结构合理；燃烧室筑于炉体内，采用独特的人字形炉体，加之二次吸风助燃，升温快，密封性好；采用高质量耐火材料砌筑，耐高温，不易崩塌或燃裂。

加煤斗：采用爬式加料机，平稳、安全、可靠。

流煤斗：具有煤仓的作用，同时也具有控制煤层厚度的作用，内装有煤闸板，通过煤闸板的升降来控制煤层厚度。

送煤机构：采用原锅炉连排运转装置，具有运转平稳、可靠、故障率低、耐高温等特点，并配以调整装置，使用煤层均匀，速度可调，既保证了燃烧所需煤量又保证了煤层的充分燃烧，使燃烧值达到最佳状态。

配风机构：风机的风量采用变频控制，各风口都有各自独立的调风装置，使风量配比达到最佳状态。

除尘系统：采用旋风除尘器将高温气流中的粉尘分离出来。

控制箱：其中包括温度调控、风量调控、链排速度调控装置，使整套设备在程序化下运行。

（3）开机点火程序：

①先检查各设备是否处于良好运行状态。先打开闸板、冷却水，为煤斗加好煤，从小到大调整煤闸板使煤层逐渐增厚。

②煤层厚度增至 60 ~ 80mm 后，先走到燃烧带，用带油的木材引火，待煤层着火后开引风机；温度上升后再开助燃风机和链排减速机。

③根据塔的产量、塔的进风要求及煤质好坏，在 20 ~ 80mm 范围内对煤层厚度作适当调整。

（4）关机：

①停塔后，如下次开机在 4 小时以内，可将引风机、助燃风机关闭，保留残煤，下次可直接开机。

②如停塔时间超过 4 小时，则直接停下引风机、助燃风机和炉排减速机，将残煤排干净即可。

（5）操作要点：

①点火：开机时必须打开煤闸板冷却水，否则煤闸板会烧坏。

②炉两侧拉手的上层为助燃风门调整闸板，下层为排灰闸板，排灰闸板每间隔 2 ~ 3 小时抽动一次，以防助燃风道阻塞。

③润滑：炉排前后两根轴的黄油杯，每周应加注一次黄油，以防轴瓦处缺油而卡死，还应检查各部位的润滑情况。

④煤块直径不得大于 25mm，如有大块的煤块，会在闸板处卡住，导致煤层不均匀，应及时分拣出来。

⑤炉排减速箱大弹簧为过载和炉排卡死时的保护装置，一经调好，一般不再做调整，否则会导致因保护失败而毁坏设备。

⑥炉排如出现打滑现象，要调整前面两个大螺丝，不要关减速机，以免炉排烧坏或后轴螺丝拉紧。

⑦经常检查长销，防止使用不当造成断销和炉排跑偏。

⑧炉排助燃风机每周在运行中要清理一次。

⑨正常运行一个月后就要检查链排孔是否堵塞。

（6）使用说明：依照操作规范对炉子进行全方位检查，确认无误才能启动运行。

①对煤堆内的煤进行分筛，将大于 30mm 的大块煤和一些大块的石头等杂物一并捡出来，最好不用小于 3mm 的煤粉，如果要用，其加入量不得超过 30%。

②在煤中加入一定量的水，一般为 8% ~ 12%，并搅拌均匀，以保证煤充分氧化、燃烧以及避免扬尘作用。

③一个煤层厚度一般为 100mm 左右，链排速度为每分钟 500 转。

④前后两个风道不要完全打开，呈半开状态，其余四个风道全部打开，根据炉内火苗状况减小或增大各风口风量。

⑤根据出渣口渣子的状况和炉内温度的高低做以下调整：

当出渣口内没有燃烧尽的煤，但炉温还可以，说明链排速度太快，可将其速度减慢，也可能是煤层太厚，可使煤层厚度减薄。

如果炉温不高，煤也没有燃烧完，可增加风量，也就是增加风机的频率数，降低链排速度。

如果炉温不高，且煤的燃烧也完全，这时只需增加煤层厚度即可。

这样经过几个反复，确定比较合理的风量、链排速度、煤层厚度，将这些参数作为标准稳定下来，以保证炉子正常运行。

八、水煤浆炉操作规程

由于水煤浆炉的点火操作与原先烧奥里油或重油的点火操作不同，而且操作不当或保养不当将直接影响生产和人身安全，现特制定水煤浆炉的操作规程，具体操作如下：

1. 点火前的检查

（1）检查下灰器的冷却水是否放满。

（2）检查 2 号水煤浆中转缸和储存罐的浆料是否足够，管道是否堵塞，泵浆泵能否正常泵浆。

（3）检查柴油管、气管道是否完好，保持气体的压力在 0.4 ~0.5MPa。

（4）关闭排气阀，打开水煤浆中转缸浆阀和回流阀，启动螺杆泵，以低速运行检查水煤浆回流管有无回浆，有则表明输浆管道畅通。

2. 点火步骤

（1）启动引风机，将开关打到洗塔的位置，打开塔门，让热风炉内保持微负压（注意：这一点很关键，负压为 0 就点火，极易发生危险；负压太大则不利于点火）。

（2）把其中一支枪的高压管切换成接柴油管，启动柴油泵，将柴油管的回油阀关一半或以上，让柴油的压力保持在 0.4 ~0.5MPa。

（3）把火把放在柴油枪的正下方，先略开一点气阀，然后慢慢地打开柴油阀，点火成功后视火焰的燃烧情况来调节气阀和柴油阀，若有黑烟则表明气压不够，若火太白则表明气压太大；正常的火焰为黄色且带有点红色，而且火焰以顺时针方向旋转到对面油枪的位置。

（4）待炉膛温度上升到 300℃时，将水煤浆的回流阀关闭 4/5 左右，保持水煤浆的压力在 0.4 ~0.5MPa；压力稳定之后即可从柴油枪开始以顺时针的方向逐步加开水煤浆枪，开枪的操作和开柴油枪的操作是一样的（注意：时间大约隔 1 分钟，并且渐渐地关小回流阀，让水煤浆的压力保持在 0.4 ~0.5MPa，直至完全关闭）。

说明：水煤浆的燃烧是否良好取决于它的雾化程度，所以气体和浆料的配比很重要。气开得过大，水煤浆喷不出来；气开得过小，水煤浆雾化不了，浆料成线状打在耐火砖上，形成积炭，时间长了使得炉膛内的燃烧容积变小。

（5）水煤浆枪开齐之后，炉膛温度上升到约 1 000℃时，立即把柴油枪切换成水煤浆枪。

（6）引风机的开关打到开塔的位置，炉膛温度在 1 000℃左右时，启动助燃风机。把柴油回流阀打开，停柴油泵，并观察火焰，当火的色泽偏暗时，应调高水煤浆压，直到火焰透亮（注意：①调浆压时动作不宜太大，应微调；②观察火焰时应斜视，避免火焰往外喷伤人)。

(7) 塔顶的温度达到所需的温度时，即可上浆喷料（注意：正常生产时炉膛温度不得低于1 000℃，否则极易发生熄火，影响生产)。

3. 停炉步骤

(1) 关掉中转缸的出浆阀，然后马上放水进螺杆泵（注意：动作一定要连贯，如果螺杆泵在运行时管道中无介质，里面的螺杆极易损坏)。

(2) 水煤浆枪喷出的浆水分很大的时候（枪火会自动熄灭)，将水煤浆枪全部取出来插到排污管里，把污水排入下灰器沉淀。

(3) 水煤浆枪喷出的水接近清水的时候，先把螺杆泵的调速器复零位后再按停泵按钮。

(4) 打开排气阀和回流阀，让管道内的水排空。

附一：水煤浆制作与检测规程

1. 制作

(1) 检查喂料机易磨损部位的情况，如大、小托轮和销有无脱落、移位，磨损是否严重，链板有无压弯、变形等情况，如有异常，应通知当班班长或机修进行处理。

(2) 当喂料机内有人工作时，必须挂上醒目的安全标识牌，防止铲车进料而出现安全事故。

(3) 在维修好后，将喂料机显示屏设置为0并通知铲车间可以配料。

(4) 喂料机运行过程中，继续观察各大、小销和托轮有无移位、脱出的现象，以防止拉坏链板。

(5) 在入料过程中，应将原料里的杂物清理干净，然后再放进球内。

(6) 检查煤粉检测的内水所求出要加的酚水量，在流量表上设定好参数。

(7) 一边进煤粉一边加水，同时注意粉料、酚水，严禁两者落到球身及地面。

(8) 根据水煤浆的工艺要求加入适当的添加剂。

(9) 进球完毕时检查球内是否有杂物，确认完好后系好安全带，把球盖严密紧封。

(10) 根据球磨时间作好开机停机记录。

(11) 先启动副机运行3～5分钟后停止，再启动主机投入正常运转；球磨时间完成后，先安全排放球内的气压，再打开大盖，取样化验。

(12) 根据化验结果添加各种原料进行返球并作好一切记录，如一次性合格则直接将浆料放入浆池；放浆前，量好浆面空高、浆池空高。

(13) 放浆后量出球石高空，根据球石空高增加适当球石、池空高，泵浆前、后都要量出浆池空高，并做好记录。

2. 检测

流速检测：用小勺子搅拌要检测的煤浆，用左手手指封住流速杯的排放口再将煤浆倒入流速杯内，右手握秒表，在松开左手手指的同时，按下秒表，煤浆流尽后迅速关闭秒表，记录数据。

水分检测：

（1）先将恒温烘干箱升温，使温度恒定在140℃～150℃。

（2）将检测用不锈钢碟擦干净，称取其重量记录为Ag。

（3）取水煤浆样，充分搅均匀后称取20g放入钢碟中，称取总重为Bg。

（4）将盛浆料的钢碟放入烘箱中间层烘干。

（5）30分钟左右后，将玻璃片放在碟上，观察有无雾水，当无雾水时称取重量（连钢碟）为Cg。

计算公式：水分（%）=［$(A-B)/(A-C)$］×100%

筛余检测：

（1）取200目标准分样筛，称取重量Ag。

（2）将水煤浆搅均匀后，称取100g倒入200目标准筛内，用水冲洗，直到水变清为止。

（3）用干布或毛巾将筛网周边表面的水擦干净之后称重Bg。

计算公式：筛余（%）=B/A

加水量计算公式：

（1）第一次加水量=固定煤粉量×（100%－内水分%）/标准浓度%－固定煤粉量。

（2）第二次加水量=（固定煤粉量+第一次加水量）×求出的浓度%/标准浓度%－（固定煤粉量+第二次加水量）。

表6－2　检验项目及工艺要求

检验项目	工艺要求
水分	49%～50%
筛余	≤10%
流速	45～65秒

注：当煤浆筛余、流速合格，但水分小于49%时，可作合格浆料使用。

附二：水煤浆螺杆泵操作规程

1. 开机

（1）先检查各相关阀门是否处于开机前的状态；调速表旋钮应在最小的位置，调速表开关应处在关（OFF）的位置。

（2）打开螺杆泵电机电源开关，将其置于开（ON）的位置。

（3）打开调速表电源开关，将其置于开（ON）的位置。

（4）顺时针缓缓旋动调速旋钮，将转速调至300转，慢慢关小回浆阀，将压力调至0.5MPa左右。

（5）开始逐支投用水煤浆喷枪。

（6）所有水煤浆喷枪都投入使用后，关闭上回浆阀（目的是降低螺杆泵的转速，延长泵的使用寿命），根据炉膛燃烧情况重新调整整定压力。

2. 停机

（1）先逆时针旋转调速旋钮，使转速降低到零，然后关闭调速表电源。

（2）将泵的电机电源旋至关（OFF）的位置。

3. 注意事项

（1）每次停泵后必须用清水冲洗泵体，以防止水煤浆沉淀而导致下次开泵时对泵造成损坏。

（2）当压力出现波动时，检查螺杆泵的定子与转子是否磨损严重，如磨损严重，则更换即可。转子的寿命为4~6个月，定子的寿命为2~3个月。

九、煤气热风炉操作规程

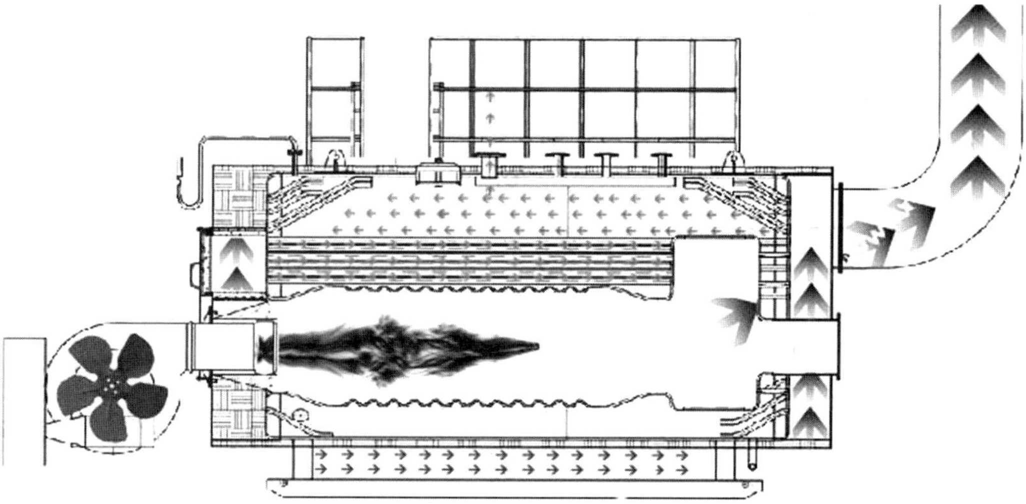

图6-6 煤气热风炉

1. 点火前必要的检查工作

（1）提前10分钟通知煤气站班长稳定煤气压力。

（2）检查煤气枪前阀门及点火阀门是否处于关闭状态。

（3）将手动抽空排气阀门关闭。

（4）检查电磁总阀的自动气压开关，将压力是否保持在0.6~0.7MPa，如压力表无压力，将气压调节到要求的状态范围内；检查电磁总阀煤气管道的后段压力表，看煤气压力是否稳定。

2. 点火步骤

（1）启动引风机，打开塔门，让煤气炉内微负压。需要特别注意两点：其一，负压为零时就点火，极易发生煤气炉爆炸，严重者会危及人身安全；其二，负压过大时不容易点火。

（2）启动电磁阀总开关电源后，检查煤气表是否有煤气过，并且煤气的压力保持在正常生产的 0.8MPa 左右。

（3）拿起点火枪后，将阀门慢速打开少许，用打火机点燃后再加大些煤气量，然后置放到离煤气炉口 10～15cm 距离处，熄掉点火枪的火，并将点火枪挂放好。

（4）待燃气炉的温度达到 1 000℃时，将塔门关闭，并且加大煤气量。

（5）待塔顶温度达到正常喷料的 500℃即上水 10 分钟后上浆。

（6）上浆喷料后，检查塔内喷枪雾化情况，根据实际情况调整温度，直至粉料水分达到工艺标准。

3. 停塔的操作步骤

（1）停塔前，要提前 10 分钟通知煤气站班长，做好煤气减压的准备工作。

（2）停塔时先将总电磁阀关闭，并且关闭煤气的手动总阀，迅速打开排空阀，将剩余的煤气排走，整个过程必须连贯，否则会造成回火而爆炸。

（3）待抽空热风炉中煤气后，才能关闭引风机，并且将两个塔门打开散热。

（4）停塔后将所有的主气阀全部关闭，包括过滤缸的进气阀门。过滤缸必须每 10 天进行一次排水和排焦油。

十、喷雾干燥塔操作规程及维护保养

相关设备：柱塞泵、喷枪、煤气管道、闸阀、热风炉、中转缸、色浆罐、粉料振筛、排风机、输送带、粉料仓、湿式除尘器。

1. 开塔前点检准备工作

（1）检查气压是否正常，气路是否畅通。

（2）检查中转缸内浆料存量，看上面的空位是否控制在 0.5 ±0.2m 范围内。

（3）检查喷枪喷片孔径是否符合生产工艺要求，喷枪、喷头有无生锈现象，并按相关要求进行调整。

（4）检查粉料输送系统防污工作是否做好及粉料仓清洁状况等。

（5）安装好喷枪，检查喷枪角度是否符合生产要求；检查烧嘴内有无结焦结碳现象。

（6）检查热风炉配风闸内是否清洁。

（7）如果是转换产品，要检查本工序所有设备清洁状况是否符合生产工艺要求，以免产生色脏；如果是生产色料，要检查色浆罐浆料与生产指令是否吻合；检查相关记录，看柱塞泵、排风机、粉料振筛是否完好；备好点火用的火机和火把。

2. 开塔

（1）控制煤气管道上阀门，看压力表和热风炉温度。

（2）打开尘降室淋水阀，调节好流量；打开排风机冷却水阀，调节好流量。

（3）拉开一扇塔门，启动排风机，调好风闸。

（4）将火把点燃，待火烧得最猛时放到热风炉烧嘴口处，慢慢打开烧嘴阀门，此时热风炉内着火，调节好煤气流量。

（5）调节好热风炉配风闸。

（6）调节好节能素水流量；待热风炉内温度达到800℃时，关闭塔门，将塔门、缝、喷枪孔用碎布密封，杜绝冷空气进入塔内。

（7）调节好热风炉、配风闸、排风机闸，待热风炉温度升到1 150℃以上，塔顶温度升到550℃以上，塔中温度升到350℃以上时打开柱塞泵进水阀和柱塞泵到喷枪的控制阀门，启动柱塞泵，待柱塞泵压力升到1MPa时，停柱塞泵，关闭柱塞泵进水阀，打开中转缸到柱塞泵输浆管道上的阀门，再启动柱塞泵至压力升到1MPa时，停机约40秒钟后再启动柱塞泵，如此反复启动8次，才能正常开机喷料。

（8）洗塔后开塔。

（9）打开柱塞泵进水阀，启动柱塞泵，待塔口冲出清水后关闭柱塞泵和进水阀，打开柱塞泵排水阀。待柱塞泵排水阀无水排出时，关闭柱塞泵排水阀，打开柱塞泵进浆阀，启动柱塞泵压浆喷料。

（10）启动塔口第二条带至料仓口输送带正转，待目测粉料质量与生产工艺相吻合后，装上塔口粉料振筛网，启动塔口振筛，将不合格粉料振落，启动塔口输送带反转，将带上不合格的粉料送到地上当废料处理，然后将塔口输送带正转，将合格粉料送往指定的料仓内储备。

3. 停塔

（1）当生产任务完成或转换产品需要停塔时，停柱塞泵，待输送带上合格的粉料完全送到料仓后停输送带，并将输送带按照相关要求清理。

（2）依据相关生产指示、设备操作规程，按顺序依次停重油泵、油加热器、转杯油枪、排风机等。

（3）如塔壁上黏结异常，要立即将喷枪拆出来，以免塔壁料掉落，打弯喷枪。

（4）检查喷枪角度、喷孔径是否符合生产工艺要求，发现异常要及时更换调整，为下次开塔做好准备工作。

（5）生产过程中发生故障，喷枪堵塞或雾化不良需要拆喷枪时，拆枪前要关闭喷枪如1号、3号阀，打开2号阀。如2号阀堵塞，要用铁棍清通，再打开3号阀，待喷枪内的浆或高温气体从2号阀排出，确认正常后，再用扳手拆除与喷枪连接的高压、胶管接头，注意拆枪时一定要与喷枪管尾部并排站立，以免发生意外烫伤。

4. 洗塔操作

（1）任务完成，转喷另一版面或另一配方时，需要洗塔。刚停塔时不能洗塔，要停约30分钟后才能洗，以免塔内不锈钢板温度太高，急冷造成塔内不锈钢板变形。洗塔前的准备工作：用废粉料围好塔底振筛三方，围成一个U字形，出口一方向排水沟，以免污水流向四周，影响生产环境。

（2）装好洗塔专用水管，打开柱塞泵进、排水阀，启动柱塞泵，用洗塔专用水管将喷雾干燥塔内壁冲洗干净。

（3）打开喷枪阀门将喷枪内逐条冲洗干净，拆除喷枪，再用连接喷枪的高压胶管将塔壁上喷枪安装位置冲洗干净。

（4）打开阀门，将泥浆主管道冲洗干净。

（5）生产过特殊粉料、黑料、红料或其深色料的，洗塔时要洗三次，第一次洗塔口，冲洗至观察为清水时，然后装好塔口卸料阀，点燃热风炉，升温 30 分钟将塔内烤干，再冲洗，洗到塔口无废料时，再点燃热风炉将塔内烤干冲洗一次即可。

5. 常见故障原因分析及排除方法

（1）温度不满足要求：煤气压力不稳定、喷枪雾化不良。

（2）喷片安装不好：喷头内有杂物，拆出清洗后重新安装。

（3）柱塞泵压力不稳定：更换维修柱塞泵。

（4）粉料粘塔壁：

①喷枪角度不符合生产要求，调节角度。

②工艺参数不符合生产要求，更改工艺参数。

③水分不稳定，按照喷雾干燥塔生产作业指导调节。

6. 喷雾干燥塔维护、点检项目和频次

（1）保持塔身清洁，更换喷枪时，塔身若受到污染要立即清理干净。

（2）每小时点检一次各环节温度、压力等相关参数并如实作一次记录。

（3）每隔 20 分钟用木棒敲一次喷枪，预防喷枪堵塞，并查看一次喷枪雾化情况，发现异常立即处理。

7. 喷雾干燥塔维护保养要求

表 6-3　喷雾干燥塔维护保养要求

配件名称	检修周期	内容
电器	1 个月 3 个月 1 年	安全检查，检查接地、接零、绝缘情况，清理积尘，添换电动机润脂，检查接线有无松动，更换不可靠元件，进行电蚀触头的磨制或更换，清除磁铁表面油污，调整弹簧，电机大修（换轴承等）
仪表	1 个月 3 个月 1 年	清理积尘及加润滑油，检查测量元件接线头有无松脱、锈蚀等，请专业单位检验仪表精度
泥浆泵	3～6 个月 6～12 个月	运行 2 500 小时后，更换液压油，检查更换磨损件（泥浆阀零件、密封环等），检查更换液压系统磨损运动密封件、油泵等
风机	1 年	仔细、彻底检修，若轴不能再用时需更换，换润滑油，洗冷却水管，修复或更换磨损的排风机叶轮等
热风炉	1 年	打开检修孔，进炉检查耐火砖有无损坏、脱落，必要时更换
烧嘴	6～12 个月	拆卸、清洗、更换密封件
回转下料器	6～12 个月	检查叶轮和轴承的磨损情况，必要时更换；检查减速器、换油
振筛	6～12 个月	检查驱动部分，更换磨损件
整套设备	1 年	除了上述检查外，整套设备每年要有一次以上的检查。检查各设备的保温、涂漆、供排水系统，以及风、煤气系统有无特殊故障（变形开裂、磨穿等），作适当处理

十一、柱塞泵操作规程及养护要求

1. 操作规程

（1）启动前的准备工作：

①检查各部件的紧固情况。

②检查油箱油位，油位高度以油箱上的油窗线为准，夏天用 N46 号液压油，冬天用 N32 号液压油。高压泵及 140MPa 以上的泵应用同型号的抗磨液压油。

③检查压力表量程，液压站压力表为 0～16MPa，空气罐上压力表为 0～8MPa，不可装反。

（2）启动：

①开冷却水。

②合闸，打开开关，点击启动按钮，检查电机的转向，方向应为顺时针，切不可反转。检查无误后，再启动电机和油泵。

（3）操作调节：

①调节溢流阀可以调节油压，即可调节泥浆压力，调节好的溢流阀应锁紧背上螺母，每次开停机都不用动溢流阀。

说明：对定量泵应该低负荷启动，如果两台泵交替使用，可以先停后启动，不用调节溢流阀。

②调节滑架上两个撞轮的位置，可以调节柱塞冲程。

③当柱塞和密封环磨损出现漏浆时，适当调紧压环，以紧到不漏浆为宜，当压环至填料箱接触仍漏浆时，可在密封环上端加垫片。为保证密封环与柱塞同心，压环上端面力求与填料箱上端面平行，不平度不得大于 0. 5mm。

④变量泵与压滤机配用时的调节：调节方法同操作调节①。出厂时该泵的送浆压力调定为 2. 0MPa，如所需送浆压力低于 2. 0MPa，反时针调节溢流器，使柱塞运行最慢时送浆压力达到所需值。

（4）停机：

①按停止按钮，泵即停。

②停冷却水。

③用水冲阀箱。

2. 柱塞泵的维修和易损零件的更换

（1）泵的维修。为保证泵的正常运行，应该注意下列事项：

①选用洁净优质的液压油，一般 1 个月过滤一次，3 个月更换一次，变质后及时更换。

②泵不能在通冷却水的情况下启动和工作，以防瓷质柱塞急冷急热而炸裂，以及橡胶密封受热遭破损。水还起到冲洗柱塞的作用，以延长柱塞和密封环的寿命。

③密封环不应压得过紧，以不漏浆为宜。

④寒冷季节长期停泵时，应将泵中泥浆抽尽，以防泵冻裂。

⑤油压系统和泥浆管路中密封件磨损后应及时更换。

⑥应使柱塞冲程尽量长，以活塞不撞击油缸端盖、换向灵活为宜。

⑦当从空气罐的压力表上看到泥浆压力波动值大于0.2MPa时，必须停泵，打开下面的阀门，放掉泥浆，补进空气，必要时卸下空气罐上的压力表，从上端口冲洗阀箱。

⑧定期（一周左右）检查和冲洗阀箱。

⑨皮囊式蓄能器使用半年后应充氮气或氩气，充气压力以3.0MPa为宜。

（2）易损件的更换：

密封环：卸去压环螺钉，操作溢流阀，使系统油压逐渐升高，推动活塞，利用泥浆压力把密封环顶松，待浆柱塞提起后停泵，卸去活塞杆与活塞的连接螺钉，将密封环卸下。细心地将柱塞泵体放入，用极薄的铜片围在柱塞上端，把密封环装上，将上述螺钉逐个固定住。

柱塞：方法同上，待柱塞提到较高位置时停泵，卸去活塞与活塞杆的连接螺钉。然后将柱塞和填料箱一起拔出，换上新的柱塞后，逐一紧固上述螺钉。

油泵：卸下油箱盖螺钉，吊起油箱盖（连同电机），此动作必须小心，以防撞坏滤油机和油管，卸掉油泵上的吸、排油管，再卸下固定油泵的螺钉，即可卸下油泵。

注意：①冲洗阀箱和更换其中各零件时，不要将紧定杆顶得太紧，不漏浆即可；②拆卸右油缸更换活塞上的撞销时，应注意撞销必须躲开油缸下端盖的缺口（油路联通口），不能过油而造成活塞不能换向；③要经常保持油箱部分清洁，不能用水冲洗箱盖及集成块；④要保持液压油绝对清洁，一定要定期检查油的质量；⑤在调整好泵的压力以后，一般不要调整溢流阀，若将原来系统调乱，易出现故障；⑥出现不正常声音，应立即关机，检查故障源并对其进行修复。

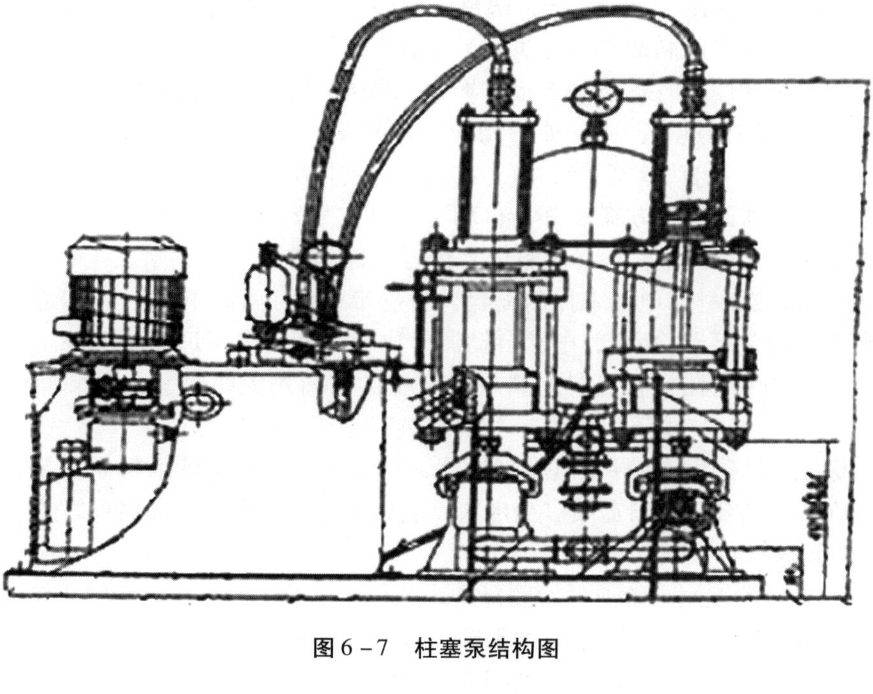

图6-7　柱塞泵结构图

十二、电脑配料系统及全自动送粉控制系统操作规程及维护保养

1. 电脑配料系统功能

(1) 具有延时下料功能，各皮带秤可以根据远近距离不同，延时先后下料，保证了配料开始和结束的均匀性。

(2) 具有电脑自动标定功能，要估计某台秤是否有误差，可以在送料过程中进行抽检，通过“流量抽检”功能进行标定，过程简单快捷，不影响生产。

(3) 下料过程中，当某台秤运行不正常时，电柜上方警灯发出报警。电脑屏幕上的报警会提示是哪台秤有问题，这样可以大大缩短操作工的判断检查时间。

(4) 如到了设定时间该秤运行仍不正常，配方对应斗的几台秤都会停下，保证了配料的稳定性，对应该组的报警器立即报警提醒操作工。

(5) 电脑中可以预先设置多达 150 个斗的配方，分别为多台压机的面料及底料斗设定配方，当某一个斗缺料时，电脑就按相应的配方自动为其配料，皮带秤送料的各组的送料流量可以随时任意修改，简单快捷。

(6) 转产十分方便，只需根据各斗所需用粉料仓的料，选好对应皮带秤，并把对应的配方输入电脑即可。正常生产情况下，只要料仓里有料，电脑不需要人工操作，自动送粉系统发来给某斗加料信号，配料系统自动执行。因此两条线生产时，微机房的配料员每班也只需一两人即可。

(7) 配料系统中的“运行记录”功能把为各斗配料的开始时间、结束时间、配方内容及各台秤运行情况具体记录下来，以便出问题后查清楚当时是人为操作错误，还是设备故障造成，准确查出真相，及时处理，避免今后再出类似事故。

(8) 为了防止电脑配料故障影响生产，本方案采用多重保险，正在运行的工控机把最新的数据库及执行文件适时备份到 E 盘、F 盘及外挂 U 盘，当运行的软件及数据库损坏时，把 U 盘中备份复制过来，一分钟就可以解决问题，完全不用担心。

(9) 该配料系统还有手动功能，万一出现最坏的情况，即工控机不能用自动运行，还可将电气柜上变频器面板下方旋钮由“自动”转到“手动”，不用修改任何设置，通过变频器面板上旋钮直接调流量，参考叫料信号仍可应急配料。

(10) 由于用皮带秤 + 电脑来控制配料，与皮带机人工配料相比，可知道秤上料出来得厚还是薄（通过传感器检测），电脑自动调节皮带秤速度来保证流量的稳定，既保证配方的准确执行，又可以在料仓出口堵料或料仓里的粉料用完时报警，提醒操作工敲仓或换仓。

(11) 报表：由于用皮带秤 + 电脑来检测，可知道每台秤实际下料累积量，清楚每个仓用料量及在转产前各种粉料需喷多少出来，能给喷雾干燥塔生产提供很好的参考。

2. 全自动送粉控制系统

(1) 全自动送粉控制系统通过检测每条线几台压机的各面料斗、底料斗的满料和缺料情况，综合缺料先后及剩余料可用时间长短，智能决定优先给哪个斗加料，然后给配料系统发出执行哪个配方的命令，并且控制相应输送带、转筛运转，掉好倒顺带方向，把分料

器出口对准即将加料的料斗。

（2）压机顶上粉料斗中某个料斗缺料，送粉系统决定给其加料时，发出叫料信号，同时，配料系统的电柜上指示灯指示配料系统正在给“X 号斗配料”。在把料送到料斗之前，分料器出口自动转到该料斗上方（电柜上分料器定位指示灯亮起）。电脑“配方桶画面”中 Pn 斗下方显示“运行”，Pn 斗图标下方表格变为粉红色，并且 Pn 斗图标上有两个箭头在闪烁，表示在向斗内加料。

触摸屏上也有指示，面料斗或底料斗“叫料”时，其对应图标由红色变为绿色，并且“加料时间”“清粉时间”和“清带时间”都即时显示，操作工能做到心中有数。

（3）料斗即将满时，对应的几台秤提前自动停下来，叫料指示灯熄灭。如没有其他斗缺料，输送带延时一段时间后，把输送带上料清完再停下来，延时的时间段内，触摸屏上显示“清料时间”。如一条输送带服务的几台压机料斗的粉料相同，可以不清带，以利于节电省时。

（4）如果正在加料或延时清料时，已有其他斗缺料，屏幕上提示下一个叫料斗号，屏幕上“清粉时间”一到，电柜上叫料灯亮起，在料到之前，转斗转到位，倒顺带掉好方向。

（5）由于 3 台压机和 36 个面料斗共用一条输送带，时间相对紧张，为了提高送粉效率，本系统一条带上经常同时有两种料在走，中间空一段用来旋转转斗和倒输送带，这样对系统控制准确性要求就很高。

（6）本系统还特有“极限优先”功能，即如果某个料斗的料已用到锥底，很快就会缺料，影响压机，系统不论它排在第几位，都会立即停下同组正在送粉的斗的叫料，“清料时间”一到，同时为其叫料配料，以免造成停压机。如两个料斗料相同，则不清料，在转斗转到位后，立即调好带，为其加料。

（7）如果某一条输送带、转筛、分料器电机的断路器跳闸，或转斗旋转用时太久，系统均会报警，提醒操作工有故障，需要检查。并且在屏幕上弹出提示框，文字提示是哪台设备。

（8）如果输送系统因某一个故障停止下来，屏幕上会有文字提示操作工输送带上的料是进哪个料斗的，以便操作工把带上的料正确送入料斗中，或者排除故障后，通过屏上恢复按钮，让系统自动延续前面的工作。

（9）该送粉系统也有手动功能，万一自动出现故障，可以把“手/自动切换旋钮”拨到“手动”，由人工倒带、转斗、给叫料信号，配料系统不受影响，继续自动按各斗配方控制各皮带秤配料。

（10）输送带、转筛、料斗、分料器在触摸屏上全部有模拟图，工艺流程完全和现场一致，其开、停都有动画表示，十分直观，一目了然。

（11）压机三楼料斗的料位信号、分料器定位信号、分料器电机和输送带电机的控制都引到电脑室，全自动送粉控制系统的控制柜也放在配料室，和配料电脑放在一起操作。压机三楼料斗每组装一摄像头，配料室电脑上方挂一台监视器，压机三楼加料情况尽在掌握之中，因此，三楼可以不设岗位，有人扫地即可，电脑室和料仓下只需一两人操作和推秤，这样配送粉三个班可以省不少人手。

（12）为防止输送带上料未清完，分料器就旋转，把一种料混到其他料斗中，本送粉系统在分料器上口有一料位开关，用来检测输送带上的料是否走完，如检测到仍有料，分料器暂时不旋转，如等待超出设定时间则报警，屏幕上也会给出提示。

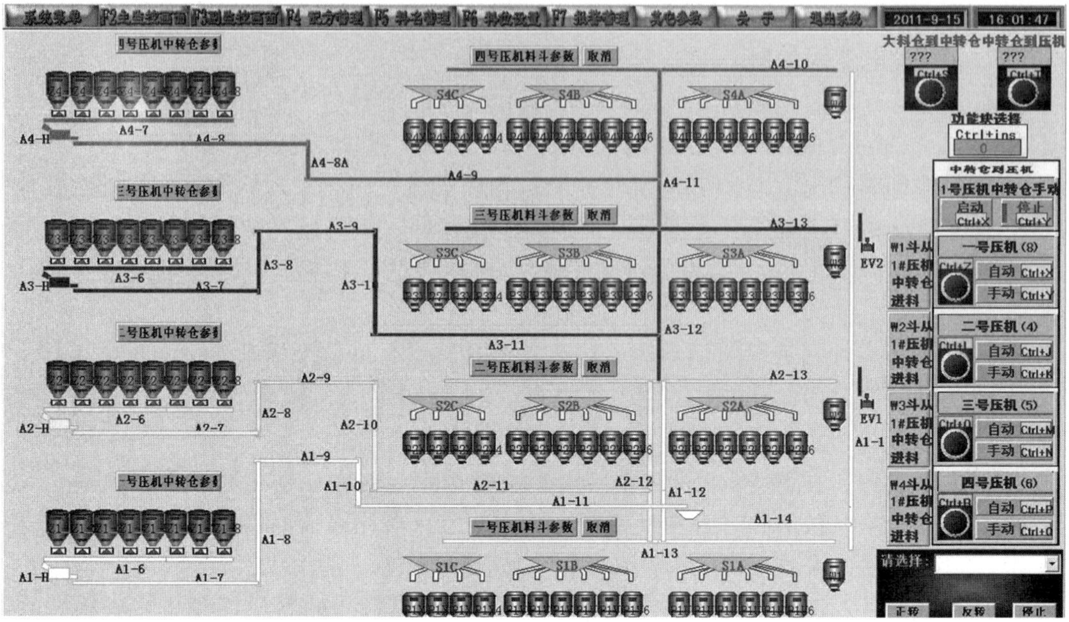

图6－8　全自动送粉控制系统

3. 方案说明

（1）压机三楼6台压机底料斗用5条底料倒顺带送粉，这样一条底料带可以送6台压机；6台压机面料斗用两条面料带送粉，3组面料斗之间用两条倒顺带给分料器加料。一条带送1号、2号、3号压机，另一条带送4号、5号、6号压机。

（2）本方案比以前的系统及同行业的设备更防尘，中继全部改为全密封的进口继电器，继电器座及指示灯全部集成在线路板上。这样能把防尘做到极致，把故障率降到最低。

（3）运行记录中记录下历史上某段时间各带运行情况、倒顺带运行方向、转斗出口方向、料仓下输送带停留位置，以及操作工设置的情况，对比后即知道送错料时是操作工设置错，还是系统控制出错。

（4）本系统与同行类似设备相比还有不同点在于，配料系统皮带秤的控制系统与输送带的送粉系统不合在一起。该系统虽然增加了成本，但是皮带秤运行情况，所有输送带、分料器及转筛运行情况分开在两个屏幕上，同时显示在操作工面前，特别直观清楚。另外，当系统有问题时，同样可以十分方便地使用。比如当电脑配料系统出故障时，只要根据自动送粉系统提供的叫料指示灯，把变频柜上该斗对应皮带秤的旋钮转到左边手动位置，然后把变频器面板上的电位器旋到之前正常频率；当叫料指示灯熄灭时，把变频柜上该斗对应皮带秤的旋钮转到中间停止位。

当全自动送粉控制系统发生故障时，操作工只要参考监视器上的画面，在 PC 柜面板上进行三步操作即可：①按分料器按钮，把分料器出口对准要进料的斗；②旋转输送带旋钮，把输送带运行方向调好；③旋转准备进料的斗对应的叫料旋钮，使电脑房配料系统电柜上的叫料灯亮起，皮带秤配料系统仍然自动进行配料。这种方案可以把系统设备故障的影响范围缩到最小。

（5）经多年试用和几次改进后，检测料斗内缺料、满料的料位开关几年内基本不会出现故障，提高了整个系统的可靠性。

4. 送料系统操作规程

（1）在输入配方前，必须先插电子秤的插座，再输入配方及配方下载（先输入配方后插电子秤，电柜触摸屏将显示报警）。送料前准备工作（例如送 1、2、3 号压机，定位接近的作用）：将 1 号带传动电机移到指定的定位接近处；将电子秤插入配方所在仓位的插座；在触摸屏上输入配方及配方下载，送料将自动开始。

（2）配方下载：①输入 1 ~6 斗配方所在的仓位、仓号，然后按配方下载；②1 ~6 斗配方与输入的配方仓号显示一样，操作完成。4、5 号压机操作同上。

料斗颜色区分：黄色为光电所在位置；绿色为正在工作；红色为禁用；灰色为启用。

皮带颜色区分：红色为停止；绿色为运行。

仓颜色区分：黄色为禁用；绿色为启用。

1 ~5 号压机开关：红色为压机关；绿色为压机开。

料斗上位颜色：绿色；料斗下位颜色：红色。

压机三楼光电所对仓号一致（例如 1、2、3 号压机送 1、2、3 号压机 1 号斗），1 号压机对准 1 号斗，2 号压机对准 1 号斗，3 号压机对准 1 号斗。如 1 号压机 1 号斗禁用，则不会送 1 号斗，送 2 号机 1 号斗、3 号机 1 号斗，清料则会往 1 号压机 1 号斗里清料。

清料过程：1 号压机 1 号斗清料，2 号压机 1 号斗清料，3 号压机 1 号斗清料。如 1 号压机 1 号斗禁用，清料时必须将 1 号压机关掉，则清料过程不会再往 1 号压机 1 号斗清料。

以下操作过程同上。料斗上下位流程：当料位显示红色表示已缺料，绿色表示满料，料斗处于下位红色才会送料。

底料：

料仓颜色区分：黄色为禁用；绿色为启用。

皮带颜色区分：红色为停止；绿色为启动。

仓颜色区分：红色为禁用；灰色为启用；绿色为正在工作。

料位颜色区分：上位为绿色；下位为红色。

送 1 号压机底料：底料光电传感器发挥作用，1 号传感器亮表示送 1 号压机，2 号传感器亮表示送 2 号压机，3 号传感器亮表示送 3 号压机，4 号传感器亮表示送 4 号压机，5 号传感器亮表示送 5 号压机。注意：传感器不亮，所有底料带都不会工作。

5. 供料系统维护保养要求

（1）开机前对设备各传动部分进行检查。

（2）对各润滑部分进行检查，看润滑是否充足。

（3）操作时，严格按照操作规程操作，若发现异常情况，应及时停机处理、汇报。

（4）运行时，经常巡视电动滚筒、被动滚筒、托辊等的运行情况。

（5）输送皮带严禁有大跑偏、破裂、撕扣现象，若皮带破裂较严重时，需上报车间重新换带。

（6）各轴承每周定期加钙基润脂，每半年清洗滚筒内部减速齿轮、更换润滑油一次。

（7）每年年中修一次，每两年大修一次。

（8）严禁重载停机，正常停机时，皮带上应无余料。

（9）经常检查振筛网是否破损，是否有异物堵塞或网格跑位情况。

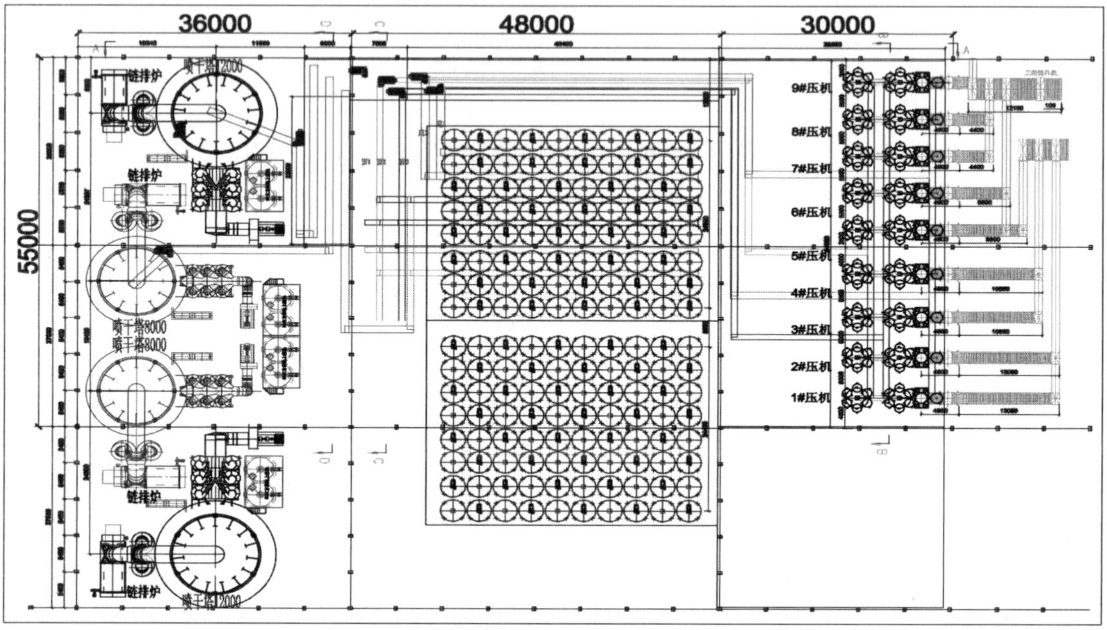

图 6－9　送料系统

第七章　原料车间设备布局

第一节　概述

佛山陶瓷业经过最近二十多年的迅猛发展和各生产厂家对陶瓷墙地砖生产技术的潜心研发，以及对中国南北陶瓷墙地砖生产实践经验的总结，陶瓷墙地砖生产技术发展到现阶段已发生了质的变化，有了跨越性的发展。陶瓷墙地砖的核心生产技术设备，从2000年初130米高能耗型柴油烧燃料辊道窑炉，一跃发展成为今天的400多米宽节能型气烧燃料辊道窑炉。单窑日产量从最初的5 000平方米发展到今天的50 000平方米，并且新型窑炉具有产量大、能耗低、烧成气氛稳定、污染低等不可比拟的优势。

在陶瓷墙地砖生产技术成熟程度大大提高、单窑日产量急剧增加的今天，陶瓷墙地砖生产管理者越来越真切地领悟到“原料是基础”“原料稳企业兴”的真谛所在。当今在陶瓷墙地砖领域独领风骚的新明珠、新锦成、新润成、顺成等知名陶企，其原料车间基础设施扎实、设备配置齐全、规模宏大、设备布局流畅、工艺流程清晰明了、生产过程控制严格有序，为企业生产的稳定、企业利润的稳步增长打下坚实的基础，很值得同行学习借鉴。

按照传统的生产工艺，陶瓷墙地砖原料加工工艺流程如下：

原料进厂→均化→原料配料→球磨→放浆→入池→过筛→除铁→浆料储存→浆料中转→喷粉→粉料储存→粉料配料→上压机。

在生产技术日益成熟、单窑日产量迅猛增加的今天，对生产所使用的浆料、粉料的工艺要求也日渐提高，工艺控制过程向精细化、严格化方向发展，其原料加工工艺流程如下：

原料进厂→均化→原料配料→球磨→过筛→放浆→过筛→除铁→过筛→除铁→浆料储存→浆料中转→过筛→除铁→喷粉→粉料过筛→除铁→粉料储存→粉料中转→过筛→除铁→粉料配料→粉料混匀→上压机。

一、原料车间关键工艺控制点

（1）已经球磨加工好的浆料，在放浆入池之前加装20目600规格的滚筒筛，滤除浆料中混有的粗粒腐烂物、沙子、石粒等物。

（2）浆料在中转储存过程中，严格控制过筛除铁工艺，这一点是传统工艺中所忽略的重要环节。即先用80目滚筒筛滤除浆液中混入的较细小的腐质物及泥石后进行浆料除铁处理，除过铁的浆料再经过两次100目圆形振筛，滤除浆液中更为细小的有机物质，过完振筛的浆料还要再进行一次槽式除铁器除铁工艺处理，确保浆料的纯净性。这种浆料过筛除铁工艺处理方式资金投入较大、场地占用面积较大，是很多企业投资者在投资建厂时所忽略的一个重要的问题；也有一部分投资者认为这种配置是一种浪费，因其工艺处理对后续工序所起到的巨大辅助作用无法明显地显示出来，所以也为众多投资者或者粗心的管理者所忽视；另外，生产线的设计师们由于对生产工艺流程不太了解，导致在设计时忽略了这个环节。

（3）粉料的处理工艺。喷粉入箱之前，要先进行一次粉料过筛除铁工艺处理，再进入粉料储存和中转环节。在粉料中转配料过程中，要先装粉料过筛装置，滤除较大的粉料颗粒，以确保粉料配比的准确性；另外，在输送按比例配好的粉料过程中必须加装混料装置，以确保粉料混合的均匀性。在粉料处理工艺方面，传统的做法是先配料再过筛，用振筛做混料装置，对后续产品花色的稳定性产生较大的影响。

（4）布料系统的余料回收利用。应用成熟的压机二次布料技术将压制时的余料、漏粉做再回收利用处理，以达到节约原料、提高经济效益的目的。余料回收工艺流程如下：

压机布料系统余料→气泵回收→余料储存→粉料过筛除铁→配比→与主基方混送→基料布料→面料布料→压制成型。

二、原料车间的设备配置

图7－1　球磨机

（1）球磨机。原料车间的球磨机是陶企的耗电大户，其节电效果对企业的能耗成本控制有着决定性的影响。当前60t球磨机的生产技术日渐成熟，单机可装载65t干料，用160kW电机驱动，筛余1%以下球磨13～15小时，较40t球磨机节电1/3以上，是当前陶企原料车间比较实用的生产设备。另外，考虑到场地操作方便，每排安装5～6台球磨机，配备80t电子磅、1000型原料输送带。

（2）浆池配置。单球产量$65/0.665 \times 1.7 = 166\text{m}^3$，则每个放浆池需$500\text{m}^3$，每个储浆池需$1\ 500\text{m}^3$。标准型为正六角形。另外，若是生产微粉抛光砖进行浆料配色，每条生产线还需另加200m^3配色浆池4～6个。

（3）喷雾干燥塔的配置。从生产成本方面考虑，当前生产粉料一般所使用的喷雾干燥塔为6000型和8000型，配备300型柱塞泵，日产量可达680～1 000t粉料；当前最大产能喷雾干燥塔为佛山鑫瑞丰机电的16000型喷雾干燥塔，日产量达到1 500t粉料。喷雾干燥塔供热风炉目前有煤气炉、水煤浆炉、链排炉、天然气炉等种类。其中链排炉耗能低、粉煤碎煤均可回收利用、生产成本较低，但环境污染较大；煤气炉燃烧值高、热利用率高、清洁无污染，但成本相对偏高。

（4）粉料仓及微粉抛光砖自动送料系统配置。单个储存粉料的料仓，以90m^3为宜，单窑产量用粉约1 500t/日，日常生产中至少储存两天的用量。单种粉料的产品，每条生产线用粉料仓30个，将粉料进行配比后再使用的产品，其粉料仓的配置至少每条生产线用90个。

由于当前微分抛光砖的新产品开发侧重于压机布料系统的应用，而随着多管布料和多次布料系统的研发，压机供料系统中，料种逐步从三种发展到当前的十多种，因此送料系统中单线送粉时间成为当前生产研究中的重点课题。

三、原料车间的总体布局思路

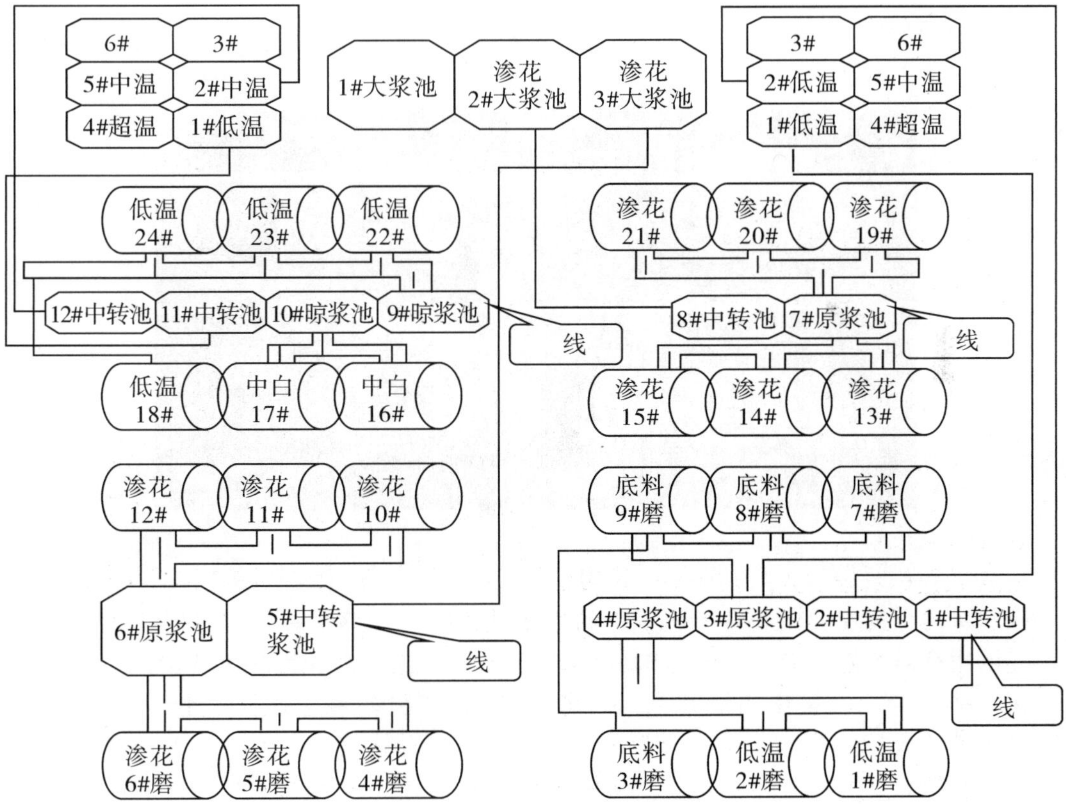

图7－2　原料车间总体布局

（1）针对目前单窑产量大的特点，在设备布局中首先必须考虑的是要有足够的操作空间。另外由于陶瓷墙地砖产品更新换代很快，而其主要设备的整改优化也主要体现在原料车间设备对新工艺新技术的适应性。因而在新建陶瓷墙地砖生产线的设备布局中须有前瞻性的思路，为企业的后续发展留有足够的空间。

（2）浆料、粉料的过筛除铁工艺控制，在车间设备布局思路中应作为生产成败的关键点加以重视，不得掉以轻心，尤其作为原料车间的生产管理者，需花足够的心思和精力设计浆料粉料在运送过程中的工艺处理流程及考虑质量效果。

（3）针对当前单窑产量大的特点，球磨机、浆池、浆管、柱塞泵、喷雾干燥塔、粉料仓、送粉秤、输送带等所有设备都需充分考虑单位时间内的流量和产量，以确保前工序充分符合后工序快步发展的需要。

第二节　浆料车间布局

一、球磨机喂料系统

（一）链板式喂料机

图 7－3　链板式喂料机

喂料机的结构主要由料斗、机架、载板传动机构、传感器装置、闸板装置等部分组成。它的用途是定量、定比地运送陶瓷原料经胶带运输机为球磨机加料。它的工作过程是：主电动机 9N＝4kW 由两根 B 型三角皮带传动，经针轮减速机把扭矩传给主动链轮，链轮带动链条及载板以 V＝1.8～2.75m/min 的速度向前运行；载板面上的原料随载板运行并通过闸板装置把原料送至料斗，再由胶带运输机运给球磨机加料；每次加料时间 40～90min。其安装方便，使用安全可靠，加料时间短，可减轻工人劳动强度。喂料机用六个传感器支撑称重并通过大屏幕电子显示屏显示，定量、定比准确，能精确控制原料配比，提高产品质量，是陶瓷墙地砖厂原料车间必不可少的一种设备。

表7－1　喂料机主要规格参数

规格型号 Type	装料量 Ton（t）	全机重量 Weight（kg）	喂料时间 Feeding time（min）	主传动电机 Power（kW）	主轴转速 Roller speed（r/min）	长×宽×高 L×W×H（mm）
WLJ－12型	12	6 600	20～30	2.2	1.14	4 800×3 000×3 600
WLJ－20型	20	7 500	30～45	2.2	1.14	6 100×3 000×3 900
WLJ－30型	30	9 000	45～60	3.0	1.14	7 000×3 000×4 260
WLJ－40型	40	11 300	50～60	4.0	1.14	8 170×3 000×4 260
WLJ－50型	50	12 400	60～70	4.0	1.14	8 500×3 000×4 260
WLJ－60型	60	13 300	70～90	5.5	1.14	8 600×3 000×4 400

喂料机链板：

①链板采用8mm钢板折制而成，提高了其使用寿命。

②链板采用螺栓连接，使链板更换更方便快捷。

③链板底部采用8号槽钢加强，增强了其抗压能力。

图7－4　喂料机链板

表7－2　称量系统配置

项目	规格及型号	备注
传感器	4－30t	
称重仪表	XK3190－D2＋	
大屏幕显示器	5英寸	
计量精度误差	±5kg	
机体（链板式）技术参数		
外形尺寸：长×宽×高	7 000mm×2 995mm×4 270mm	
全机重量	9 500kg	
料箱容积	$35m^3$	
每次喂料时间	40～90min可调	
主电机	N＝4kW　n＝1 440r/min	
摆线针轮减速机	BWED64－289/187	
主轴转速	n＝1.25～1.86r/min	
载板运行速度	v＝1.84～2.75m/min	

（续上表）

项目	规格及型号	备注
机体（链板式）用材配置		
摆线针轮减速机	5.5kW	破碎机构（选配）
大箱体	δ=6mm/Q235A 钢板	8 号槽钢/方管
小箱体	δ=8mm/Q235A 钢板	6.3 号角钢加强
机架	12 号/18 号/Q235A 槽钢	
底架	16 号/20 号槽钢，δ=5mm/Q235A 钢板	
链板	δ=8mm/Q235A 钢板	底部 8 号槽钢加强
主动轴	Φ120（45 号钢）	
被动轴	Φ110（45 号钢）	
链板托槽	12kg 轻轨/100mm×63mm×8mm 角钢/Q235A（双轨）	

（二）球磨机平台

钢平台，用于支承输送物料的皮带输送机。

表 7-3　球磨机平台用材配置

项目	规格及型号
平台立柱	Φ180mm×6mm 钢管
平台主梁	25 号工字钢
平台辅梁	14 号槽钢
平台网筋	14 号/10 号/6.3 号槽钢，5 号角钢交错焊接（约 600mm×600mm 方格）
平台面板	3mm 花纹板
平台斜支承	16 号槽钢
平台护栏	30mm×30mm×2.5mm 方管
平台踢脚板	180mm×2mm 钢板
垫板	支承柱底板厚 12mm/A3 板，其他厚 10mm/A3 板
楼梯主梁	14 号槽钢
喂料口盖子	50mm×50mm×5mm 角钢和 3mm 花纹板

（三）输送带平台

用于支承从喂料机至球磨机输送物料的皮带输送机。

表 7-4　输送带平台用材配置

项目	规格及型号	备注
平台立柱	Φ159mm×5mm 钢管	
平台主梁	14 号/16 号槽钢	视平台宽度而定
平台辅梁	10 号槽钢	
平台网筋	10 号/6.3 号槽钢，5 号角钢交错焊接（约 600mm×600mm 方格）	
平台面板	3mm 花纹板	
平台斜支承	14 号槽钢	
平台护栏	30mm×30mm×2.5mm 方管	
平台踢脚板	180mm×2mm 钢板	
垫板	支承柱底板厚 12mm/A3 板，其他厚 10mm/A3 板	

（四）行车龙门架

用于支承电动葫芦。

表 7-5　行车龙门架用材配置

项目	规格及型号
立柱	Φ159mm×5mm 钢管
横梁	14 号槽钢合并
导轨	20 号工字钢
垫板	支承柱底板厚 12mm/A3 板，其他厚 10mm/A3 板

（五）电动葫芦

用于球磨机加料斗、安全盖板的提升。

表 7-6　电动葫芦用材配置

项目	规格及型号	备注
提升重量	2t	铭牌标 0.9t
功率	2kW，广州	
自动/手动开关	1 套	
报警	红、黄、绿三色灯	
电线/电缆	广州	

（六）800B 皮带输送机

该机由前架、尾架、支架、输送皮带、纠偏装置组成（输送皮带长度按钢架外端长度计算）。

表 7－7　800B 皮带输送机用材配置

部件	规格及型号	材料尺寸	备注
皮带	800mm 宽	6mm ×（3mm＋1.5mm）	
最小输送量	60t/h		
驱动电机	摆线针轮减速机	速比 1∶29，1.440r/min	
驱动方式	双排滚子链条传动 16A2（P25.4 $d_1$15.88）		链轮、链条
皮带速度	0.81m/s		
主动轮	Φ320mm 栅栏式	Φ320mm×10mm 板 3 张 Φ16mm 圆钢	
从动轮	Φ320mm 栅栏式	Φ320mm×10mm 板 3 张 Φ16mm 圆钢	
上托辊	Φ90mm×255mm/PE 管 3 组	间距：750mm	Φ90mm×8.2mm/PE 管
下托辊	Φ90mm×840mm/PE 管 1 组	间距：3 000mm	Φ90mm×8.2mm/PE 管
轴承	UCP210		
机架	12 号槽钢		
机架脚	10 号槽钢		
横梁	6.3 号槽钢		
链罩	用普通 1.5mm 铁板		

（七）输送带挡边板（含支架）

挡边板采用 δ＝3mm/A3 钢板制作，支架 5 号角钢支承。

（八）800B 移动带附件

可逆可移动皮带输送机移动系统由导轨、移动轮组、电动装置组成。

表 7－8　800B 移动带附件用材配置

项目	规格及型号	备注
移动轨道	8kg 型	
定位	手动定位	
移动电机	BWD2－59，2.2kW	佛山

（续上表）

项目	规格及型号	备注
移动轮	Φ180mm×50mm	
移动轴	Φ45 圆钢/45 号	
轴承	UCP208	福建南安
驱动方式	双排滚子链条传动 12A2（P19.05 $d_1$12.07）	

（九） 800B **输送带下料口**

用于输送带尾转料用，采用 4.0mm/Q235A 钢板制作。

（十）磨机接料斗（1 000mm×1 200mm）

用于球磨机投、喂料用，采用 4.0mm/Q235A 钢板制作。

（十一）水箱（20m^3）

用于球磨机用水储存。

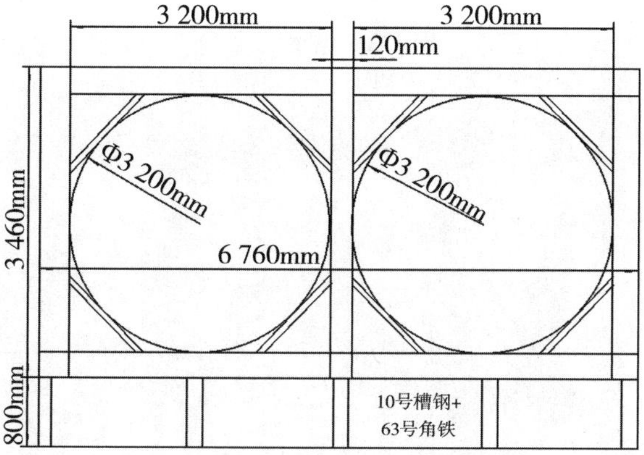

图 7－5　球磨水箱示意图

表 7－9　球磨机水箱用材配置

项目	规格及型号	备注
外形尺寸	4 000mm×2 000mm×2 500mm	根据甲方要求定
箱体	3mm/Q235A 钢板	
水位观察	配重刻度显示	
出水管	约 1m，4 寸镀锌管	配铜球阀 1 个
连接法兰	2 片	
加强筋	10 号/6.3 号槽钢，5 号角钢加强	

（十二）**球磨机加水管路**

采用国标4寸镀锌管及手夹式蝶阀，每6米配1对法兰（进水管路由甲方自备）。

（十三）**球磨机放浆管路**

采用国标5寸镀锌管及手夹式蝶阀，用法兰连接，每6米配1对法兰。

（十四）**放浆软管**

本机用于陶瓷泥浆的输送，采用直径Φ155透明钢丝软管。

（十五）**输送带电器控制柜**

用于控制本系统设备的运行，即工人按启动按钮，输送带连锁启动，移动带根据用户所选送料位置自动移至指定地点，喂料机开始喂料。喂料机连锁选择如果打到“手动”位置，则需按喂料机启动按钮启动。球磨机平台及喂料机均安装急停按钮，遇紧急状况可立即停止设备。

（十六）**球磨机**

图7－6　球磨机

1．用途

本机为湿法、间歇式细磨设备，主要用于制备陶瓷原料。在筒体内装入一定配比的干料（矿山泥料或经中碎后的原料）、研磨体和水，经过不同的粉碎周期，可得到不同颗粒细度的料浆，一般可通过万孔筛。

2．工作原理

本机属于湿式间歇法操作，球磨机筒体内镶有内衬（石衬或橡胶衬，由用户自备），将研磨体、被研磨物料和适量的水从入料口加入筒体；当筒体旋转时，研磨体在离心力作用下，与筒体一起旋转。当研磨体被带到一定高度时落下，被研磨物料受到研磨体的碰击，因研磨作用而被粉碎。

3. 主要规格及技术数据

筒体内腔内径 Φ3 900mm，内长度 8 800mm。

容积尺寸：镶内衬腔前筒体容积约 99.7m^3（所镶内衬不同，筒体容积也会有所不同）。

每磨装料量：因内衬厚度、原料、球石、配比不同，装料量会有所变动。

研磨体材料：硬质中铝球或卵石。

料、球、水重量比一般为1：1.0：0.6（用户也可根据工艺要求而定）。

填充系数：≥0.90。

筒体转速：工作转速 11r/min，辅助转速 0.7r/min。

主电机：型号 Y355M2－4，功率 250kW，转速 1 490r/min。

辅助电机：型号 Y200L1－6，功率 18.5kW，转速 970r/min。

4. 主要结构

本机主要由筒体装置和传动系统两部分组成，用 E 型高强力胶带将两部分连接起来传递运动，以实现筒体的运转。

（1）筒体装置：筒体是实现原料的研磨和混合的容器装置，要求具有一定的转速和不泄漏料浆的良好密封性。它主要由轴头、标准椭圆封头、筒体等焊接而成，两端轴头由双列向心球面滚子轴承和轴承座支承在两座钢筋混凝土台上。

筒体内衬可为耐磨橡胶或瓷砖燧石（由用户自定）。

在筒体上设有三个 Φ500mm 的进料口和两个 Φ200mm 的出浆口。进料口即原料、球石和水的装入口，也是人孔，必要时人可以由此进入筒体内进行镶砌内衬和检修作业。在进料口盖上设有放气阀，以便在出浆前排出筒内的过热气体。

（2）传动系统：此系统包括主传动系统和辅助传动系统，其构成和作用分述如下：

①主传动系统：包括主电机和三角胶带轮装置。通过装在三角胶带轮和筒体上的 E 型三角胶带，将主传动系统上的运动传递到筒体上，以实现筒体的正常运转。

②辅助传动系统：包括辅助电机、小减速机、制动器、离合器装置。离合器装置与中间轴的另一端相连，这样，辅助传动系统的运动便能传递到筒体上。此系统在本机中的作用是：开机时辅助电机启动；产生慢转速，能使筒体准确地停留在某一位置上，以便于进料、出浆和镶砌内衬等作业；设有制动器，使筒体能固定在所需的位置上。

（3）电气控制：

控制柜：本机设电机控制柜，除电源总开关装在控制柜内，其余操作按钮、转换开关及电源指示灯和主电机工作指示灯均装在控制柜的正面盘面上。

本机采用软启动或自耦降压启动（按用户要求配置）。

控制机构：包括制动器、离合器装置。

制动器与辅助减速器高速轴相连，当需要筒体对准某一位置，时（如进料、出浆和镶砌内衬），可启动辅助电机，使筒体进行慢速转动。当对准位置后，切断辅助电机电源，制动器自动进行工作，筒体便能立即停止。

离合器装置是一组齿式离合器，通过手柄合上离合器连接辅助传动系统，能使筒体进行慢转运动，以利于对位操作。

(4) 基础：二次灌浆前，必须先将预留孔内的脏物清理干净，然后灌浆捣实，如有空隙应填充好；二次灌浆后，所有外露表面必须抹平，注意外形整齐、干净、美观。

5. 安装

筒体的安装：先将筒体、轴承、轴承座组装好后装在两座混凝土台上，调整筒体中心线的水平位置、两轴承座的中心间距，使轴承座端面与轴头垂直，然后拧紧各螺栓。

传动系统的安装：制造厂将传动系统（包括主传动系统和辅助传动系统）先组装在底板上供给客户。在用户现场，先将传动系统连同底板安放在混凝土基础上，把三角胶带套进胶带轮，以三角带传动为基准，调整到正确的位置上，拧紧所有的固件。

三角胶带的调整：拧松连接底板，紧固螺栓上的螺母，用扳手转动并拉紧丝杠，使传动系统滑移，以调整三角带的松紧，并保证三角带轮中心线与筒体中心线平行，调整后再将各螺母拧紧。

电气安装：①进行电气安装和电路检查；②主电机和辅助电机的转动方向应符合胶带运转方向；③控制柜应放在方便操作的地方。

注意事项：筒体吊装在两座混凝土墩上以前，必须先将 E 型三角胶带套在其中一个混凝土墩上，待筒体放妥后再放在筒体上。

6. 操作程序和说明

本机的启动、停转、对位、进料、出浆和紧急停车等操作，应按制定的《操作规程和说明》进行。

7. 试车

试车前的准备：在安装粗调完成以后，对各润滑点注入润滑油；对减速机按其说明书注入合乎要求牌号和油量的机油；用户根据自己的场地情况自制安全防护栏；检查所有紧固件是否已拧紧；清理现场脏物，将所有机件外表擦抹干净；检查电网电压是否在 360～400V。

(1) 点动、慢转试车：

合上拨叉、点动开启电机，观察筒体回转方向是否正确，如转向不对必须停转，对小电机重新接线。

开小电机，短时间慢转，观察与检查下列内容：

①各运动件运转是否平稳、灵活、无噪声、无震动。

②三角胶带是否运转一致，有无跳动、跑偏等情况。

③按《操作规程和说明》对辅助传动系统进行各种操作，检查制动器的抱闸、定位，离合器拨叉的断开、闭合等是否灵活准确。

断开拨叉，开大电机，观察筒体回转方向是否准确，如转向不对必须停转，对大电机进行重新接线。

(2) 空运转试车：

空运转试车应按《操作规程和说明》进行启动、停止、对位、固定等全过程试验，此阶段应进行 5 小时以上，并对下列项目作检查和测定：

①电气开关、控制件、信号装置等是否工作正常、准确、可靠。

②各运动件是否运转平稳、灵活、噪声低、振动小。

③各轴承座外表温升不超过40℃。

④三角胶带同步运转，不打滑，不跑偏。

⑤记录启动电流电压，运行电流电压。主电机启动电压不低于360V，运行电压为360～400V（当不能满足时，应该考虑辅助措施）。

（3）筒体密封性试车：

空载试车后，往筒体里注入一定量的水，拧紧进料口盖和出料口盖，开辅助电机慢速转动筒体，观察有无泄漏情况，如果出现泄漏应排除问题。

（4）负载试车：

按用户制定的研磨工艺，向筒体内加入一定配比的原料、球石和水，按《操作规程和说明》进行研磨，按空运转试车各项内容进行测定和检查。如出现异常应及时排除问题后继续运转，直到工作正常稳定为止。

记录每磨的料球石、水配比、磨粉时间，以及料浆温度和颗粒细度（过万孔筛余百分度），反复进行数磨，一切正常后方可投入生产。

8. 使用及维护

一定要按《操作规程和说明》进行操作。

内衬：磨机内衬的材料由用户自备和镶砌，可用耐磨橡胶、燧石或瓷砖，但必须在订货时说明。内衬厚度不一样，其筒体的有效容积不同，每磨的装料量也就不同。

研磨工艺：磨机的研磨工艺主要包括制定料球水配比和研磨时间，由用户根据自身的生产经验和对料浆颗粒细度的要求决定，选择合适的料球水配比能缩短研磨时间，得到比较好的研磨效果。使用橡胶内衬的磨机，筒内料浆温度不能高于70℃。

三角带的规格和材质应合乎设计要求，当使用一个时期失去弹性后，需要更换。

对各滚动轴承的润滑采用3号或4号钙基润滑油脂（ZG－3或ZG－4），约每星期各注一次，或打开轴承闷盖直接填入。

减速机采用中极压齿轮油N320，从开始运转200h后进行第一次换油，然后400h再换一次，正常运转后可每3～6个月换一次，平时注意补充油至游标高度。注意：用户使用前，应对减速机进行加油。

每次开机前应拧紧所有紧固件，维持场地和设备的清洁。

当磨机内衬磨损变薄或缺失后，应及时更换或镶补，以免磨损筒壁或污染料浆。

图7－7　球磨机车间布局

二、泥浆陈腐均化系统

（一）行星搅拌机

图7－8　行星搅拌机

1. 基本特点

（1）箱体采用球墨铸铁，大大提高了箱体的刚性及抗震性。

（2）箱体内的太阳轮、行星轮、内齿圈及螺旋锥齿轮均采用可控气氛渗碳淬火处理，可得到高硬耐磨表面，热处理后全部磨齿，降低了噪声，提高了整机的效率，也延长了使用寿命。

（3）设备采用模块化设计，设计传动3级减速方式。

（4）传动比须精确，并可根据实际需要任意选取。

（5）齿轮须经过高精度滚齿机切削加工，级间效率在98%以上。

（6）在正常选型和常规维护的条件下，除易损件（油封及轴承）外，主要零部件使用寿命要求不低于25 000小时（油封使用进口品牌）。

（7）上部轴承压盖和下部轴承压盖采用分体式，轴承采用圆滚锥式分体轴承，以方便拆装，防止异物进入浆池造成二次污染。传动轴上必须安装304不锈钢接油盘，避免油污进入浆池。

（8）箱体使用高强度钢板焊接，要求无任何焊接缺陷存在。

（9）齿轮及齿轮轴须采用气体、渗碳、淬火、精磨工艺制作。

（10）电机采用分体式皮带转动。

（11）设备系统运行要求：投产期及验收期运行率为100%。

（12）搅拌机上部分轴承使用全自动电磁泵加油系统。

（13）不锈钢焊接要求：要求搭接15～20mm，满焊，焊接后打磨光滑，不能有焊渣残留，不能有气孔。焊条要求：必须为304不锈钢焊条。

(14) 主轴采用无缝管 304 不锈钢；搅拌叶采用 304 不锈钢、槽钢折弯而成，根据浆池高度决定选用三层浆叶或两层浆叶；加强筋采用 5 号角铁钢两，材质为 304 不锈钢；每个搅拌机连接 4 件加强板，规格为 250mm × 250mm × 6mm；搅拌机均使用不锈钢螺丝、寸套；底层浆叶挂板材料采用 6 号 304 角铁制作。

(15) 搅拌机齿轮、齿轴及高速轴均使用 40Cr。

(16) 输出轴的密封圈设计双层油封（进口品牌）。

(17) 采用磨齿工艺，表面光滑度 8 级。

2. 材料特点

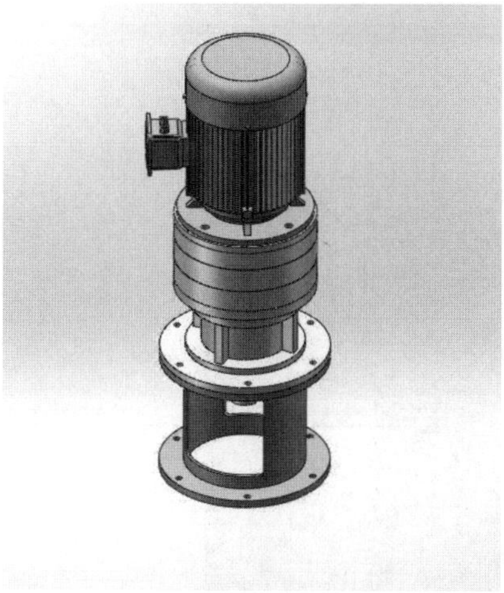

图 7－9　行星搅拌机立体图

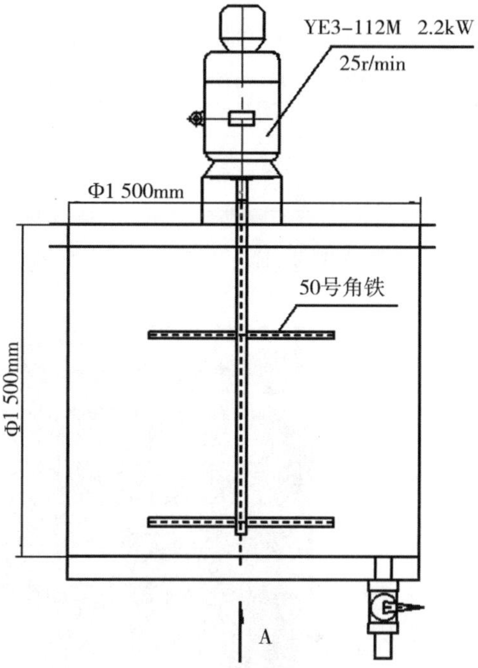

图 7－10　行星搅拌机剖面图

表 7－10　行星搅拌机参数表

机型	型号	浆叶直径（mm）	主轴转数（r/min）	电机功率（kW）	浆池规格（mm）	浆池容积（m^3）
250 节能搅拌机	STB1500－2.5	Φ1 000	12.2	1.5	Φ1 500 × 1 400	2.5
	STB2000－6	Φ1 500	12.1	2.2	Φ2 000 × 1 900	6
	STB2500－11	Φ2 000	11.8	2.2	Φ2 500 × 2 400	11
350 节能搅拌机	STB3000－20	Φ2 500	8.5	3	Φ3 000 × 3 100	20
	STB3500－30	Φ2 900	8.3	3	Φ3 500 × 3 400	30
	STB4000－42	Φ3 400	8	3	Φ4 000 × 3 800	42

（续上表）

机型	型号	桨叶直径（mm）	主轴转数（r/min）	电机功率（kW）	浆池规格（mm）	浆池容积（m^3）
450 节能搅拌机	STB5000－90	Φ4 400	7.2	4	Φ5 000×5 100	90
	STB6000－147	Φ5 500	6.8	4	Φ6 000×5 800	147
	STB7000－235	Φ6 300	6.8	5.5	Φ7 000×5 800	235
750 节能搅拌机	STB8000－270	Φ7 200	5.1	5.5	Φ8 000×6 000	270
	STB9000－340	Φ8 200	4.9	5.5	Φ9 000×6 000	340
	STB10000－420	Φ9 200	4.9	7.5	Φ10 000×6 000	420
900 节能搅拌机	STB11000－520	Φ10 000	4.1	7.5	Φ11 000×6 000	520
	STB12000－610	Φ11 000	4	11	Φ12 000×6 000	610

（二）倒浆柱塞泵

本机用于泥浆倒浆用。

图 7－11　倒浆柱塞泵布局

表 7－11　倒浆柱塞泵参数表

项目	规格及型号
柱塞泵	YB250－25
额定流量	25m^3/h
压力范围	0～2.5MPa
额定冲程	250mm
配用油泵型号	CBQ－F563
配用电机功率	22kW

（续上表）

项目	规格及型号
进浆管尺寸	DN125
出浆管尺寸	DN100
外形尺寸	1 840mm × 1 640mm × 2 250mm
重量	1 800kg

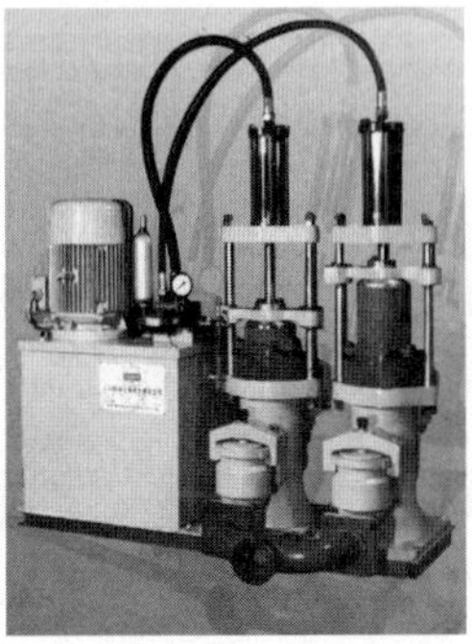

图 7－12　倒浆柱塞泵及其布局

（三）浆料筛

图 7－13　圆形振筛

表 7－12　浆料筛参数表

项目	规格及型号
圆形振筛	XY－1000－1S
产能	300kg/h
功率	1.5HP
筛面直径	930mm
筛选层数	1
外形尺寸	Φ1000mm × 690mm
重量	235kg

本机用于泥浆的筛分，确保泥浆的粒度和纯度。主要优点：①由于筛箱振动强烈，减少了物料堵塞筛孔的现象，使筛子具有较高的筛分效率和生产率；②构造简单，拆换筛面方便；③筛分每吨物料所消耗的电能少。

圆形振筛结构主要由筛箱、激振器、悬挂（或支承）装置及电动机等组成。电动机经三角皮带，带动激振器主轴回转，由于激振器上不平衡重物的离心惯性力作用，使筛箱获得振动。改变激振器的偏心重，可获得不同振幅。

安装和调试：

（1）安装：①在安装前，首先按照装箱单检查零部件是否齐全和损坏，其中振动器自出厂日起超过 6 个月，必须重新拆洗和组装，并抹上清洁的润滑油。②按照安装图进行设备安装，其中支承底架必须水平安装在基础上，基础应有足够的刚度和强度，以支承振动筛的全部动负荷和静负荷。③筛箱四角有吊耳，支承底架四角有起吊孔，应按图要求进行吊运，不可直接将整个筛子挂在振动器上吊运。④保筛箱与料斗、料槽（溜槽）等一类非运动件之间最少应保持 75mm 的间隙。⑤确保弹簧座与筛箱上摩擦阻尼板之间有 10mm 间隙。⑥减振弹簧按自由高度进行选配，分别使前端或者后端的左右两侧弹簧自由高度尽量相等，误差不超过 5mm。筛箱安装后，筛面左右保持水平，否则，可在弹簧座与支承件之间垫薄铁片。

（2）调整和试运转：①弹簧必须处于垂直状态，弹簧上支座与弹簧接触面必须呈水平状态，调整好后用螺栓把弹簧上支座固定在筛箱耳轴上，然后点焊成一体。②振动筛驱动方向为站在给料端，面对物料流动方向观察电机位置，得到左向或右向驱动。需更换驱动方向时，从平衡轮上卸下振动器带轮，重新安装到另一侧平衡轮上并予以紧固。③确保 V 带张力有充分的调整量，且两个胶带轮对应的沟槽在各自平面内一一对应。④安装调整结束后，应进行不少于 2 小时的空载试运转，要求运转平稳，无异常噪声，振幅和运动轨迹符合要求，轴承最高温度不超过 75℃。⑤空载试运转合格后，可投入负载试运转，负载试车时间可按工艺试车要求进行。⑥试车前必须用手（或其他方法）转动激振器。转动灵活且无卡阻现象时，方可正式开动机器。

图 7－14　圆形滚筛

（四）全自动浆料永磁除铁器

图 7－15　全自动浆料永磁除铁器

1. 外形结构

全自动浆料永磁除铁器由两套或三套结构相同的单机串联组成，采用自下向上的浆料流动方式除铁，每套单机均可设定不同的除铁时间，均有捕捉铁质、清洗铁质的功能。

2. 材料特点

磁棒可选用宁波韵升磁业有限公司的高性能钕铁硼，每根磁棒的磁场可达到 1 万高斯以上，使用寿命比普通的磁棒长，保证 3 年内退磁率不超过 5%。每根磁棒 Φ25mm 长度为 530mm，有效磁区为 400mm，吸铁面积≤2.5mm，每台机应配置不少于 65 根磁棒。磁棒上面的刮胶，选用台湾进口刮胶圈，双胶圈设计，不容易老化，可使用一年以上，容易更换。机架材料选用厚度为 2.5mm 的方管，面板选用厚度为 1.5mm 的 SUS304 不锈钢制作，并经过喷塑处理，接触浆料的材料均为 SUS304 材质，保证浆料不会受到二次污染。

3. 结构优势

本机采用套管式结构：浆料采用自流的形式，由低往高流动，所有浆料必须和磁棒接触，跟磁棒的接触距离均不会超过 5mm，所有接触浆料的部件均为不锈钢，保证所有浆料都经过除铁环节，而且由于没有经过机械的左右摆动，黏附在磁棒上的铁质不容易掉落回浆料里面，从而也保证除铁的效果。

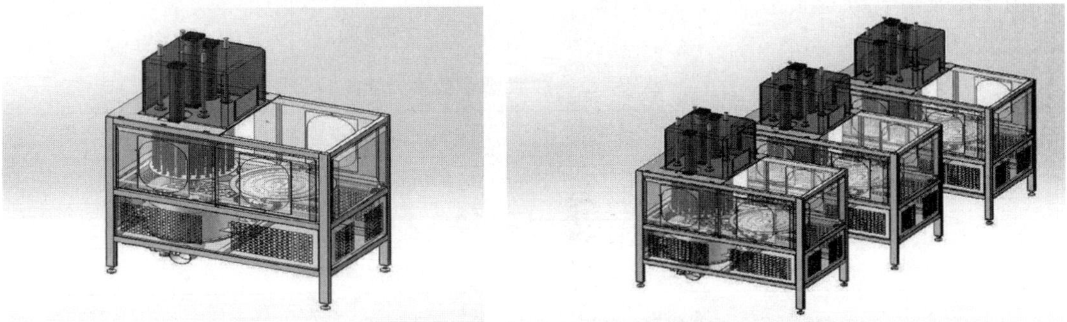

图 7－16　套管式结构示意图

图 7－17　套管式结构实物图

每套自动永磁柜式浆料除铁机过浆量均可达到 40t/h，除铁率≥90%，可以满足陶瓷墙地砖厂的除铁需求。每台除铁机均配触屏式控制板，可随时调整除铁时间，提高除铁效率；同时有手动除铁按钮，按钮调到“手动”时，可自动显示除铁过程，方便检查是否有除铁的故障。控制板使用稳定，不容易出错。另配置报警系统，只要机械内部任一部件出现故障，都会马上发出警报声，方便工人维修。

除铁机的除铁槽内设置了一个放浆阀，每次使用完毕停机后，可以将阀门自动打开，排空浆桶内的余料，防止浆料沉淀后对设备造成损坏。

磁棒椭圆度控制在 0.05mm 以内（自开模具定制），有助于减轻胶圈的摩擦变形，延长胶圈使用寿命；同时减少磁块和套管的空隙，提高表面磁棒光滑度，延长磁棒使用寿命。磁棒接触点面积越大，除铁率越高。焊接采用自动焊接方式，保证了焊接外观美观，无空气氧化，延长使用寿命。机架（2.5mm）和面板（1.5mm）为 SUS304 不锈钢喷塑处理；接触浆料的材料为 SUS304 材质。

不带储浆罐或缸的除铁器会出现溢满情况，因此要带有溢满报警功能，没有报警功能的最起码要有高点的溢漏管口。为防浆料沉淀，浆桶设计为圆形，带椎体加 90 度弯头，进料口和出料口采用由低到高逆流方式，确保浆料沉淀和均化效果，同时，为确保所有的设备加油及轴承传动皮带转动时产生的污染物不会掉入浆中，须做好遮挡。

除铁器的升降部位要有防污措施防止油污直接掉到浆料中。

（五）放浆槽

用于振动筛出浆至除铁器进浆段输浆。

表 7－13　放浆槽参数表

项目	规格及型号
外形尺寸	300mm×400mm×300mm U 形槽体
材料	2mm/304 不锈钢板
支架	8 号槽钢、5 号角钢

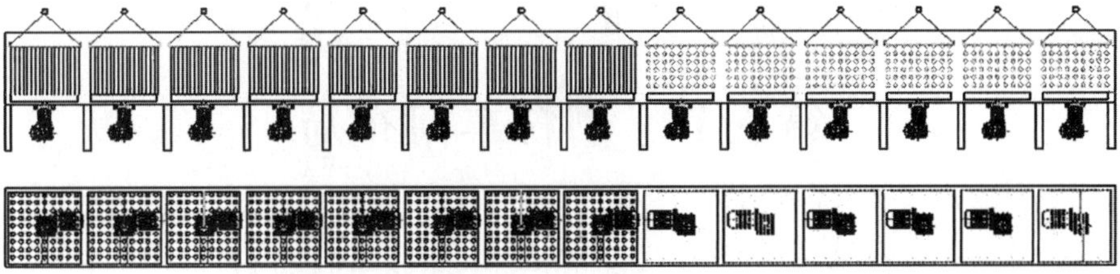

图 7－18　放浆槽示意图

（六）出渣槽

用于陶瓷泥浆的筛分后装渣用，采用 2mm/A3 钢板制作。

（七）过筛除铁平台

用于支撑滚筛及除铁器等设备。

表 7－14　过筛除铁平台参数表

项目	规格及型号
平台立柱	Φ159mm×5mm 钢管
平台主梁	14 号槽钢
平台辅梁	10 号槽钢
平台网筋	10 号槽钢/5 号角钢交错焊接（约 600mm×600mm 方格）
平台面板	3mm 花纹板
平台护栏	30mm×30mm×2.5mm 方管
平台踢脚板	180mm×2mm 钢板

（八）泥浆倒浆管路

采用国标 DN100 镀锌钢管（地下池至高位池）及手夹式蝶阀，用法兰连接，每 6 米配 1 对法兰。

（九）过筛除铁系统布局

图 7－19　过筛除铁系统布局

第三节　制粉车间布局

一、喷雾干燥塔车间整体布局

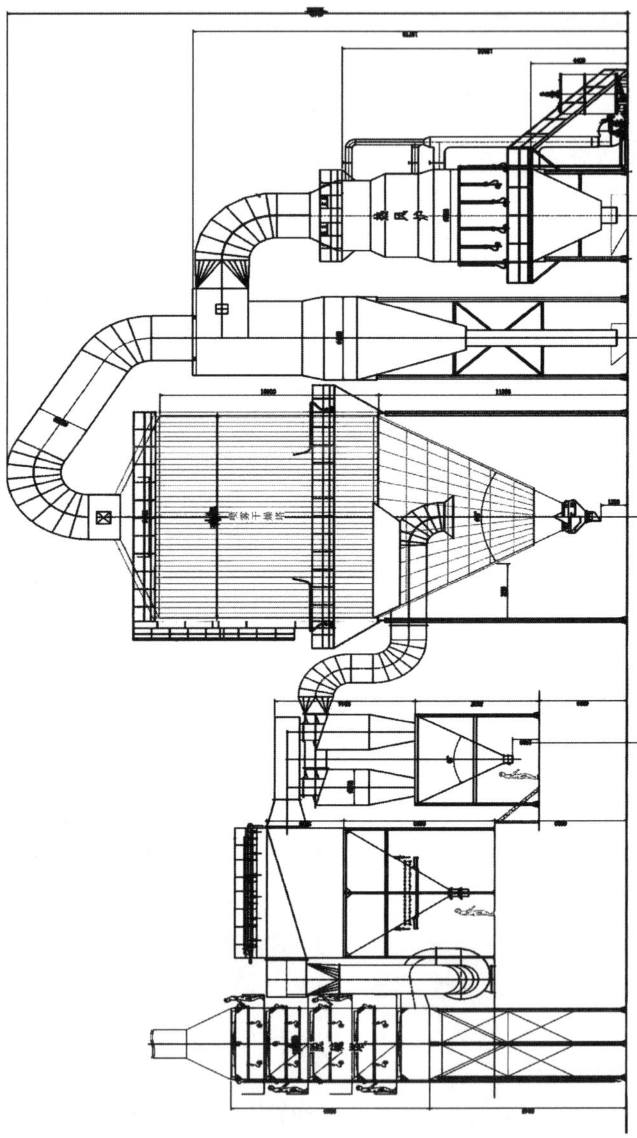

图7-20　喷雾干燥塔车间整体布局

二、高位浆池至柱塞泵泥浆管路

用于泥浆的输送。

表 7－15　高位浆池至柱塞泵泥浆管路用材配置

项目	规格及型号
泥浆管道	Φ168mm×3.5mm/Φ114mm×3.5mm/304 不锈钢管
连接法兰	DN150/DN100（法兰连接）
法兰蝶阀	DN150/DN100
出浆形式	双出浆

三、泥浆柱塞泵

用于喷雾干燥器干燥泥浆时对泥浆加压雾化。

表 7－16　泥浆柱塞泵用材配置

项目	规格及型号
柱塞泵	YB250－25
额定流量	$25m^3/h$
压力范围	0～2.5MPa
额定冲程	250mm
配用油泵型号	CBQ－F563
配用电机功率	22kW
进浆管尺寸	DN125
出浆管尺寸	DN100
外形尺寸	1 840mm×1 640mm×2 250mm
重量	1 800kg

四、喷雾干燥塔

喷雾干燥塔工作原理：本系统用中压泵将泥浆压送至供浆管路，利用供浆管路的过滤装置过滤掉泥浆里的杂质，然后将经过过滤的泥浆通过供浆管道送至塔内喷枪装置，通过安装在塔内喷枪装置里的喷嘴将泥浆雾化，经雾化的泥浆变为具有较大表面积的雾滴。同时，排风机吸入的空气经热风炉被加温成热空气，产生的热空气经塔顶的热空气分配器均匀排入塔内。泥浆雾滴在很短的时间内，经塔内热风干燥成近似球形的颗粒，颗粒落在喷雾干燥塔底部，经粉料放料阀放出。带有微粉的废气通过布袋式除尘器被分离出来。废气经净化后，通过烟囱排入大气。本系统利用热空气对泥浆喷干造粒，由于是连续工作过程，生产的粉料含水率稳定，流动性好，特别适宜制备陶瓷薄板的粉料。

1. 节能型喷雾干燥塔优点

（1）主塔体制作工艺，设计选型标准化，制作质量、骨架强度高，可减少维护成本；骨架保温作特殊处理，使塔体整个热传导面积大大低于市面上一般的喷雾干燥塔。

图 7 – 21　节能型喷雾干燥塔

（2）分风器采用耐高温的 310S 不锈钢材料，为多层涡旋式结构，热风分配更均匀，热风在塔顶高速旋转，同时在塔内滞留的时间较长，使热风与泥浆在塔内的热交换更加充分，生产质量稳定。

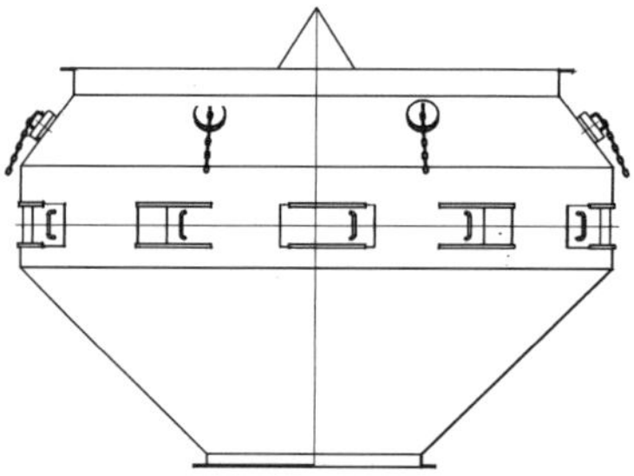

图 7 – 22　喷雾干燥塔分风器结构示意图

（3）筒体直径、高度与泥浆喷枪位置合理配置，热交换效率高。

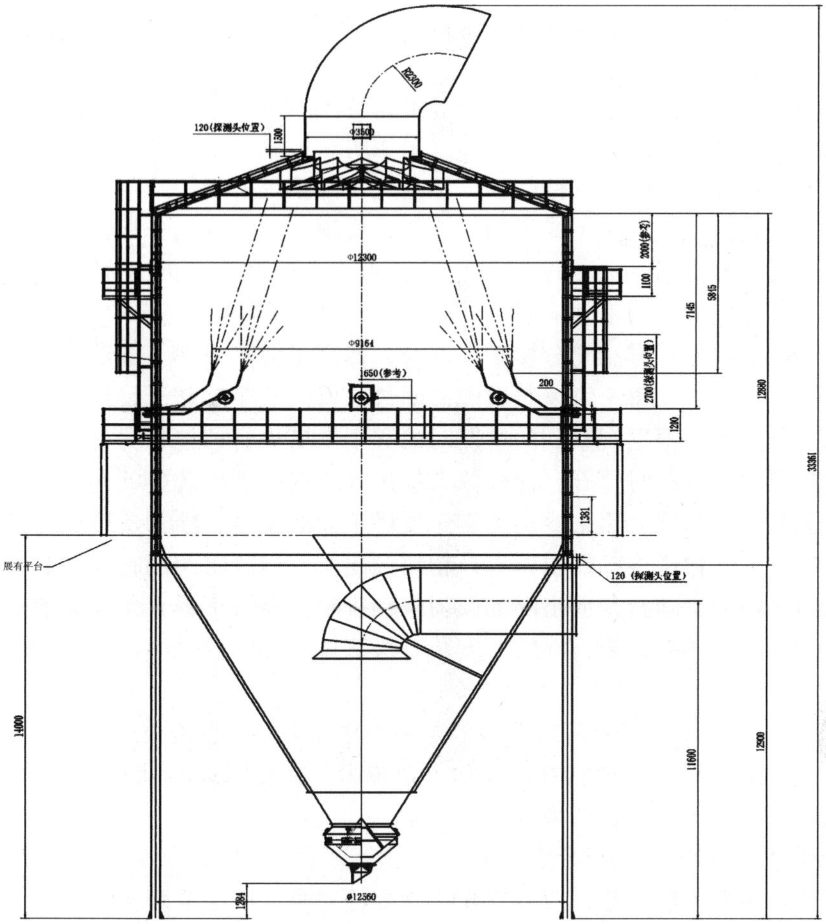

图 7－23　喷雾干燥塔筒体与喷枪位置图（单位：mm）

（4）专用冷却器应用于塔下锥，减少粉料结块和陈腐时间。

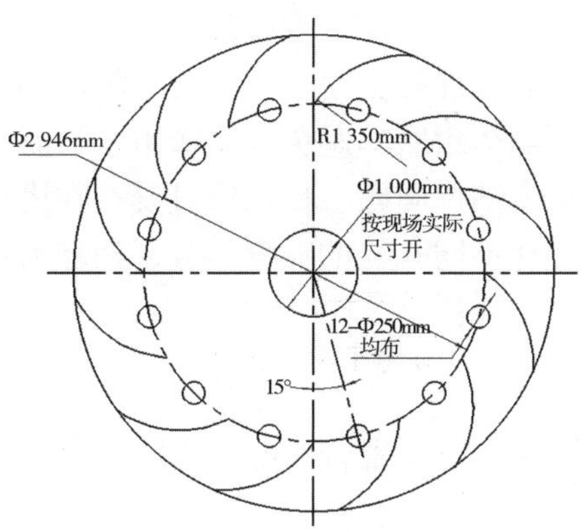

图 7－24　喷雾干燥塔冷却器结构示意图

(5) 风机采用变频节能技术，调节方便，节能效果好。

2. 主要结构

(1) 喷雾干燥塔系统。它由圆锥形的塔顶和圆柱形的圆筒体及圆锥形的塔下锥组成。塔顶、圆筒体及塔下锥组成的塔体，其内壁采用耐热不锈钢板，外壁用波纹彩板，整个塔体焊接成骨架作支撑；内壁和外壁间根据热空气设计系统采用特殊的保温材料，使塔具有良好的保温性能，保证了喷雾干燥塔的低能耗；塔顶上的热空气分配器，由特殊耐热不锈钢材料制作，具有耐高温和防锈防变形性能，由小分叶和大分叶分别组成锥形旋涡状通道。热空气从环形旋涡状通道切向进入塔内，产生混合的热空气流均匀分布于整个塔内，与由喷枪喷出的逆向原料雾滴充分接触、混合，提高了传热效率。圆筒体上配有两个人孔检测门和两个灯窗装置，每个灯窗装置配照明灯，可以照亮喷雾干燥塔内部，便于工作人员在干燥器工作过程中根据观察到的情况对喷雾干燥塔进行监控；另外，带有可打开灯窗装置的人孔检测门可以及时打开，让检修人员进入塔内处理出现的问题。在塔下锥和出料口之间安装有粉料冷却器，用来冷却喷雾干燥塔干燥的粉料；冷却速度由冷却器的调节阀控制，得到冷却的粉料经冷却器出口进入粉料放出阀，当放出阀的粉料达到一定量时，靠其自重克服负压阻力，随打开放出阀的阀门自动排出。在塔下锥上部安装有排风管，它将喷雾干燥塔和除尘器连接起来，在管上安装有检测排风温度的热电偶和检测管内尾气压力的压力计。

(2) 除尘系统：该系统采用旋风除尘器和湿法除尘器串联两级除尘。

(3) 主排风：主排风机包括在旋风除尘系统内，它采用锅炉引风机，风机轴承通过水冷却、塔内负压及热风量变频器来调节。

(4) 供浆管路和喷枪雾化装置系统：

①泥浆泵：该泵为液压驱动双缸双作用陶瓷柱塞泵，应配备两台。

②供浆管路：供浆管路采用不锈钢管制作，在总管和各支管备有调节控制阀门，以便调节控制总管和各支管。采用双管路进浆系统，泥浆压力分布更均匀，不易出现偏干偏湿的现象。

③喷枪雾化装置：喷雾干燥塔配套的喷枪雾化装置，是一种高效的组合式喷枪，便于安装、操作、维护，且能在不停产的情况下更换泥浆的喷头。在泥浆雾化过程中，喷嘴的性能是关键，应雾化效果佳、对中性好、便于调节。喷嘴的喷片、旋涡片、调向片等零件采用特种硬质合金材料制作，经久耐磨，避免了喷嘴由于长时间使用造成其孔不圆、不同心而产生喷雾锥偏心，从而产生粘壁问题。喷枪通过安装在塔壁上的偏心锁紧装置锁紧固定，防振性好。使用厂家可选择不同孔径的喷嘴组合，使坯粉有较理想的颗粒级配。

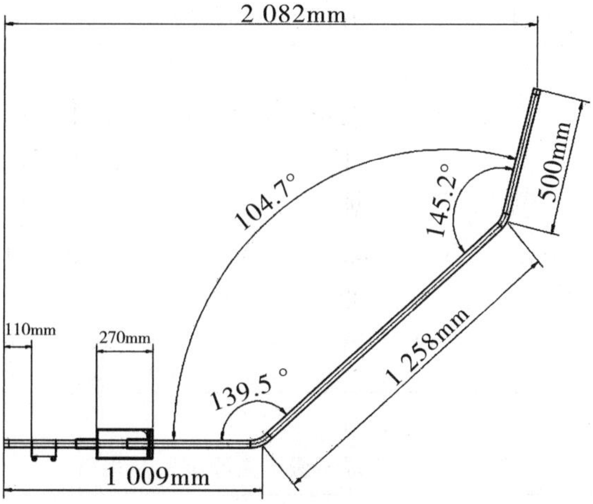

图 7－25　喷雾干燥塔喷枪雾化装置示意图

（5）电器控制及检测系统：电气控制系统设计先进、合理、可靠，操作简单，维护方便。

表 7－17　喷雾干燥塔主要参数

项目	规格
型号	800PWT 型
水分蒸发量	10 000kg/h
塔内径	Φ10 500mm
塔直筒高度	11 000mm
单位热耗	850kcal/kg H_2O
干粉产量	约 800t/d
喷嘴个数	44 个
泥浆含水率	33% ~35%
泥浆比重	1.68 ~1.73g/cm^3
泥浆残渣	230 目釉面：2.7，325 亚光；3.0，325 抛光　1.0 ~2.5
泥浆流速	35 ±10s
泥浆雾化压力	1.5 ~2.0MPa
粉料含水率	6% ~7%
进风温度	400℃ ~600℃
颗粒级配	符合压机要求 40 目 40% ~50%，60 目 40% 筛余 80 目 10% ~15%，100 目 2% ~3%
排风温度	80℃ ~100℃
塔内负压	100 ~300Pa

（续上表）

项目	规格
配套柱塞泵型号	YB250－25　22kW（一开一备）
配套主排风机型号	Y9－38 16 D　200kW
燃料	天然气、粉煤
装机容量	220kW
操作平台宽度	1 500mm
最大安装高度	净空 25m，弯头直部 1m

表 7－18　喷雾干燥塔主要配置及用材

结构名称		规格及材料特性
热风管路		①外径 Φ2 100mm，有效内径 Φ1 800mm；②外皮采用 δ＝3mm/Q235A 钢板制作，管内保温层为 114mm 高铝聚轻球切磨＋40mm 硅酸铝陶瓷纤维甩丝毯；③设置 400mm×500mm 检修孔；④热风管支撑采用工字钢，从圈梁至塔顶
塔顶	分风器	①分风器直径 Φ4 000mm，叶片高度 700mm；②采用 12 片环形结构旋涡形螺旋式通道；③材料为 δ＝3mm/0Cr25Ni20（310S）不锈钢板
	塔顶内壁	内壁采用 δ＝3mm/0Cr25Ni20（310S）不锈钢板
	塔顶骨架	①主梁非连接处采用 8 号、6.3 号槽钢制作，连接处采用 7.5 号双角钢制作，横筋采用 5 号槽钢制作，使用 50mm×8mm 扁钢连接板；纵向间隔的纵向间距按喷枪间距，横向间隔约 800mm；②上圈梁采用 12 号槽钢制作，并以 8 号槽钢连接成为一体
	外盖板	外皮用 δ＝2mm/Q235A 钢板
	保温层	保温层 250mm，采用硅酸铝陶瓷纤维散棉塞实
筒体	筒体内壁	①筒体内径 Φ9 500mm；筒体高度 9 000mm；②内壁上 3 米采用 δ＝3mm/1Cr18Ni9Ti（321）不锈钢板制作；其他采用 δ＝3mm/0Cr18Ni9（304）不锈钢板制作；③塔身开设 2 个检修门、4 个观察孔
	筒体骨架	主梁非连接处采用 8 号、6.3 号槽钢制作，连接处采用 7.5 号双角钢制作，横筋采用 5 号槽钢制作，使用 50mm×8mm 扁钢连接板；纵向间隔的纵向间距按喷枪间距，横向间隔约 800mm
	外盖板	外皮上 6 米 2mm/A3 钢板＋0.5mm 彩钢瓦，以下 2.5mm/A3 钢板
	保温层	保温层 200mm，采用硅酸铝陶瓷纤维散棉塞实；容重 120kg
	大梁	高 300mm，宽 250mm，立板及筋板采用 8mm 厚 A3 钢板，上下板为 10mm 厚 A3 钢板

（续上表）

结构名称		规格及材料特性
塔下锥	下锥内壁	内壁采用 δ=3mm/1Cr18Ni9Ti（321）不锈钢板
	下锥骨架	骨架主梁采用 10 号轻型槽钢制作，横筋采用 5 号槽钢制作，压条采用 70mm×3mm 钢板折制；纵向间隔的纵向间距按喷枪间距，横向间隔约 800mm；下锥上法兰为 8mm 厚钢板
	外盖板	外皮采用 δ=2mm/Q235A 钢板
	保温层	保温层 100mm，采用硅酸铝陶瓷纤维散棉塞实
	冷却器	①采用 δ=3mm/0Cr18Ni9（304）不锈钢板；②配风处直径：Φ1 300mm；③采用 8 个调节风量门；尺寸 150mm×200mm；④与塔下锥接口直径：Φ1 045mm；⑤下料口直径：Φ600mm；⑥采用 δ=8mm/304 不锈钢板作法兰，上下口用螺栓连接；⑦冷却器离地面高度 1 200mm
塔体平台	平台立柱	①塔立柱采用 6 支 Φ219mm×6mm 钢管制作；②所有立柱间拉筋采用 Φ76mm×3.5mm 钢管制作
	平台	①喷雾干燥塔周操作平台宽度 1.5m；②护栏采用 30mm×30mm×2.5mm/Q235A 方管，所有护栏 1 200mm，纵向间隔 1 000mm，挡边板采用180mm×2mm 钢板；③平台上下采用走梯，走梯主梁采用 14 号槽钢；踏板采用花纹板折边，塔顶配有爬梯；④塔周采用 δ=2mm/Q235A 钢板制作水沟
供浆系统	喷枪	①34 支喷枪，采用 Φ27mm×3mm/022Cr17Ni12Mo2（316L）不锈钢管；②喷枪管套采用 Φ108mm×3mm/0Cr18Ni9（304）不锈钢管；③喷头由 316 不锈钢外壳和 YG8 钨钴合金制作的喷孔片、旋涡片、盖片组成；④阀门组采用 Φ27 高压织物软管、高压软管接头（304）（带侧边卸压阀）、不锈钢三通等组成
	泥浆管路	①包括进浆管、环形浆管、排浆管；②环形浆管采用 Φ114mm×4mm/304 不锈钢管，采用双 Φ89mm×3mm/304 不锈钢管进浆的双进浆形式；③搭配一条清洗放浆管道，采用 Φ76mm×3mm 镀锌管制作
	柱塞泵	YB250－25　22kW，两台；一开一备
旋风除尘系统	塔内排风管	①直径 Φ1 400mm，采用 δ=3mm/0Cr18Ni9（304）不锈钢板制作；②吸风管高 300mm，风帽直径 Φ1 600mm
	旋风除尘器	①由 6 个直径 Φ1 400mm 的旋风除尘器组合而成；采用 5mm/16Mn 钢板制作；②芯管 Φ600，采用 δ=3mm/Q235A 钢板制作；③风管及蜗壳采用 δ=3mm/Q235A 钢板制作
	集料斗	采用 δ=3mm/Q235A 钢板制作
	排风管路	直径 Φ1 400mm，采用 δ=3mm/Q235A 钢板制作
	主排风机	Y9－38 16D，200kW（配汇川或森兰变频器）

（续上表）

结构名称	规格及材料特性	
湿法除尘器	直径	Φ3 200mm　筒体高度 11 000mm
	旋流板	2mm/304 不锈钢板集水器　2mm/304 不锈钢板
	立柱	Φ159mm × 5mm 钢管进风管　3mm/304 不锈钢板
	筒体	3mm/304 不锈钢板上、下锥体　3mm/304 不锈钢板
	烟囱	Φ1 400mm　2mm/304 不锈钢板
	垫板	支承柱底板厚 14mm/A3 板，其他厚 10mm/8mm 钢板
	水泵	IS80 – 65 – 160，7.5kW
电控系统		包括变频器、电流表、电压表、热电偶、接触器、热继电器等
温控表		塔顶进风管 1 套，塔身 1 套，排风管口 1 套，热风炉膛 1 套；负压表 1 个
辅助材料		焊条、油漆、标准件、外购件、氧气、乙炔

五、喷雾干燥塔热风炉

（一）水煤浆热风炉

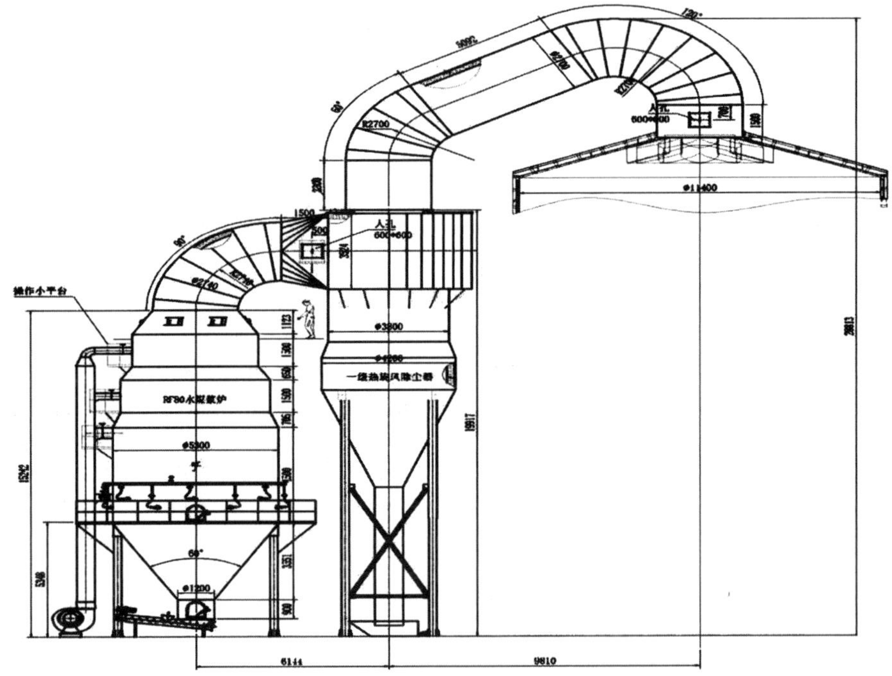

图 7 – 26　水煤浆热风炉结构示意图（单位：mm）

1. 水煤浆热风炉主要配置

旋焰式水煤浆热风炉是一种先进的水煤浆燃烧设备，主要由水煤浆供热炉主体部分、热风管、水煤浆中转罐、单螺杆泵、煤浆管路、雾化风管路、燃油管路、电器控制及测温仪表系统等辅助设备组成。

水煤浆热风炉钢构部分由 Q235A 钢板焊制而成，内部保温采用陶瓷纤维棉毯和高温浇注料，具有结构结实紧凑、外部保温效果好、燃烧效率高、除尘效果好等优点，特别适宜作为陶瓷喷雾干燥塔的供热装置。

2. 工作原理

启动时用柴油将燃烧室升温至 800℃，水煤浆由喷枪雾化角向喷入炉膛，着火旋转燃烧。在离心力作用下，煤灰尘附集于炉膛内壁，螺旋下降至出渣口并进入水封池内，由出渣机捞出。燃烧室中心的热空气上升至上部射流除尘室，在空气角向喷射作用下，热烟气高速旋转，较细的煤灰尘沿炉壁螺旋滑至导灰口，中心洁净的热烟气通过热风管道直接进入喷雾干燥塔使用或者经除尘器后再入塔。

表 7－19　水煤浆热风炉主要技术参数

设备部件		技术要求
水煤浆供热炉主体	热风炉体	外径 Φ5 700mm，有效内径 Φ5 000mm
		外层 δ = 5mm/Q235A 钢板，内层 δ = 4mm/Q235A 钢板双层结构，100mm 空气夹层，可回收炉壁热量、降低炉壁温度
		炉型上部采用锥体设计，便于落灰
		射流管喷枪处采用 Φ76mm × 3mm/0Cr18Ni9（304）不锈钢管，其他采用 Φ60mm × 3mm/0Cr18Ni9（304）不锈钢管
	热风炉体下锥	采用 δ = 5mm/Q235A 钢板；环形配风管采用 Φ114mm × 3mm/0Cr18Ni9（304）不锈钢管，射流管采用 Φ60mm × 3mm/0Cr18Ni9（304）不锈钢管
	配风位	采用大风量、宽范围、连续可调的配风器，使热风炉出口的宽幅满足 450℃ ~ 850℃之区段的调温要求
	检修人孔	炉体开设 450mm × 500mm 检修人孔一个
热风管	主风管	外径 Φ2 800mm，采用 δ = 3mm/Q235A 钢板制作
	检修人孔	塔顶制作 400mm × 500mm 检查口 1 个
多级热旋风除尘器	旋风除尘器	进气气流速度 15 ~ 25m/s；压力 5kg
		采用 δ = 4mm/Q235A 钢板
		捕获大于 200 目煤灰，并采用最新除尘技术，中心筒加装稳流板
		直径 Φ4 800mm，采用 δ = 4mm/Q235A 钢板制作

（续上表）

设备部件		技术要求
多级热旋风除尘器	旋风器下锥	直径 Φ4 800mm ~ 900mm，采用 δ = 4mm/Q235A 钢板，能捕集粒径为 5μm 的粉尘
	芯管	阻力损失 588 ~ 1 960Pa
		中心筒直径材料 Φ2 500mm 采用 310S 不锈钢，厚度 5mm
	尘降管	除尘效率 98%，材质 Q235 – A，厚 4mm
	立柱	采用 4 支 Φ219mm × 6mm/Q235A 钢管制作，并以 10 号槽钢做拉筋加强
辅助设备	鼓风机	4 – 68，8C 37kW
	空气压缩机	—
	单螺杆泵	G85 – 2A，11kW
	圆形振筛	Φ1 000mm，1 台
	柴油加热系统	柴油箱 0.6m^3，材质 Q235 – A，油泵 KCB33.3
		手动点火配柴油点火系统
	测温仪表系统	热电偶
	管路、阀门压力表	油泵、管阀及柴油枪等 1 套
	煤浆枪	PD – 1000 燃烧器 18 套，含喷头 1Cr18Ni9Ti，胶管接头，喷片
	煤浆雾化器	压缩空气
热风炉耐火材料	上锥体	40 棉毯 + 200 高温浇注料
	燃烧炉膛	
	下锥体	
除尘器耐火材料	炉体保温材料	棉毡 40mm + 150mm 高温浇注料，顶部采用高铝砖吊顶
	尘降管	4mm/Q235A 钢板
风管保温料	风管	40mm 厚硅酸铝纤维毡 T3 + 114mm 聚轻球保温砖 T38/T39（切磨）
使用参数		
产热能力		①热功率：1 530 × 10^4kcal/h；②出口温度：450℃ ~ 850℃，可调
煤质要求		灰分≤12%，灰熔点≥1 250℃
自动出渣机		1 台水煤浆热风炉配 1 台螺旋式自动出渣机
水煤浆水分		水分 47% ~ 51%，流速 40 ~ 70s，筛余 4% ~ 5.5%，比重 1.22 ~ 1.24
水煤浆耗		满足喷雾干燥塔≥900 吨粉/天，110kg ± 10% 煤浆/吨粉
启动耗时		45min（初次加倍）

（二）天然气热风炉

图 7-27　天然气热风炉

表 7-20　天然气热风炉主要技术参数

设备部件		技术要求
煤气供热炉主体	热风炉体	外径 Φ3 000mm，有效内径 Φ2 100mm
		双层结构，外壁采用 δ = 5mm/Q235A 钢板，100mm 空气夹层，可回收炉壁热量，降低炉壁温度
	热风炉炉膛	保温层为 230mm 高铝聚轻球轻质砖 +40mm 硅酸铝陶瓷纤维甩丝毯
	配风位	采用大风量、宽范围、连续可调的配风器，使热风炉出口的宽幅满足 450℃ ~ 850℃之区段的调温要求
热风管	主风管	直径 Φ2 100mm，采用 δ = 3mm/Q235A 钢板制作
	检查人孔	塔顶制作 400mm × 500mm 检查口 1 个
	保温层	管内保温层为 114mm 高铝聚轻球轻质砖 +40mm 硅酸铝陶瓷纤维甩丝毯
燃烧机及阀组	燃烧器本体	①配备 SWT 燃烧主机 1 台；②配备风门执行机构、火焰检测器、点火变压器、点火电极、风压保护开关 1 套
	配套阀组	1 批

（三）链排式热风炉

图 7－28　链排式热风炉

工作原理：

煤从煤斗内依靠自重落入炉排前端，炉排通过减速机带动其转动，煤随炉排自前向后缓慢移动，经煤闸板进入炉膛，煤闸板高度可以自由调节，以控制煤层的厚度。空气从炉排底部分区送风进入，与煤层运动方向相交。煤在炉膛内通过辐射热加热，依次完成预热、干燥、着火，直至燃尽。燃烧所产生的热烟气经过热旋风除尘器后进入喷雾干燥塔。灰渣则随炉排移动至尾部，经过挡渣板落入水冷灰渣斗，经除渣机排出。

该设备是层燃炉的一种，属于机械燃烧炉，包括煤斗、炉体、送煤机构、配风装置、热除尘器及电器控制系统。

优点：①燃烧工艺简单，操作简便；②可消耗煤气发生炉产生的酚水；③适用于外墙砖、内墙砖、仿古砖等产品粉料生产；④能耗低，可直接用粉煤作燃料，每吨粉料耗煤 55～65kg。

六、尾粉回收系统

用于旋风除尘器或布袋式除尘器细粉化浆后浆料的储存、均化等。

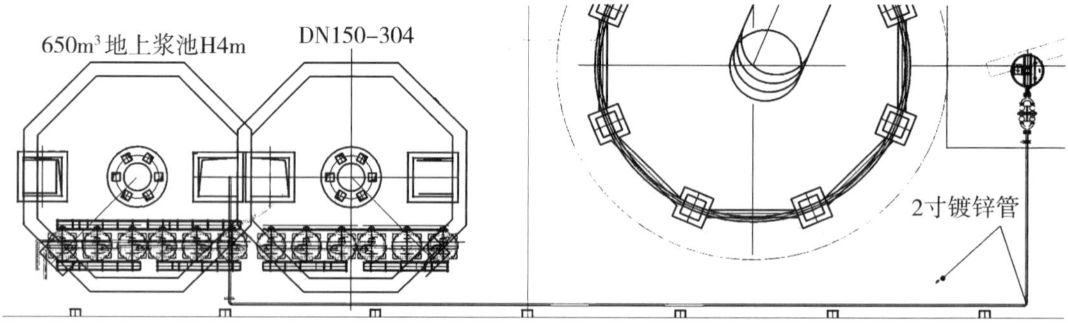

图 7－29　尾粉回收系统结构示意图

表 7-21　尾粉回收系统用材配置

项目	规格及型号	备注
容积	$1m^3$（装料量约 1.5t）	
直径	Φ1 200mm	
直筒高度	1 000mm	
顶盖	δ=2mm/304 不锈钢板	
直筒	δ=2mm/304 不锈钢板	
下锥	δ=2mm/304 不锈钢板	
搅拌机	BLD2-87，2.2kW 摆线针轮减速机，输出转速 16r/min	佛山
搅拌轴	Φ76mm×6mm/304 不锈钢管	
搅拌叶	双层搅拌叶，采用 δ=6mm/304 加工成 T 型	
主梁	10 号槽钢	
围箍	5 号槽钢	
底架	8 号槽钢	

细粉回收管路系统：

管路采用 2 寸镀锌管及手夹式蝶阀，法兰连接，每 6 米配 1 对法兰。采用气泵传输，泵入放浆池。

七、人工操作平台

用于人工操作、检修、维护。

表 7-22　人工操作平台用材配置

项目	规格及型号
主梁	14 号槽钢/10 号槽钢
横梁	6.3 号槽钢
副梁	5 号角钢
平台面	3mm 花纹钢板
平台护栏	30mm×30mm×2.5mm 方管
平台踢脚板	180mm×2mm 钢板
环身枪槽	2mm/Q235A 钢板

八、电器控制柜

用于控制本系统设备的运行。推荐电器元件品牌：断路器、接触器可选西门子品牌；开关可选德力西品牌；继电器可选欧姆龙品牌。

第四节 粉料车间布局

一、车间布局

从喷雾干燥塔车间至粉料车间的粉料输送、存储、使用系统布局，如图 7－30 所示：

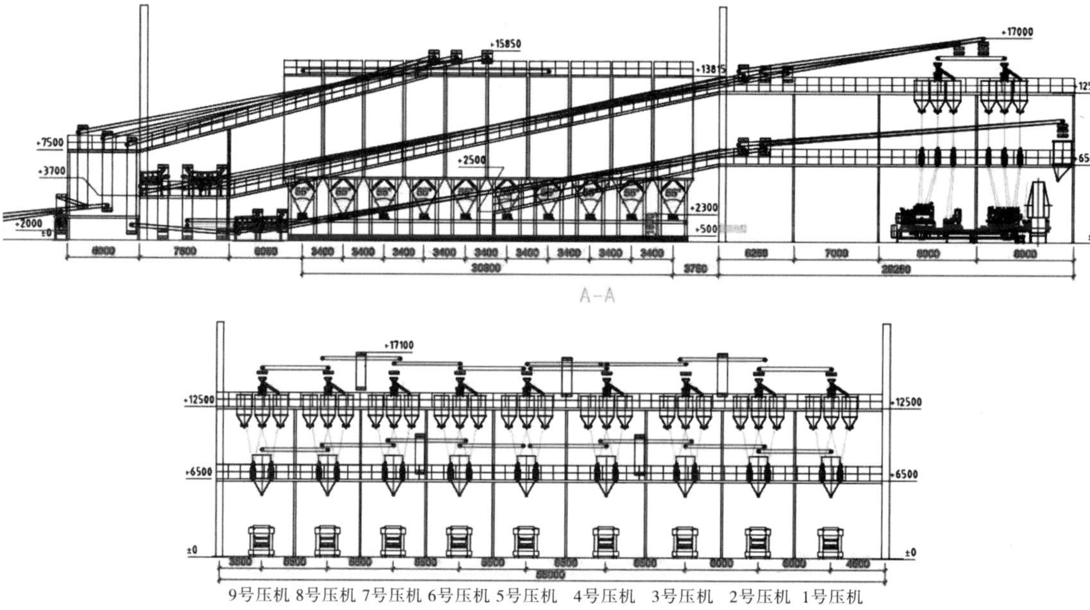

图 7－30 喷雾干燥塔车间至粉料车间的粉料输送、存储、使用系统布局（单位：mm）

二、600B 皮带输送机

该机由前架、尾架、支架、输送皮带、纠偏装置组成（输送皮带长度按钢架外端长度计算）。

表 7-23　600B 皮带输送机用材配置

项目	规格及型号	材料尺寸	备　注
皮带	600mm 宽	5mm×（3mm+1.5mm）	
最小输送量	20t/h		
驱动电机	摆线针轮减速机	速比 1∶29，1.440r/min	
驱动方式	双排滚子链条传动 12A2（P19.05 $d_1$11.91）		链轮、链条
皮带速度	0.71m/s		
主动轮	Φ273mm 无缝管式	Φ273mm×10mm 板 2 张	
从动轮	Φ273mm 无缝管式	Φ273mm×10mm 板 2 张	
上托辊	Φ90mm×308mm/PE 管 2 组	间距：850mm	Φ90mm×8.2mm/PE 管
下托辊	Φ90mm×640mm/PE 管 1 组	间距：3 000mm	Φ90mm×8.2mm/PE 管
轴承	UCP209		
机架	10 号槽钢		
机架脚	8 号槽钢		
横梁	6.3 号槽钢		
链罩	用普通 1.5 铁板		

三、600B 移动带附件

可逆可移动皮带输送机移动系统由导轨、移动轮组、电动装置组成。

表 7-24　600B 移动带附件用材配置

项目	规格及型号	备注
移动轨道	8kg 型	
定位	手动定位	
移动电机	BWD2-59，2.2kW	佛山
移动轮	Φ180mm×50mm	
移动轴	Φ40mm 圆钢/45 号	
轴承	UCP207	福建南安
驱动方式	双排滚子链条传动 12A2（P19.05 $d_1$12.07）	

四、输送带下料口

下料斗选用 δ=2mm/304 不锈钢板制作。

五、滚筒筛（粉料筛）

图 7－31　滚筒筛

（1）用于塔下粉料筛分。

表 7－25　滚筒筛用材配置（用于塔下）

项目	规格及型号	备注
外形尺寸	φ800mm×2 000mm	
倾斜角度	10°	
产量	10 000～20 000kg/h	
电机	BWD2－87，1.5kW	佛山
驱动方式	链条传动	
筛网	10 目/304（按甲方要求）	
主轴	Φ76mm×6mm/304 不锈钢管，轴头 Φ76mm 圆钢/45 号	
机架	80mm×40mm×4mm 方管/Q235A	
下料斗	2mm/304 不锈钢板	
轴承	UCP210	福建南安

（2）用于至压机段粉料筛分。

表 7－26　滚筒筛用材配置（用于至压机段）

项目	规格及型号	备注
外形尺寸	Φ600mm×1 500mm	
倾斜角度	10°	
产量	10 000～20 000kg/h	

（续上表）

项目	规格及型号	备注
电机	BWD2－87，0.75kW	佛山
驱动方式	链条传动	
筛网	10 目/304（按甲方要求）	
主轴	Φ60mm×6mm/304 不锈钢管，轴头 Φ76mm 圆钢/45 号	
机架	80mm×40mm×4mm 方管/Q235A	
下料斗	2mm/304 不锈钢板	
轴承	UCP209	福建南安

六、平台

（1）输送带平台：用于支撑从喷雾干燥塔至压机顶输送粉料的皮带输送机。

表 7－27　输送带平台用材配置

项目	规格及型号	备注
平台立柱	Φ159mm×5mm 钢管	
平台主梁	14 号/16 号槽钢	视平台宽度定
平台辅梁	10 号槽钢	
平台网筋	10 号/6.3 号槽钢，5 号角钢交错焊接（约 600mm×600mm 方格）	
平台面板	3mm 花纹板	
平台斜支承	14 号槽钢	
平台护栏	30mm×30mm×2.5mm 方管	
平台踢脚板	180mm×2mm 钢板	
垫板	支承柱底板厚 12mm/A3 板，其他厚 10mm/A3 板	

（2）压机平台：用于支撑压机顶的皮带输送机及其他设备。

表 7－28　压机平台用材配置

项目	规格及型号
平台立柱	Φ219mm×6mm 钢管
平台主梁	20 号槽钢合并
平台辅梁	14 号槽钢
平台网筋	14 号/10 号/6.3 号槽钢，5 号角钢交错焊接（约 600mm×600mm 方格）
平台面板	3mm 花纹板

（续上表）

项目	规格及型号
平台斜支承	16 号槽钢
平台护栏	30mm×30mm×2.5mm 方管
平台踢脚板	180mm×2mm 钢板
垫板	支撑柱底板厚 12mm/A3 板，其他厚 10mm/A3 板
楼梯主梁	14 号槽钢

七、A3 钢料仓（Φ3 200mm　$70m^3$）

用于粉料的储存、陈腐。

图 7－32　A3 钢料仓

表 7－29　A3 钢料仓用材配置

项目	规格及型号	备注
容积	$70m^3$	
直径	Φ3 200mm	
仓顶	采用 1.5mm/304 不锈钢板	
直筒高度	9 000mm，上四层采用 3mm/Q235A 钢板，下两层采用 4mm/Q235A 钢板	含玻璃钢（三布四油）
下锥体	锥角 60°，采用 4 mm/Q235A 钢板	含玻璃钢（三布四油）
立柱	Φ219mm×6mm 钢管	
地脚板	400mm×400mm×14mm/Q235A 钢板	
顶板	220mm×220mm×12mm/Q235A 钢板	
主梁	22 号槽钢合并	
斜梁	20 号槽钢合并	
凳子	20 号槽钢合并	

（续上表）

项目	规格及型号	备注
斜撑	16 号槽钢	
拉筋	14 号槽钢	立柱间
仓顶平台	10 号/6.3 号槽钢，5 号角钢交错焊接	（约 600mm×600mm 方格）
平台面板	3mm 花纹板	
平台护栏	30mm×30mm×2.5mm 方管	
平台踢脚板	180mm×2mm 钢板	
下料口	直径 800mm 以下采用 3mm/304 钢板制作，配手动闸板	

注：料仓上中下应打三圈 30mm×2mm/304 不锈钢钢带，以防止玻璃钢开裂、脱落。

八、压机料斗

用于储贮经配料秤后的粉料，在此送至压机使用，由平台、立柱、料筒组成，筒体内壁用不锈钢材料做成。

图 7－33　压机料斗

表 7－30　压机料斗用材配置

项目	规格及型号
容积	$3m^3$
直径	Φ1 500mm
直筒高度	1 500mm，采用 2mm/304 不锈钢板
下锥体	锥角 60°，采用 2mm/304 不锈钢板
加强筋	5 号槽钢
放料形式	不锈钢手动闸板

九、料位检测器

本机用于粉料仓、基料斗、色料斗上/下限料位，2 支/套。

十、喷雾干燥塔至料仓电器控制

用于控制本系统设备运行及设备运行间实行联锁。
主要电器推荐选用西门子、正泰品牌，电缆、电线推荐选用珠江品牌。

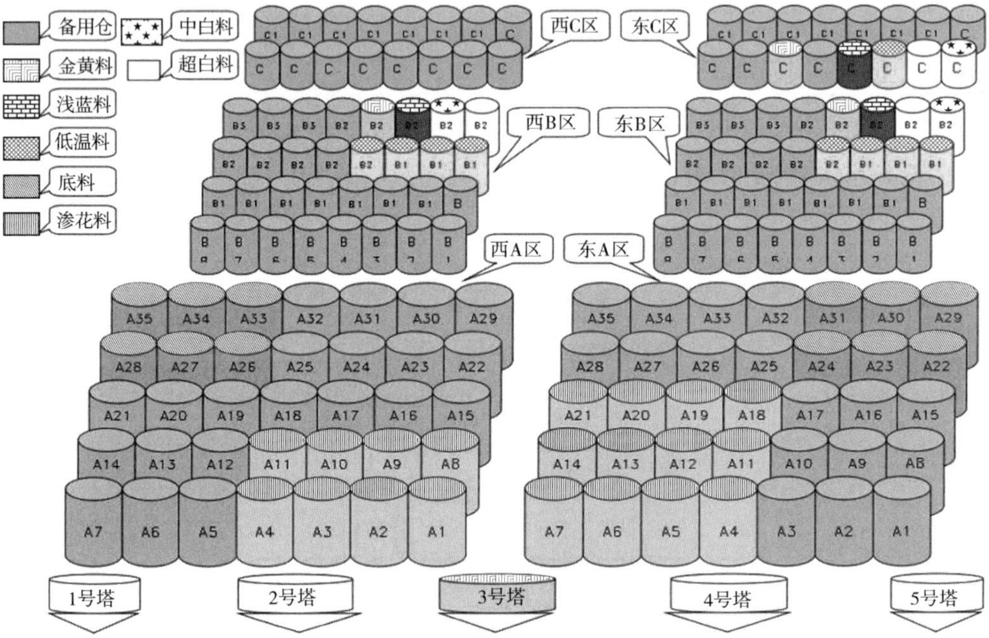

图 7－34　原料车间工艺布置图

第五节　环保设备布局

一、喷雾干燥塔烟气处理流程

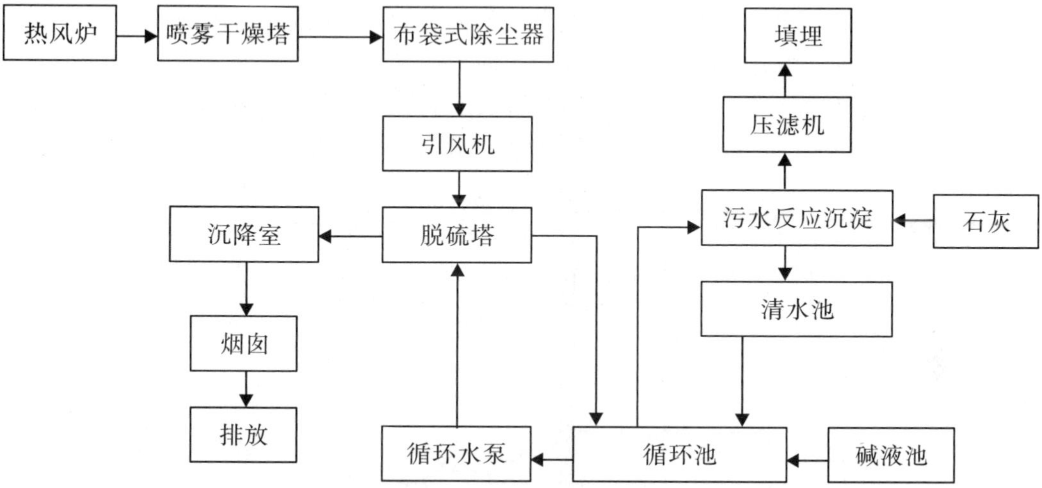

图 7－35　喷雾干燥塔烟气除尘脱硫工艺流程

图 7－36　脱硫塔

给烟气脱硫的大型脱硫装置称为脱硫塔，而用于燃煤工业锅炉和窑炉烟气脱硫的小型脱硫除尘装置塔称为脱硫除尘器。

二、布袋式除尘器

布袋式除尘器是一种干式滤尘装置，它适用于捕集细小、干燥、非纤维性粉尘。其滤袋采用纺织的滤布或非纺织的毡制成，利用纤维织物的过滤作用对含尘气体进行过滤。当含尘气体进入布袋式除尘器后，颗粒大、比重大的粉尘会由于重力的作用沉降下来，落入灰斗，含有较细小粉尘的气体在通过滤料时，粉尘会被阻留，从而使气体得到净化。滤料使用一段时间后，由于筛滤、碰撞、滞留、扩散、静电等效应，滤袋表面会积聚一层粉尘，这层粉尘称为初层。在此后的作业过程中，初层成了滤料的主要过滤层，依靠初层的作用，网孔较大的滤料也能获得较高的过滤效率。随着粉尘在滤料表面的积聚，除尘器的效率和阻力都相应增加。当滤料两侧的压力差很大时，会把有些已附着在滤料上的细小尘粒挤压过去，使除尘器效率下降。另外，除尘器的阻力过高会使除尘系统的风量显著下降。因此，除尘器的阻力达到一定数值后，要及时清灰。清灰时不能破坏初层，以免效率下降。

1. 结构

布袋式除尘器结构主要由上部箱体、中部箱体、下部箱体（灰斗）、清灰系统和排灰机构等部分组成。要发挥好布袋式除尘器的性能，除了正确选择滤袋材料外，清灰系统也起着决定性作用，因此，清灰方法是区分布袋式除尘器性能的标准之一，也是布袋式除尘器运行中的重要一环。

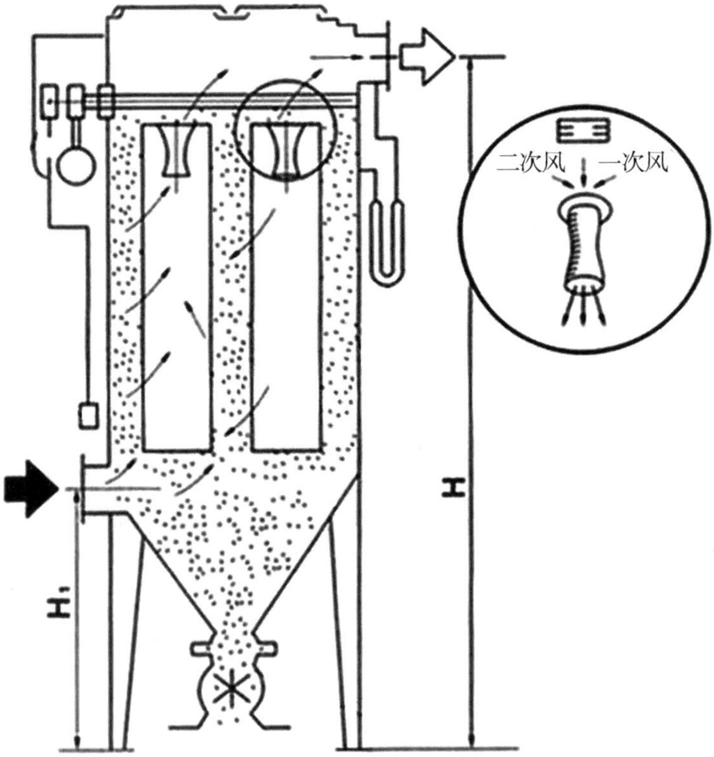

图 7－37　布袋式除尘器结构示意图

2．主要特点

（1）除尘效率高，一般在99%以上。除尘器出口气体含尘浓度在每立方米数十毫克之内，对亚微米粒径的细尘有较高的分级效率。

（2）处理风量的范围广，小的每分钟仅数立方米，大的每分钟可达数万立方米，可用于工业炉窑的烟气除尘，减少大气污染物的排放。

（3）结构简单，维护操作方便。

（4）在保证同样高除尘效率的前提下，造价低于电除尘器。

（5）采用玻璃纤维、聚四氟乙烯、P84等耐高温滤料时，可在200℃以上的高温条件下运行。

（6）对粉尘的特性不敏感，不受粉尘及电阻的影响。

3．清灰方法

（1）气体清灰：气体清灰是借助高压气体或外部大气反吹滤袋，以清除滤袋上的积灰。气体清灰包括脉冲喷吹清灰、反吹风清灰和反吸风清灰。

（2）机械振打清灰：分顶部振打清灰和中部振打清灰（均对滤袋而言），是借助机械振打装置周期性地轮流振打各排滤袋，以清除滤袋上的积灰。

（3）人工敲打：人工拍打每个滤袋，以清除滤袋上的积灰。

4．运转

布袋式除尘器的运转可分为试运转与日常运转。首先，进行试运转时，必须对系统的单一部件进行检查，然后进行适应性运转，并做部分性能试验。在日常运转中，仍应进行必要的检查，特别是对布袋式除尘器性能的检查。要注意主机设备负荷的变化对除尘器性能的影响。在机器开动之后，应密切注意布袋式除尘器的工作状况，做好有关记录。

试运转：在新的布袋式除尘器试运行时，应特别注意检查下列各点：①风机的旋转方向、转速、轴承振动和温度。②处理风量和各测试点压力与温度是否与设计相符。③滤袋的安装情况，在使用后是否有掉袋、松口、磨损等问题发生，投运后可通过目测烟囱的排放情况来判断。④要注意袋室结露情况是否存在，排灰系统是否畅通，防止堵塞和腐蚀发生，积灰严重时会影响主机的生产。⑤清灰周期及清灰时间的调整，这项工作是左右捕尘性能和运转状况的重要因素。清灰时间过长，将使附着粉尘层被清掉，引起滤袋泄漏和破损。如果清灰时间过短，滤袋上的粉尘尚未清掉就恢复过滤作业，阻力很快会恢复并逐渐增高，最终影响使用效果。两次清灰时间间隔称清灰周期，一般希望清灰周期尽可能长一些，使除尘器能在经济的阻力条件下运转。因此，必须对粉尘性质、含尘浓度等进行慎重的研究，并根据不同的清灰方法来决定清灰周期和时间，在试运转中进行调整，以达到较佳的清灰参数。

在开始运转时，常常会出现一些事先预料不到的情况，如出现异常的温度、压力、水分等给新装置造成损害。气体温度的急剧变化，会引起风机轴的变形，造成不平衡状态，运转就会发生振动；一旦停止运转，温度急剧下降，再重新启动时又会产生振动。最好根据气体温度来选用不同类型的风机。设备试运转的好坏，直接影响其是否能投入正常运行，如处理不当，布袋式除尘器很可能会很快失去效用，因此，设备的试运转必须细心和慎重。

表 7－31　布袋式除尘器常见规格参数

规格		QMC 96－4	QMC 96－5	QMC 96－6	QMC 96－7	QMC 96－8	QMC 96－9	QMC 96－2×5	QMC 96－2×6	QMC 96－2×7	QMC 96－2×8	QMC 96－2×9	QMC 96－2×10	QMC 96－2×12
技术性能	处理风量（m^3/h）	33 858	42 322	50 787	59 251	67 715	76 180	84 644	101 573	118 502	135 431	152 360	169 289	203 146
	过滤风速（m/min）	1～1.2												
	总过滤面积（m^2）	470	588	705	823	940	1 058	1 176	1 411	1 646	1 881	2 116	2 351	2 821
	净过滤面积（m^2）	353	470	588	705	823	940	1 058	1 293	1 528	1 763	1 999	2 234	2 704
	除尘器室总数（个）	4	5	6	7	8	9	10	12	14	16	18	20	24
	滤袋总数（条）	384	480	576	672	768	864	960	1 152	1 344	1 536	1 728	1 920	2 304
	除尘器力	1 470～1 770Pa												
	入口含尘浓度	≤1 300g/m^3												
	出口含尘浓度	≤30g/m^3												
	除尘器承受负压	5 000Pa												
清灰气源	压力	0.5～0.8MPa												
	耗气量（m^3/min）	1.2	1.5	1.8	2.1	2.4	2.7	3	3.4	4.2	4.8	5.4	6	6.5
脉冲阀	数量（个）	4	5	6	7	8	9	10	12	14	16	18	20	24
提升阀	数量（个）	4	5	6	7	8	9	10	12	14	16	18	20	24
滤袋材质、规格		Φ130mm×3 000mm，涤纶针刺毡，使用温度≤120℃（材质及规格可根据实际需要确定）												
设备总重（kg）		9 500	12 800	13 500	15 200	18 000	19 600	21 000	25 200	29 400	33 600	37 800	42 000	48 000

5. 安装及维护

（1）安装处应加橡胶垫，连接螺栓均匀拧紧，以保证除尘器具有良好的严密性。控制仪、控制阀、滤袋U型压力计等部件，安装前均应加以清理。

（2）控制仪表安装时应接于220V电源上，开动开关，按数字显示的顺序启动每一个电磁阀。

（3）滤袋安装时注意不要划破，要检查框架是否完好，如有损坏要及时修好，磨掉毛刺方可安装，否则影响除尘效果。滤袋绒面朝外装好后，上口翻边在花板上面的铝短管上，用卡带扎紧。

（4）在除尘器初次运转前，应对脉冲喷吹系统进行检查，确认无误方可运行。

（5）运转前，应对减速机、轴承的传动部位加注润滑油，减速机注HJ－30号润滑机械油。投入运行后，也需定期注油与排污换油。

（6）破损滤袋更换要及时，如发现排出口冒灰，表明已有滤袋破损，这时要先停风机并打开上盖，查出破损滤袋进行更换。

（7）U型压力计是反映除尘器阻力的指示，阻力一般应为80～100mm水柱。脉冲除尘器气包及气源的空气过滤器每班要排污一次，过滤器一般3～6个月要清洗一次壳体，钣金结构件每年要定期涂漆。

6. 优点及缺点

（1）优点：①除尘效率高。布袋式除尘器可捕集粒径大于0.3微米的细小粉尘，除尘效率可达99%以上。②使用灵活。布袋式除尘器处理风量可由每小时数百立方米达到每小时数十万立方米，既可作为直接设于室内、机床附近的小型机组，也可作为大型的除尘室，即"袋房"。③布袋式除尘器结构比较简单，运行比较稳定，初期投资较少（与电除尘器比较而言），维护方便，所以广泛应用于消除粉尘污染、改善环境、回收物料等。④粉尘处理容易。布袋式除尘器是一种干式除尘设备，无须用水，所以不存在污水处理或泥浆处理问题，收集的粉尘容易回收利用。

（2）缺点：①有的烟气含水分较多，或者所携粉尘有较强的吸湿性，往往导致布袋式除尘器的滤袋黏结，堵塞滤料。②为保证布袋式除尘器正常工作，必须采取必要的烘干或者保温措施，以保证气体中的水分不会凝结。③某些类型的布袋式除尘器工人工作条件差，检查和更换滤袋时需要进入箱体，比较麻烦。④布袋式除尘器的滤袋承受温度的能力有一定极限，如棉织和毛织滤料耐温80℃～95℃，合成纤维滤料耐温200℃～260℃，玻璃纤维滤料耐温280℃。在净化温度更高的烟气时，必须采取措施降低烟气的温度。⑤布袋式除尘器的滤料本身多为棉纺或者玻璃纤维，所以在过滤短纤维粉尘时效果会相对减弱。

三、喷雾干燥塔尾粉回收系统

图 7－38　喷雾干燥塔尾粉回收系统

工艺流程：喷雾干燥塔尾粉→尾粉存储池→泥浆搅拌器→泥浆泵→送浆管道→过筛除铁→储浆池→喷雾干燥塔喷粉。

控制要点：将喷雾干燥塔尾粉放入尾粉搅拌池后，应注意加水量的控制，尾粉化浆后的含水率不能超过 55%；注意控制泥浆泵与储浆池的流量比，最大不能超过 8%，否则影响浆料整体质量。

四、原料车间污水处理系统

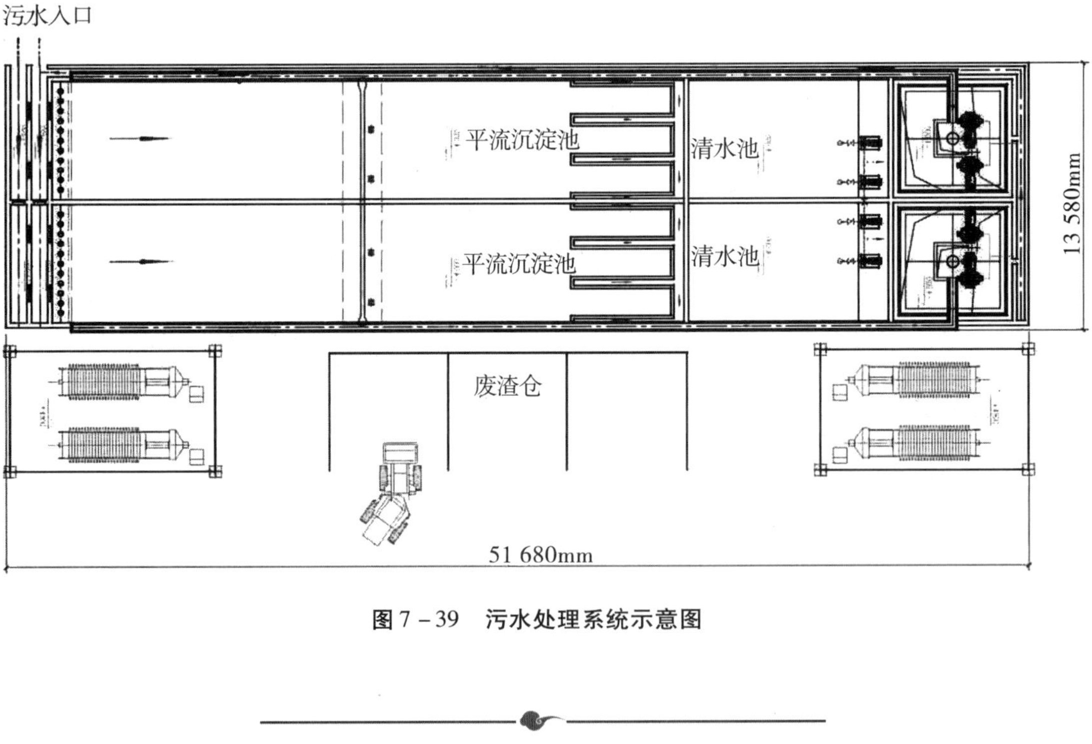

图 7－39　污水处理系统示意图

原料车间的污水，即球磨机清洗、喷雾干燥塔清洗、浆池清洗、过筛除铁清洗、地面冲洗、湿法除尘器用水等。污水处理系统的主要特点有：

（1）出水水质满足对应生产工序的用水要求，系统稳定。

（2）运行费用低，主要涉及动力费用及加药费，尽可能利用一次动力，以自流为主，加药使之自行清污分离，物理沉淀配合化学沉淀，化学沉淀选用合理高效的絮凝剂。

（3）设备操作简单方便，员工劳动强度低，处理效果符合要求。

（4）充分考虑泥渣的处理和回用便利，物理沉泥直接回用，有色泥渣合理处理填埋，其他泥渣也方便收集和运输。

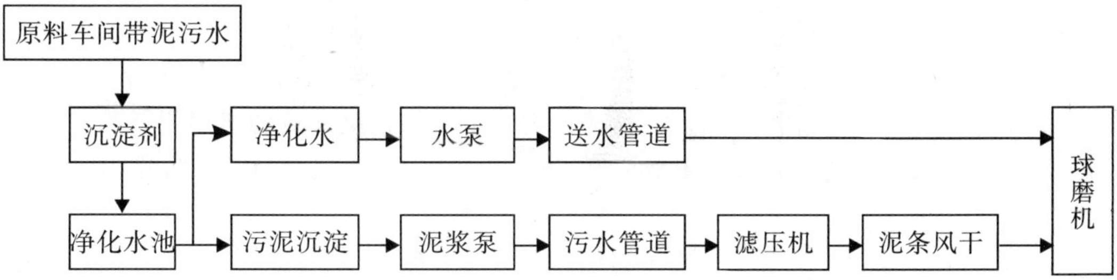

图7－40　污水处理工艺流程

第六节　原料破碎系统布局

一、原料破碎系统布局

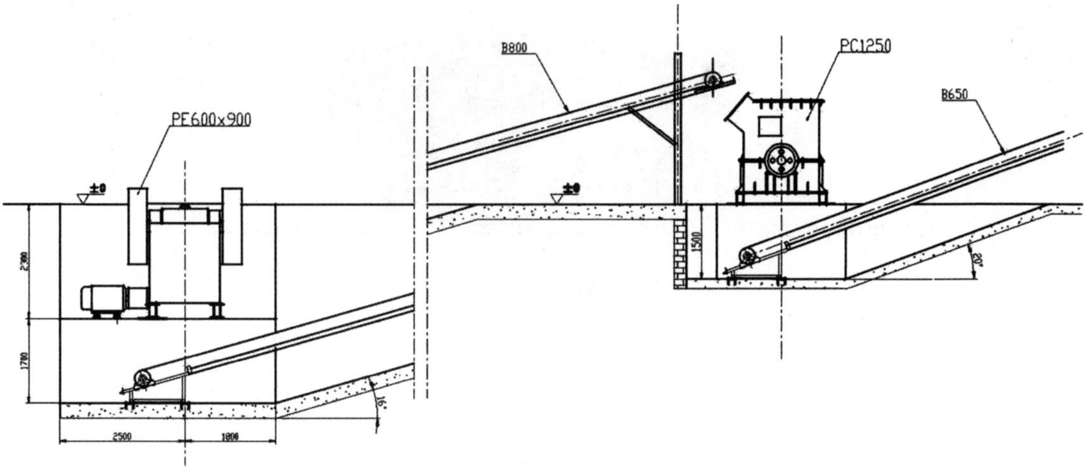

图7－41　原料破碎系统布局（单位：mm）

原料破碎系统流程：喂料机→锤破→输送带→颚式破碎机→输送带→分选筛→细颗粒→料仓→粗颗粒→输送带→颚式破碎机→输送带→分选筛→细颗粒→原料仓

二、锤式破碎机

用途：适用于矿山、水泥、煤炭、冶金、建材、公路、燃化等行业中，对中等硬度及脆性物料进行细碎处理。该设备可根据用户要求调整蓖条间隙，改变出料粒度，以满足用户的不同需求。

结构：锤式破碎机的主要工作部件为带有锤子（又称"锤头"）的转子。转子由主轴、圆盘、销轴和锤子组成。电动机带动转子在破碎腔内高速旋转。

工作原理：物料自上部给料口进入机内，受高速运动的锤子的打击、冲击、剪切、研磨作用而粉碎。在转子下部设有筛板，粉碎物料中小于筛孔尺寸的粒级通过筛板排出，大于筛孔尺寸的粗粒级阻留在筛板上继续受锤子的打击和研磨，最后通过筛板排出机外。

表 7－32　锤式破碎机（锤破）主要技术参数

锤破型号	进料粒度（mm）	出料粒度（mm）	生产能力（t/h）	主轴转速（r/min）	配用电机功率（kW）	重量（t）
PC250×450	≤180	1～8	5～8	800	7.5～11	0.6
PC300×400	≤180	1～8	5～8	800	8～11	0.8
PC310×520	≤200	1～10	7～10	800	13～15	0.8

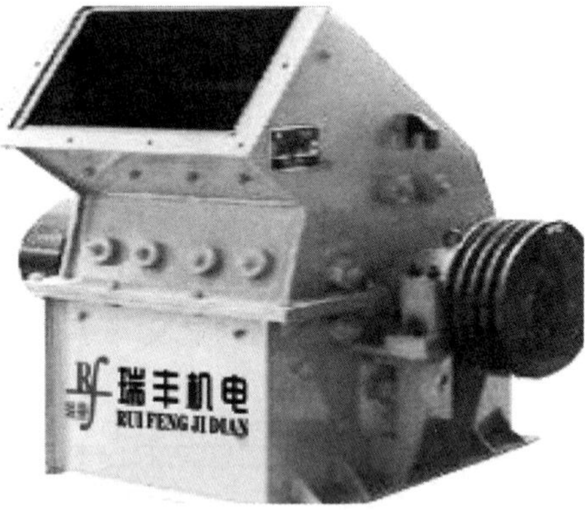

图 7－42　锤式破碎机

三、颚式破碎机

主要用于对冶金、矿山、化工、水泥、建筑、耐火材料及陶瓷等行业中抗压强度不高于 320MPa 的各种软硬矿石进行中碎和细碎处理。

颚式破碎机主要由固定体、转动体、调整装置、保险装置等部分组成。以下介绍前三部分：

图 7－43　颚式破碎机

1. 固定体

固定体的主要部件是机架。机架的制造工艺有两种：中碳钢铸造机架和中碳钢钢板焊接机架。焊接机架是在原铸造机架的基础上又增加多条加强筋，并通过严格的质量控制和特定的工艺要求，达到与铸造机架相同的使用效果。为了防止机架侧壁被严重磨损，在破碎腔左右侧上装有护板，可随时更换。

2. 转动体

转动体由动颚、偏心轴、轴承、皮带轮等部分组成，是颚式破碎机传动和承受力的主要部分。

（1）动颚由动颚支架和颚板等部件组成，颚破的动颚支架采用 35 号铸钢，并经过调质处理。

（2）偏心轴由 45 号钢车制，并经过调质处理。

（3）采用双列向心球面滚子轴承，具有可微调、承受力大、耐用的特点。

（4）颚板分活动和固定两种，为提高破碎效果，表面采用优化齿型，材质采用 ZGMn13，具有硬度高、耐磨、使用效果良好的特点。

3. 调整装置

该装置是用来调整排料口的大小尺寸，控制颚式破碎机出料粒度。颚式破碎机调整机构有提长楔块式和顶杆垫片式两种形式，调整方便灵活，能实现无级调整。

表 7-33　颚式破碎机主要技术参数

型号	进料口尺寸（mm）	最大进料尺寸（mm）	出料口尺寸（mm）	处理能力（t/h）	电机功率（kW）	重量（t）	外形尺寸（mm）
PE250×400	400×250	200	20~50	5~20	15	3	1 430×1 310×1 340
PE400×600	400×600	350	40~100	15~60	30~37	7	1 700×1 732×1 653
PE500×750	500×750	425	50~100	40~110	45~55	12	2 035×1 921×2 000
PE600×900	600×900	480	65~160	90~180	55~75	17	2 290×2 206×2 370
PE750×1060	750×1 060	630	80~140	110~320	90~110	29	2 655×2 302×3 110
PE900×1200	900×1 200	750	95~165	220~450	110~132	58	3 800×3 166×3 045
PE1000×1200	1 000×1 200	850	200~300	280~560	110~160	69	5 350×4 280×3 050
PE1200×1500	1 200×1 500	1 020	150~300	400~800	160~220	100.9	6 380×5 310×3 710
PE1500×1800	1 500×1 800	1 200	210~360	520~1100	280	132	7 460×6 235×4 249
PEX150×250	150×250	125	10~40	1~3	5.5	1.5	896×745×935
PEX150×750	150×750	125	18~48	5~16	15	3.8	1 200×1 500×1 200
PEX250×750	250×750	210	25~60	15~30	22~30	5	1 667×1 545×1 020
PEX250×1000	250×1 000	210	25~60	15~50	30~37	7	1 550×1 964×1 380
PEX250×1200	250×1 200	210	25~60	20~60	37~45	8.5	2 192×1 900×1 950
PEX300×1300	300×1 300	250	20~90	30~90	55~75	11.5	1 750×2 320×1 724

四、立磨机

立磨机是一种大型粉磨设备，它集破碎、干燥、粉磨、分级输送于一体，生产效率高，可将块状、颗粒状及粉状原料磨成所要求的粉状物料，目前广泛应用于水泥、电力、冶金、化工、非金属矿等行业。由于陶瓷墙地砖生产加工工艺的特殊性，普通的立磨机并不适用于陶瓷原材料的研磨。目前将立磨方法引入陶瓷墙地砖生产行业，根据陶瓷墙地砖生产加工原料的物料结构和研磨后粉料的特殊工艺要求，建立陶瓷原料配置的立磨工艺，采用试验方法确定立磨生产效率与节能情况，进一步优化立磨的工艺参数。

图 7－44　立磨机

立磨设备主要由分离器、磨辊装置、磨盘装置、加压装置、减速机、电动机、壳体等部分组成。根据陶瓷原料立磨工艺要求，研制的新型专用立磨装备主要包括：

（1）立磨破碎装备中的立磨设备，包括立磨破碎装备整体机电结构与动力驱动部件，立磨破碎装备中的磨辊、磨盘部件耐磨材料，立磨破碎装备中的磨辊、磨盘机械结构，以及立磨破碎装备中的排料结构。

（2）立磨破碎装备中的筛选设备。

（3）立磨破碎装备中的称重设备。

（4）立磨破碎装备中的原材料定量供给控制系统。

立磨破碎后的颗粒粒度 250 目或 325 目级配可按实际情况调节。

第八章　原料车间各工序考核方案

量化考核目的：为体现“一切凭数据和事实说话”的原则，找出工作差距与不足，必须将月度工作成绩量化。为提高工作效率和质量，将量化成绩与计酬挂钩，以激发各部门全体员工的积极性，使之完成生产任务目标，彻底执行制度，最终实现规范化管理，提升管理水平。

量化考核办法：当月绩效考核所评分数与当月岗位职责工资挂钩。

一、原料车间主任岗位职责及考核标准

工作理念：以质量第一为目标，以产品创新为动力，以企业效益为中心。

管辖范围：负责原料车间的全面管理工作。

工作职责：

（1）根据生产基地的工作目标数据逐项分解到各工序，并指导下属执行完成。

（2）制定各时期的工作目标、岗位职责及考核制度，不断完善车间的操作规程及管理制度，做好各级人员的业绩评定工作。

（3）全面推动辖内开展“创新”“创效益”“合理化建议”奖的评选活动，为各级人员架设施展才华的平台。

（4）做好各时期的数据分析，适时修改工作计划。

应交报表：

《各工序人员评分表》（每月 3 号）

《月度工作总结及下月工作计划》（每月 4 号）

《下属沟通表》（每月 2 号）

考核办法：

当每月考核出现以下某一种情况，则下一季度预发工资评定为降一级（若降级者在本季度能完成目标任务，则下一季度可以升回原级别）：

（1）连续三个月考核都未能达到 95 分。

（2）连续三个月成绩下滑，且第三个月成绩低于 90 分。

考核具体内容：

（1）产量（5 分）：与当月生产基地目标对比，每 ±100m^2，奖或罚 3 分。

（2）质量（5 分）：

与当月生产基地目标对比，≤ ±3% 时，则每 ±0.1%，奖或罚 0.3 分。

与当月生产基地目标对比，＞ ±3% 时，则每 ±0.1%，奖或罚 0.4 分。

(3) 砖损（5 分）：与当月生产基地目标对比，每 ±0.1%，罚或奖 0.4 分。

(4) 缺陷率（20 分）：与当月生产基地目标对比，每 ±0.1%，罚或奖 0.6 分。

(5) 有效率（11 分）：与当月生产基地目标对比，每 ±0.1%，奖或罚 0.8 分。

(6) 粉损（8 分）：与当月生产基地目标对比，每 ±0.1%，罚或奖 0.4 分。

(7) 能物耗（6 分）：油、电、机物件每 ±1%，罚或奖 0.3 分（各项单独计算）。

(8) 生产速度（4 分）：因为本部门原因不能按生产部计划标准速度生产的，每次扣 2 分。

(9) 创新、创效益（0～4 分）：

①在原基础上创新、创效益每 1 000 元得 1 分。

②当月没有创新、创效益事例时不得分。

(10) 转产、计划达成率（4 分）：

①偏离生产（没有按计划做）本项得 0 分。

②因准备不足，偏离计划导致停产，每小时扣 0.5 分。

(11) 设备保养、维护（2 分）：以安全委员会检查内容作依据，有一个不合格项扣 0.4 分。

(12) “5S”（标准见第九章第二节）环境卫生（2 分）：有一个不合格项扣 0.4 分。

(13) 安全生产（5 分）：

①当月工伤医药费 200～500 元/宗，每宗扣 1 分。

②当月工伤医药费 >500 元/宗，每宗扣 3 分。

③当月工伤医药费 >2 000 元/宗，每宗扣 5 分。

(14) 粉料合格率（10 分）：

①水分：由成型组提供数据，平均合格率 87%，每 ±1%，奖或罚 2 分。

②级配：由工艺组提供数据，平均合格率 90%，每 ±1%，奖或罚 2 分。

(15) 应交报表（4 分）：根据岗位职责要求上交报表，迟交一份扣 1 分，欠交一份扣 4 分。

(16) 培养下属（5 分）：按照培训计划，当月有培训得 2.5 分，有考核得 2.5 分。

(17) 考勤（4 分）：缺打卡每次扣 1 分；迟到每次扣 1 分。

二、原料车间副主任岗位职责及考核标准

工作理念：以质量第一为目标，以产品创新为动力，以企业效益为中心。

管辖范围：负责各工序的生产管理工作。

工作职责：

(1) 服从原料车间主责的工作安排，协助主责完成所辖工序生产计划的下达和转产工作的实施。

(2) 负责配合工艺车间制定的操作规程，跟踪落实工艺参数。

(3) 负责组合线质量跟踪反馈信息，并配合相关人员进行攻关。

考核具体内容：

（1）缺陷率（30 分）：以实际缺陷与当月目标对比，每 ±1%，罚或奖 2 分。

（2）粉损（8 分）：与当月目标对比，每 ±0.1%，罚或奖 8 分。

（3）安全生产（5 分）：

①当月工伤医药费 <200 元，每宗扣 0.5 分。

②当月工伤医药费 200 ~500 元，每宗扣 1 分。

③当月工伤医药费 501 ~2 000 元，每宗扣 2.5 分。

④当月工伤医药费 >2 000 元，每宗扣 5 分。

（4）耗电量（5 分）：当月电耗指标与当月目标对比，每 ±1%，罚或奖 2 分。

（5）耗机物件（2 分）：当月机物指标与当月目标对比，每 ±1%，罚或奖 2 分。

（6）燃料（4 分）：当月油耗指标与当月目标对比，每 ±1%，罚或奖 2 分。

（7）压机粉料、浆料合格率（20 分）：由工艺组提供数据，按车间内控标准，当月合格率与当月目标对比，每 ±1%，奖或罚 2 分。

（8）“5S”设备保养（5 分）：以机修车间检查为依据，每个不及格项扣 1 分；第二次检查相同项，每个不合格项扣 2 分。

（9）喷雾干燥塔粉料合格率（10 分）：由工艺组提供数据，按车间内控标准，当月合格率与当月目标对比，每 ±1%，奖或罚 2 分。

（10）交报表（3 分）：根据职责要求上交报表，迟交一份扣 1 分，欠交一份扣 3 分。

（11）培训下属（5 分）：按计划培训，下属参与且成绩全部及格得 5 分，一个不及格扣 1 分，无考核不得分。

（12）创效益（3 分）：在原有基础上，每项奖 3 分。

三、原料车间大班长岗位职责及考核标准

工作理念：以质量第一为目标，以产品创新为动力，以企业效益为中心。

管辖范围：负责当班原料各工序的生产管理工作。

工作职责：

（1）服从原料车间工序主责安排，协助工序主责完成所辖工序生产计划的下达和转产工作的实施。

（2）负责执行落实车间各项规章制度，进行工艺参数的检查。

（3）合理布置、调动当班各工序人员工作，保证生产正常。

（4）负责各线质量跟踪反馈信息，做好各种缺陷预防工作。

考核具体内容：

（1）喷雾干燥塔粉料合格率（10 分）：由工艺组提供数据，按车间内控标准，将粉料合格率与当月目标对比，每 ±1%，奖或罚 1 分，不设上、下限。

（2）压机粉料合格率（20 分）：由工艺组提供数据，按车间内控标准，将粉料合格率与当月目标对比，每 ±1%，奖或罚 1 分，不设上、下限。

（3）缺陷率（15 分）：与当月目标对比，每 ±0.5%，罚或奖 1 分。

（4）安全生产（5分）：

①当月工伤医药费500元以下，每宗扣5分。

②损坏建筑物，每次扣2分。

③因处理不公被投诉，每次扣2分。

（5）责任线（25分）：与当月目标对比，每±0.5%，奖或罚1分。

（6）质量事故（10分）：本人出现质量事故扣罚100元以上扣5分，100元以下扣2分；班内员工每出现一次质量事故扣1分，扣分不设下限，当月无质量事故奖10分。

（7）“5S”工作（10分）：班内员工每个不及格项扣0.5分，车间公共卫生每个不及格项扣1分，扣分不设下限。

（8）培训下属（5分）：按培训计划，下属参与且成绩全部合格得5分，一个不合格扣1分，无考核不得分。

（9）创新、合理化建议（10分）：有创新、有合理建议上交的每次得5分；采纳创新、合理化建议后超收益500元以上再得5分；当月无创新、无合理化建议不得分。

四、原料车间球磨主管岗位职责及考核标准

管辖范围：负责球磨工序的全面管理工作。

工作职责：

（1）以身作则，不断学习，提升自身的技术水平。

（2）将车间主责的工作计划及目标细化到工序各岗位。

（3）定时检查工作计划的落实情况，并检验效果，适时修正。

（4）完善辖内各岗位的考核制度，并依时依章做好下属的业绩评估。

（5）协助车间完成上级临时下达的工作任务。

应交报表：

《每天工作汇报》（每天）

《工作总结及计划》（每月1日）

《培训计划及资料》（每月1日）

《考勤表》《考核表》（每月2日）

《下属沟通表》（每月2日）

表8－1　原料车间球磨主管考核内容

项目	考核内容	标准分	考核标准	备注
岗位职责（75分）	计划执行率	13	执行生产部安排落实的各项工作任务，如未按计划完成扣4分/项，完成效果差扣2分/项，全月均能良好完成的得基本分	日评
	入球产量	13	如因设备或人员安排不当造成浆料紧张的扣2分/次；如造成停产的扣5分/次	日评

(续上表)

项目	考核内容	标准分	考核标准	备注
岗位职责(75分)	浆料工艺控制	13	①如果浆料比重超出车间内控标准扣0.5分/次; ②如因各种原因造成浆料不能使用的扣5分/次	日评
	培训下属	5	①当月有培训且80%以上的人员成绩在70分以上的,得3分; ②培训后未达到以上标准的,扣3分; ③车间内80%以上人员的培训考核成绩在80分以上的,得5分	月评
	考核下属	10	每日公平公正地对直接下属进行考评,如上级检查,发现有以下情况的,进行处罚: ①发现漏评一人、扣2分/次; ②不公平公正、弄虚作假的,扣2分/次; ③不及时、漏交或漏公布评分结果的,每项扣2分/次	日评
	"5S"现场管理	10	①每日辖内环境卫生整理、清洁,有不合格项扣1分/项; ②生产部巡查,有不合格项扣2分/项; ③如果当月出现工伤事故,按以下标准扣分:医药费500元以下,扣3分/宗;500~2 000元,扣6分/宗;2 000元以上,扣10分/宗	日评
	创新	5	当月无创新不得分;设备改造创新、技术创新、合理化建议等有一项被车间确认,得基本分	月评
	设备保养	6	以《设备车间检查表》为依据,每个不合格项扣1分	日评
业绩考核(12分)	执行业绩	2	电耗与当月指标对比,达标得满分,不达标扣1分	月评
		2	机物耗与当月指标对比,达标得满分,不达标扣1分	
		2	粉损与当月指标对比,达标得满分,不达标扣1分	
		2	缺陷率与当月生产部指标对比,达标得满分,不达标扣1分	
		2	浆料合格率与当月指标对比,达标得满分,不达标扣1分	
		2	铲车油耗与当月指标对比,达标得满分,不达标扣1分	
工作表现(8分)	质量事故	6	当月未出现人为质量事故得6分,每出现1次扣1分	月评
	投诉处理	2	辖内职能部门人员没有反映工作服务协调不及时,没有发生人员间恶意争吵行为和刻意不合作等现象;以上不良现象每出现1次扣1分,被投诉经确认扣1分	月评
出勤考核(5分)	日常出勤	3	①请假2天扣1分,每加1天扣1分; ②缺打卡3次扣1分,超过3天补卡的扣1分	月评
	会议出勤	2	当月会议无早退、迟到得2分,早退、迟到的扣0.5分/次	月评
合计		100		

五、原料车间球磨班长岗位职责及考核标准

管辖范围：负责球磨工序一个班的生产管理工作。

工作职责：

（1）服从任务级安排，适时指导下属完成岗位目标。

（2）以身作则，积极进取，认真督促各工序人员的工作，对违章或不服从调动的，有权按车间管理制度进行教育或执行扣罚。

（3）要具有高度节能降耗意识，积极创新，尽量减少生产成本，并对球磨车间的产量、质量、粉损富有责任心。

（4）对生产工作指挥要灵活、果断、正确，当出现故障时，排除要迅速，以确保生产线正常运作，发现问题及时查找原因，并及时向上级反映。

（5）落实“5S”现场管理，做好交接班工作，并填好所有要求填写的记录表。

应交报表：

《每天工作汇报》（每天）

《工作总结》（每月 1 日）

《工作计划》（每月 1 日）

《考勤表》（每月 1 日）

表 8－2　原料车间球磨班长考核内容

项目	考核内容	标准分	考核标准	备注
岗位职责（70 分）	计划执行	15	执行上级安排落实的各项工作任务，未按计划完成扣 4 分/项，完成效果差的扣 4 分/项，全月均能良好完成的得基本分	日评
	培训下属	5	①当月有培训且 80% 以上的人员成绩在 70 分以上，得 3 分； ②培训后未达到以上标准，扣 3 分； ③车间内 80% 以上人员的培训考核成绩在 80 分以上，得 5 分	月评
	浆料质量	10	①浆料质量最高的班得满分； ②其他班与最高分的班浆料质量之比乘以 10 分，即为本班得分； ③如当月有加多或加少化工料的，以工艺质检反映为准，每次扣 5 分； ④如当月有加错化工料、入错球的扣 10 分/次； ⑤如检测到比重超出内部控制标准扣 1 分/球	月评
	入球产量	10	①入球最多的班得满分； ②其他班与最高分的班入球产量之比乘以 10 分，即为本班得分； ③如当月因浆料不足造成下工序停塔扣 4 分/次； ④如当月因浆料紧张造成色号多扣 2 分/次	月评

（续上表）

项目	考核内容	标准分	考核标准	备注
岗位职责（70分）	大球内杂物	10	①重量最多的班得满分； ②其他班与最高分的班杂物重量之比乘以10分，即为本班得分； ③当月发现没有清干净球内杂物扣2分/次； ④当月发现没有清球内杂物扣3分/次	月评
	设备保养	10	①辖内使用设备要求每日清洁、维护，违者扣0.5分/次； ②辖内使用设备必须按《设备点检表》要求保养，违者扣1分/次	日评
	“5S”现场管理	10	①每日辖内环境卫生整理、清洁，有不合格项扣2分/项； ②生产部巡查，有不合格项扣5分/项； ③如果当月出现工伤事故，按以下标准扣分：医药费500元以下，扣3分/宗；500～2 000元，扣6分/宗；2 000元以上，扣10分/宗	日评
业绩考核（12分）	执行业绩	2	电耗与当月指标对比，达标得满分，不达标扣1分	月评
		2	机物耗与当月指标对比，达标得满分，不达标扣1分	
		2	粉损与当月指标对比，达标得满分，不达标扣1分	
		2	缺陷率与当月生产部指标对比，达标得满分，不达标扣1分	
		2	浆料合格率与当月指标对比，达标得满分，不达标扣1分	
		2	铲车油耗与当月指标对比，达标得满分，不达标扣1分	
工作表现（8分）	质量事故	5	当月未出现人为质量事故得5分，每出现1次扣1分	月评
	投诉处理	3	辖内职能部门人员没有反映工作服务协调不及时，没有发生人员间恶意争吵行为和刻意不合作等现象；以上不良现象每出现1次扣1分	日评
出勤考核（10分）	日常出勤	5	①请假2天扣1分，每加1天扣1分； ②缺打卡3次扣1分，超过3天补卡的扣1分	月评
	会议出勤	5	当月会议无早退、迟到得5分，早退、迟到扣0.5分/次	月评
合计		100		

六、原料车间球磨工岗位职责及考核标准

工作范围：负责喂料机入料及放浆等工作。

工作职责：

（1）服从安排，保质、保量完成车间下达的工作任务。

（2）要以节能降耗为目标，想方设法降低球磨耗电。

（3）按照车间及技术科的工艺文件及操作规程操作。

（4）做好设备的保养及车间现场卫生清洁工作，创建洁净的生产环境。

表 8－3　原料车间球磨工考核内容

项目	考核内容	标准分	考核标准	备注
岗位职责（70 分）	浆料质量	15	①浆料质量最高的班得满分； ②其他班与最高分的班浆料质量之比乘以 15 分，即为本班得分； ③以工艺质检员反映为准，如当月有加多或加少化工料的扣 2 分/次； ④如当月有加错化工料的扣 3 分/次； ⑤如检测到比重超出车间内控标准扣 1 分/球	月评
	入球产量	15	①入球最多的班得满分； ②其他班与最高分的班入球产量之比乘以 15 分，即为本班得分； ③如当月因浆料不足造成下工序停塔扣 3 分/次； ④如当月因浆料紧张造成色号多扣 2 分/次	月评
	大球内杂物	15	①重量最多的班得满分； ②其他班与最高分的班杂物重量之比乘以 15 分，即为本班得分； ③当月发现没有清干净球内杂物扣 2 分/次； ④当月发现没有清球内杂物扣 3 分/次	月评
	安全生产	7	①如当月未违反安全生产规定或未发生工伤事故的得 7 分； ②当月发现违反安全生产规定扣 1 分/次	月评
	设备保养	8	①辖内使用设备要求每日清洁、维护，违者扣 1 分/次； ②辖内使用设备必须按《设备点检表》要求保养，违者扣 2 分/次； ③设备车间巡检到不合格项目，扣保养责任人 2 分/次	日评
	“5S”现场管理	10	①每日辖内环境卫生整理、清洁，有不合格项扣 1 分/项； ②生产部巡查，有不合格项扣 2 分/项； ③如果当月出现工伤事故，按以下标准扣分：医药费 500 元以下，扣 3 分/宗；500～2 000 元，扣 6 分/宗；2 000 元以上，扣 10 分/宗	日评
业绩考核（10 分）	执行业绩	2	电耗与当月指标对比，达标得满分，不达标扣 1 分	月评
		2	机物耗与当月指标对比，达标得满分，不达标扣 1 分	
		2	粉损与当月指标对比，达标得满分，不达标扣 1 分	
		2	缺陷率与当月生产部指标对比，达标得满分，不达标扣 1 分	
		2	浆料合格率与当月指标对比，达标得满分，不达标扣 1 分	
工作表现（10 分）	质量事故	5	当月未出现人为质量事故得 1 分，每出现 1 次扣 2 分	月评
	投诉处理	5	辖内职能部门人员没有反映工作服务协调不及时，没有发生人员间恶意争吵行为和刻意不合作等现象；以上不良现象每出现 1 次扣 2 分	日评

(续上表)

项目	考核内容	标准分	考核标准	备注
出勤考核(10分)	日常出勤	5	①请假2天扣1分，每加1天扣1分； ②缺打卡3次扣1分，超过3天补卡的扣1分	月评
	会议出勤	5	当月会议无早退、迟到得5分，早退、迟到扣0.5分/次	月评
合计		100		

七、原料车间清磁棒工岗位职责及考核标准

工作职责：

（1）服从班长的指挥和工作安排，负责边区浆料的筛分和除铁，保证各种浆料符合车间要求。

（2）以车间制度和与浆料筛分、除铁相关的操作规程为依据进行操作。

（3）协助泵浆员输送浆料，以本车间和工艺车间的工艺文件为依据，保证耗用浆料所需。

（4）按照车间要求做好安全生产措施，对辖区的设备进行保养及做好“5S”现场清洁工作。

表8－4　原料车间清磁棒工考核内容

项目	考核内容	标准分	考核标准	备注
岗位职责(70分)	工作落实	17	没有按车间要求做好本职工作的扣2分/次，若造成生产紧张的扣1.5分/次，造成停压机或较大损失的扣10分/次	日评
	缺陷控制	20	①每20分钟清洗一次磁棒，而且要干净，如检查磁棒直径超35mm扣5分/次，如造成质量事故100件以下或浪费5吨浆以下扣5分/次，以此类推； ②每班抽查过除铁的浆料4次，如放在过浆槽的磁棒泥屎大于5g扣1分/次，以此类推	日评
	粉损控制	8	检查振筛是否漏泻，振筛下面无斗车或斗车漏泻的扣1分/次	日评
	设备保养维护	15	①设备每天要保持整洁，不准有泥浆及积水，每次检查不达标扣1分； ②如没有冲洗磁棒要停增加泵，如检查出没停，扣1分/次； ③设备车间和生产部巡检到不合格项扣2分/项	日评

（续上表）

项目	考核内容	标准分	考核标准	备注
岗位职责（70分）	"5S"现场管理	10	①每日辖内环境卫生整理、清洁，有不合格项扣2分/项； ②生产部巡查，有不合格项扣5分/项； ③如果当月出现工伤事故，按以下标准扣分：医药费500元以下，扣5分/宗；500～2 000元，扣6分/宗；2 000元以上，扣10分/宗	日评
业绩考核（10分）	执行业绩	2	电耗与当月指标对比，达标得满分，不达标扣1分	月评
		2	油耗与当月指标对比，达标得满分，不达标扣1分	
		2	机物耗与当月指标对比，达标得满分，不达标扣1分	
		2	粉损与当月指标对比，达标得满分，不达标扣1分	
		2	缺陷率与当月生产部指标对比，达标得满分，不达标扣1分	
工作表现（10分）	质量事故	5	当月未出现人为质量事故得5分，每出现1次扣1分	月评
	投诉处理	5	辖内职能部门人员没有反映工作服务协调不及时，没有发生人员间恶意争吵行为和刻意不合作等现象；以上不良现象每出现1次扣5分	日评
出勤考核（10分）	日常出勤	5	①请假2天扣1分，每加1天扣1分； ②缺打卡3次扣1分，超过3天补卡的扣1分	月评
	会议出勤	5	当月会议无早退、迟到得5分，早退、迟到扣0.5分/次	月评
合计		100		

八、原料车间泵浆工岗位职责及考核标准

工作职责：

（1）服从班长的指挥和工作安排，负责浆池的浆料输送、中转缸（池）的筛分和除铁，保证喷雾干燥塔工序耗用浆料所需。

（2）以当班的作业指导书为工作导向，以车间所制定的所有与泵浆、筛分、除铁相关的操作规程为依据进行操作。

（3）勤于检查各振筛筛网的破损情况，及时更换，配合喷雾干燥塔造粒工序，保证所泵的浆料符合车间要求。

表 8－5　原料车间泵浆工考核内容

项目	考核内容	标准分	考核标准	备注
岗位职责（70 分）	缺陷控制	15	①检查发现筛网穿、烂一次扣 5 分； ②错筛网的扣 2 分/次，要求 80～100 目； ③按泵浆单泵浆，泵错一次扣 10 分，以此类推	日评
	粉损控制	15	①查出振筛漏泻的扣 10 分/次； ②查出振筛下斗车满泻泥屎的扣 5 分/次	日评
	设备保养	15	①筛安装不当、有异响的扣 2 分/次； ②筛没有做好日常保养的扣 2 分/台； ③设备车间和生产部巡检到不合格项扣 2 分/项	日评
	工作落实	15	①有泵浆要把振筛停下来，浆池抽完，搅拌机停下来，否则扣 2 分/次； ②没有按车间要求做好本职工作的扣 2 分/次，若造成生产紧张的扣 5 分/次，造成停压机或较大损失的扣 10 分/次	日评
	“5S”现场管理	10	①每日辖内环境卫生整理、清洁，有不合格项扣 2 分/项； ②生产部巡查，有不合格项扣 5 分/项； ③如果当月出现工伤事故，按以下标准扣分：医药费 500 元以下，扣 5 分/宗；500～2 000 元，扣 6 分/宗；2 000 元以上，扣 10 分/宗	日评
业绩考核（10 分）	执行业绩	2	电耗与当月指标对比，达标得满分，不达标扣 1 分	月评
		2	油耗与当月指标对比，达标得满分，不达标扣 1 分	
		2	机物耗与当月指标对比，达标得满分，不达标扣 1 分	
		2	粉损与当月指标对比，达标得满分，不达标扣 1 分	
		2	缺陷率与当月生产部指标对比，达标得满分，不达标扣 1 分	
工作表现（10 分）	质量事故	5	当月未出现人为质量事故得 5 分，每出现 1 次扣 1 分	月评
	投诉处理	5	辖内职能部门人员没有反映工作服务协调不及时，没有发生人员间恶意争吵行为和刻意不合作等现象；以上不良现象每出现 1 次扣 5 分	日评
出勤考核（10 分）	日常出勤	5	①请假 2 天扣 1 分，每加 1 天扣 1 分； ②缺打卡 3 次扣 1 分，超过 3 天补卡的扣 1 分	月评
	会议出勤	5	当月会议无早退、迟到得 5 分，早退、迟到扣 0. 5 分/次	月评
合计		100		

九、原料车间球磨铲车司机考核标准

表 8-6　原料车间球磨铲车司机考核内容

项目	考核内容	标准分	考核标准	备注
岗位职责（70 分）	铲料质量	10	①当月未因铲车造成质量问题得 10 分； ②如当月铲错料或铲多料造成质量问题扣 3 分/次； ③未按要求铲料扣 0.5 分/次	月评
	入球产量	25	①入球最多的班得满分； ②其他班与最多的班之次数比乘以 35 分，即为本班得分； ③如当月因浆料不足造成下工序停塔扣 3 分/次； ④如当月因浆料紧张造成色号多扣 1 分/次	月评
	安全生产	15	①当月未发生碰撞（如撞车、撞墙、斗车等）得 15 分； ②如当月发生碰撞扣 3 分/次； ③若发现铲车超速扣 1 分/次	月评
	设备保养	10	①辖内使用设备要求每日清洁、维护，违者扣 0.5 分/次； ②辖内使用设备必须按《设备点检表》要求保养，违者扣 1 分/次； ③被投诉缺油、缺水或者操作不当的扣 1 分/次，造成铲车事故的扣 2 分/次	日评
	“5S”现场管理	10	①每日辖内环境卫生整理、清洁，有 3 项不合格的扣 0.5 分； ②生产部巡查，有不合格项扣 0.5 分/项； ③如果当月出现工伤事故，按以下标准扣分：医药费 500 元以下，扣 1 分/宗；500～2 000 元，扣 2 分/宗；2 000 元以上，扣 5 分/宗	日评
业绩考核（10 分）	执行业绩	2	电耗与当月指标对比，达标得满分，不达标 0 分	月评
		2	机物耗与当月指标对比，达标得满分，不达标 0 分	
		2	粉损与当月指标对比，达标得满分，不达标 0 分	
		2	缺陷率与当月生产部指标对比，达标得满分，不达标 0 分	
		2	浆料合格率与当月指标对比，达标得满分，不达标 0 分	
工作表现（10 分）	质量事故	5	当月未出现人为质量事故得 5 分，每出现 1 次扣 1 分	月评
	投诉处理	5	辖内职能部门人员没有反映工作服务协调不及时，没有发生人员间恶意争吵行为和刻意不合作等现象；以上不良现象每出现 1 次扣 1 分	日评

（续上表）

项目	考核内容	标准分	考核标准	备注
出勤考核（10分）	日常出勤	5	①请假2天扣1分，每加1天扣1分； ②缺打卡3次扣1分，超过3天补卡的扣1分	月评
	会议出勤	5	当月会议无早退、迟到得5分，早退、迟到扣0.5分/次	月评
合计		100		

十、原料车间喷雾干燥塔主管岗位职责及考核标准

管辖范围：负责喷雾干燥塔工序的全面管理工作。

工作职责：

（1）以身作则，不断学习，提升自身的技术水平。

（2）将车间主责的工作计划及目标细化到工序各岗位。

（3）定时检查工作计划的落实情况，并检验效果，适时修正。

（4）完善辖内各岗位的考核制度，并依时依章做好下属的业绩评估。

（5）协助车间完成上级临时下达的工作任务。

应交报表：

《每天工作汇报》（每天）

《工作总结及计划》（每月1日）

《培训计划及资料》（每月1日）

《考勤表》《考核表》（每月1日）

《下属沟通表》（每月2日）

表8-7　原料车间喷雾干燥塔主管考核内容

项目	考核内容	标准分	考核标准	备注
岗位职责（75分）	计划执行	11	执行生产部安排落实的各项工作任务，如未按计划完成扣4分/项，完成效果差扣2分/项，全月均能良好完成的得基本分	日评
	粉料工艺控制	11	以工艺提供的数据为准，凡压机水分超标准0.3%的扣0.5分/次，如因水分超标造成分层的扣3分/次	日评
	缺陷控制	11	①当班各线缺陷率超2%的扣3分/次； ②如属人为造成质量事故且缺陷超2%的扣5分/次	日评
	培训下属	5	①当月有培训且80%以上的人员成绩在70分以上的，得3分； ②培训后未达到以上标准的，扣3分； ③车间内80%以上人员的培训考核成绩在80分以上的，得5分	月评

（续上表）

项目	考核内容	标准分	考核标准	备注
岗位职责（75分）	考核下属	10	每日公平公正地对直接下属进行考评，如上级检查，发现有以下情况的，进行处罚： ①发现漏评一人，扣2分/次； ②不公平公正、弄虚作假的，扣2分/次； ③不及时、漏交或漏公布评分结果的，每项扣2分/次	日评
	"5S"现场管理	10	①每日辖内环境卫生整理、清洁，有不合格项扣1分/项； ②生产部巡查，有不合格项扣2分/项； ③如果当月出现工伤事故，按以下标准扣分：医药费500元以下，扣3分/宗；500～2 000元，扣6分/宗；2 000元以上，扣10分/宗	日评
	创新	5	当月无创新不得分；设备改造创新、技术创新、合理化建议等有一项被车间确认，得基本分	月评
	设备保养	5	以《设备车间检查表》为依据，每个不合格项扣0.5分	日评
	转产时间准确性	7	原料车间通知各车间的转产时间必须控制在实际转产时间的±2小时内，每月允许2次超标，之后扣2分/次	日评
业绩考核（10分）	执行业绩	1	电耗与当月指标对比，达标得满分，不达标扣0.5分	月评
		2	油耗与当月指标对比，达标得满分，不达标扣1分	
		1	机物耗与当月指标对比，达标得满分，不达标扣0.5分	
		2	粉损与当月指标对比，达标得满分，不达标扣1分	
		2	缺陷率与当月生产部指标对比，达标得满分，不达标扣1分	
		2	粉料合格率与当月指标对比，达标得满分，不达标扣1分	
工作表现（10分）	质量事故	8	当月未出现人为质量事故得8分，每出现1次扣1分	月评
	投诉处理	2	辖内职能部门人员没有反映工作服务协调不及时，没有发生人员间恶意争吵行为和刻意不合作等现象；以上不良现象每出现1次扣1分；被投诉经确认扣1分	月评
出勤考核（5分）	日常出勤	3	①请假2天扣1分，每加1天扣1分； ②缺打卡3次扣1分，超过3天补卡的扣1分	月评
	会议出勤	2	当月会议无早退、迟到得2分，早退、迟到扣0.5分/次	月评
合计		100		

十一、原料车间喷雾干燥塔班长岗位职责及考核标准

管辖范围：当班喷雾干燥塔工序的管理工作。

工作职责：

（1）服从上级安排，每天按上级工作要求，根据作业指导书将工作分解落实到各工序。

（2）以身作则，严格执行车间的各项管理制度，对车间规定的工艺监控点进行定时检查，发现问题及时处理。

（3）对喷雾干燥塔工序人员进行生产指挥、质量监督和技术指导，保证喷雾干燥塔正常运行，所产粉料符合本车间和工艺车间的要求。

（4）保证完成车间下达的各项指标和任务，做好设备检查与“5S”管理工作。

（5）做好安全生产的教育和防范措施。

应交报表：

《每天工作汇报》（每天）

《工作总结》（每月 1 日）

《工作计划》（每月 1 日）

《考勤表》（每月 1 日）

表 8－8　原料车间喷雾干燥塔班长考核内容

项目	考核内容	标准分	考核标准	备注
岗位职责（70 分）	缺陷控制	10	①每线每班的缺陷率超出车间内控标准 2% 的扣 2 分/次； ②月底合计，缺陷率最低的得满分，另两个班以反比来计算	日评
	计划执行	15	①执行、落实生产部安排的各项工作任务，如未按计划完成扣 1 分/项，完成效果差扣 0.5 分/项，全月均能很好完成的得基本分； ②每月要为上、下工序部门内部各解决一件实事，以沟通文件为证，上交车间，少一件扣 2 分；发现有意推卸责任的，每次扣 5 分	日评
	喷雾干燥塔粉料合格率	12	①以工艺车间检测为标准，检验水分不符合标准量 ±0.3% 的扣 1 分/次； ②检查到一次塞枪扣 0.5 分/支； ③当班粉料合格率低于 90% 扣 1 分，低于 85% 扣 2 分	日评
	压机粉料合格率	8	①配合好送料工序，控制好粉料水分，以工艺提供数据为准，水分不符合标准量 ±0.3% 的扣 1 分/次； ②如果造成压机分层的扣 2 分/次； ③当班粉料合格率低于 90% 扣 1 分，低于 85% 扣 2 分	日评
	培训下属	5	①当月培训且 80% 以上的人员成绩在 70 分以上的，得 3 分； ②培训后未达到以上标准的，扣 3 分； ③车间内 80% 以上人员的培训考核成绩在 80 分以上的，得 5 分	月评

（续上表）

项目	考核内容	标准分	考核标准	备注
岗位职责（70分）	考核下属	10	每日公平公正地对直接下属进行考评，如上级检查，发现有以下情况的，进行处罚： ①发现漏评一人，扣1分/次； ②不公平公正、弄虚作假的，扣1分/次； ③不及时、漏交或漏公布评分结果的，每项扣1分/次	月评
	“5S”现场管理	10	①每日辖内环境卫生整理、清洁，有不合格的扣2分/项； ②生产部巡查，有不合格项扣5分/项； ③如果当月出现工伤事故，按以下标准扣分：医药费500元以下，扣5分/宗；500～2 000元，扣6分/宗；2 000元以上，扣10分/宗	日评
业绩考核（10分）	执行业绩	2	电耗与当月指标对比，达标得满分，不达标扣1分	月评
		2	油耗与当月指标对比，达标得满分，不达标扣1分	
		2	机物耗与当月指标对比，达标得满分，不达标扣1分	
		2	粉损与当月指标对比，达标得满分，不达标扣1分	
		2	缺陷率与当月生产部指标对比，达标得满分，不达标扣1分	
工作表现（10分）	质量事故	5	当月未出现人为质量事故得5分，每出现1次扣1分	月评
	投诉处理	5	辖内职能部门人员没有反映工作服务协调不及时，没有发生人员间恶意争吵行为和刻意不合作等现象；以上不良现象每出现1次扣5分	日评
出勤考核（10分）	日常出勤	5	①请假2天扣1分，每加1天扣1分； ②缺打卡3次扣1分，超过3天补卡的扣1分	月评
	会议出勤	5	当月会议无早退、迟到得5分，早退、迟到扣0.5分/次	月评
合计		100		

十二、原料车间炉工岗位职责及考核标准

班长工作职责：

（1）以当班的作业指导书为工作导向，按车间制定的所有与喷雾干燥塔造粒工序相关的操作规程进行操作。

（2）以车间和技术科的工艺文件为工艺依据，保证喷雾干燥塔的正常运行，所产的粉料符合技术科和车间的要求。

（3）服从上级指导，积极配合工序的工作，勤于检查各设备的运行情况，预防粉料异常情况，及早发现隐患问题，并采取补救措施。

（4）做好设备保养和“5S”现场清洁检查工作。

表 8－9　原料车间炉工班长考核内容

项目	考核内容	标准分	考核标准	备注
岗位职责（70 分）	喷雾干燥塔粉料合格率	20	①以工艺车间检测为准，检验水分不符合标准量 ±0.3% 的扣 2 分/次，如当日合格率低于指标 2% 的扣 1 分，以此类推； ②检查到一次塞枪扣 1 分； ③炉膛和塔顶超出车间规定范围的扣 5 分/次； ④检查喷枪，漏浆一次扣 2 分	日评
	缺陷控制	15	①每条线每班的缺陷率超出车间内控标准 2% 的扣 2 分/次； ②月底合计缺陷率最低得满分，另两个班以反比来计算	日评
	粉损控制	10	①每班正常开塔泥屎不超 3 车，额外每超 1 车扣 0.5 分，以此类推； ②泻粉箱或漏粉扣 5 分/t，以此类推	日评
	工作落实	15	没有按车间要求做好本职工作的扣 2 分/次，若造成生产紧张的扣 1.5 分/次，造成停压机或较大损失的扣 10 分/次	日评
	“5S”现场管理	10	①每日辖内环境卫生整理、清洁，有不合格的扣 2 分/项； ②生产部巡查，有不合格项扣 5 分/项； ③如果当月出现工伤事故，按以下标准扣分：医药费 500 元以下，扣 5 分/宗；500 ~ 2 000 元，扣 6 分/宗；2 000 元以上，扣 10 分/宗	日评
业绩考核（10 分）	执行业绩	2	电耗与当月指标对比，达标得满分，不达标扣 1 分	月评
		2	油耗与当月指标对比，达标得满分，不达标扣 1 分	
		2	机物耗与当月指标对比，达标得满分，不达标扣 1 分	
		2	粉损与当月指标对比，达标得满分，不达标扣 1 分	
		2	缺陷率与当月生产部指标对比，达标得满分，不达标扣 1 分	
工作表现（10 分）	质量事故	5	当月未出现人为质量事故得 5 分，每出现 1 次扣 1 分	月评
	投诉处理	5	辖内职能部门人员没有反映工作服务协调不及时，没有发生人员间恶意争吵行为和刻意不合作等现象；以上不良现象每出现 1 次扣 5 分	日评
出勤考核（10 分）	日常出勤	5	①请假 2 天扣 1 分，每加 1 天扣 1 分； ②缺打卡 3 次扣 1 分，超过 3 天补卡的扣 1 分	月评
	会议出勤	5	当月会议无早退、迟到得 5 分，早退、迟到扣 0.5 分/次	月评
合计		100		

普通炉工工作职责：

（1）服从喷雾干燥塔班长指挥，负责塔下粉料筛分、塔下供浆的操作，保证塔下供浆和筛分工序的正常运行。

（2）以当班的作业指导书为工作导向，按车间制定的所有与塔下工序相关的操作规程进行操作。

（3）配合喷雾干燥塔炉工，发现造粒有异常的粉料时及时通知班长，并采取补救措施，确保所产粉料符合本车间和工艺车间的要求。

（4）做好安全生产的预防措施，对辖区的设备保养和“5S”现场清洁工作要符合车间要求。

表 8－10　原料车间普通炉工考核内容

项目	考核内容	标准分	考核标准	备注
岗位职责（70 分）	喷雾干燥塔粉料合格率	15	以工艺文件为标准，化验抽测一个不达标的扣 0.5 分/次，当日合格率每低于指标 2% 的扣 0.5 分，以此类推	日评
	缺陷控制	15	①振筛筛出来的泥屎铲上振筛的扣 3 分/次； ②倒塔时粉料要反带及开塔时要反带，正常后才送料上去，检查到一次没反带的扣 5 分	日评
	粉损控制	10	①塔下振筛满泻粉的扣 2 分/次； ②倒塔的粘塔料及塔下泥屎要拉到回收仓，如没拉而冲落水分沟的每次扣 2 分； ③每班正常开塔泥屎不超 3 车，额外每超 1 车扣 0.5 分	日评
	工作落实	20	没有按车间要求做好本职工作的扣 2 分/次，若造成生产紧张的扣 5 分/次，造成停压机或较大损失的扣 10 分/次	日评
	“5S”现场管理	10	①每日辖内环境卫生整理、清洁，有不合格的扣 1 分/项； ②生产部巡查，有不合格项扣 2 分/项； ③如果当月出现工伤事故，按以下标准扣分：医药费 500 元以下，扣 5 分/宗；500～2 000 元，扣 6 分/宗；2 000 元以上，扣 10 分/宗	日评
业绩考核（10 分）	执行业绩	2	电耗与当月指标对比，达标得满分，不达标扣 1 分	月评
		2	油耗与当月指标对比，达标得满分，不达标扣 1 分	
		2	机物耗与当月指标对比，达标得满分，不达标扣 1 分	
		2	粉损与当月指标对比，达标得满分，不达标扣 1 分	
		2	缺陷率与当月生产部指标对比，达标得满分，不达标扣 1 分	

（续上表）

项目	考核内容	标准分	考核标准	备注
工作表现（10分）	质量事故	5	当月未出现人为质量事故的得5分，每出现1次扣2分	月评
	投诉处理	5	辖内职能部门人员没有反映工作服务协调不及时，没有发生人员间恶意争吵行为和刻意不合作等现象；以上不良现象每出现1次扣5分	日评
出勤考核（10分）	日常出勤	5	①请假2天扣1分，每加1天扣1分； ②缺打卡3次扣1分，超过3天补卡的扣1分	月评
	会议出勤	5	当月会议无早退、迟到得5分，早退、迟到扣0.5分/次	月评
合计		100		

十三、原料车间配料主管岗位职责及考核标准

工作理念：以最大效益为目标，以质量、成本、创新为导向。

管辖范围：负责配料工序的全面管理工作。

工作职责：

（1）以身作则，不断学习，提升自身的技术水平。

（2）围绕车间主责的工作计划及目标细化到工序各岗位。

（3）定时检查工作计划的落实情况，并检验效果，适时修正。

（4）完善辖内各岗位的考核制度，并依时依章做好下属的业绩评估。

（5）协助车间完成上级临时下达的工作任务。

应交报表：

《每天工作汇报》（每天）

《工作总结及计划》（每月1日）

《培训计划及资料》（每月1日）

《考勤表》《考核表》（每月1日）

《下属沟通表》（每月2日）

表8－11　原料车间配料主管考核内容

项目	考核内容	标准分	考核标准	备注
岗位职责（75分）	计划执行	11	执行生产部和车间安排落实的各项工作任务，如未按计划完成扣0.2分/项，完成效果差扣0.1分/项，全月均能良好完成的得基本分	日评
	粉料工艺控制	11	以工艺车间提供的数据为准，凡压机水分超标准0.3%的扣0.05分/次，如因水分超标造成分层的扣0.3分/次	日评

（续上表）

项目	考核内容	标准分	考核标准	备注
岗位职责（75分）	缺陷控制	11	①当天各线平均缺陷率超1.5%的扣0.3分/次； ②如属人为造成质量事故且缺陷超2%的扣0.5分	日评
	培训下属	5	①当月有培训且80%以上的人员成绩在70分以上的，得3分； ②培训后未达到以上标准的，扣3分； ③车间内80%以上人员的培训考核成绩在80分以上的，得5分	月评
	考核下属	10	每日公平公正地对直接下属进行考评，如上级检查，发现有以下情况的，进行处罚： ①发现漏评一人，扣1分/次； ②不公平公正、弄虚作假的，扣1分/次； ③不及时、漏交或漏公布评分结果的，每项扣1分/次	日评
	“5S”现场管理	10	①每日辖内环境卫生整理、清洁，有3项不合格的，扣0.5分； ②生产部巡查，有不合格项扣0.5分/项； ③如果当月出现工伤事故，按以下标准扣分：医药费500元以下，扣1分/宗；500～2 000元，扣2分/宗；2 000元以上，扣5分/宗	日评
	创新	5	当月无创新不得分；设备改造创新、技术创新、合理化建议等有一项被车间确认，得基本分	月评
	设备保养	5	以《设备车间检查表》为依据，一个不合格项扣0.2分	日评
	转产时间准确性	7	原料车间通知各车间的转产时间必须控制在实际转产时间的±2.5小时内，每月允许2次/线，如超标扣2分/次（受其他车间因素影响除外）	日评
合计		75		

十四、原料车间配料班长岗位职责及考核标准

管辖范围：负责混送料工序当班的管理工作。

工作职责：

（1）服从上级的指挥，协助车间主责对混送料工序进行管理工作，对本工序员工进行生产指挥、技术培训、质量监督，保证完成车间下达的各项目标任务。

（2）根据车间制定的所有与混送粉工序相关的操作规程及工艺车间的技术文件安排作业，指导下属开展工作。

（3）抓好“5S”管理，做好生产安全质量防范措施。

（4）负责每两小时到抛光线检查质量情况，并通知相关人员。

（5）负责当班各工艺点的抽检工作。

应交报表：

《每天工作汇报》（每天）

《工作总结》（每月 1 日）

《工作计划》（每月 1 日）

《考勤表》（每月 1 日）

表 8－12　原料车间配料班长考核内容

项目	考核内容	标准分	考核标准	备注
岗位职责（70 分）	计划执行	8	执行上级安排落实的各项工作任务，未按计划完成的扣 0.2 分/项，完成效果差的扣 0.1 分/项，全月均能良好完成的得基本分	日评
	培训下属	5	①当月有培训且 80% 以上的人员成绩在 70 分以上的，得 3 分； ②培训后未达到以上标准的，扣 2 分； ③车间内 80% 以上人员的培训考核成绩在 80 分以上的，得 5 分	月评
	考核下属	8	每日公平公正地对直接下属进行考评，如上级检查，发现有以下情况的，进行处罚： ①发现漏评一人，扣 1 分/次； ②不公平公正、弄虚作假的，扣 1 分/次； ③不及时、漏交或漏公布评分结果的，每项扣 1 分/次	日评
	水分控制	5	①以工艺车间提供数据为准，每超出标准 0.3% 扣 0.05 分； ②如因水分超标造成分层的扣 0.3 分/次	日评
	缺陷控制	5	①当班各线缺陷率超 1.5% 的扣 0.2 分/次； ②如属人为造成质量事故且缺陷超 1% 的扣 0.5 分/次	日评
	故障率	5	设备故障未检修及造成一次缺料 5 分钟以内扣 1 分，以此类推	日评
	工作安排	10	工作安排要写好，如没写好造成出错的每次扣 2 分，以此类推	日评
	执行、检查	14	①对车间的工作安排按要求完成，否则扣 1 分/次； ②工作失职，检查不到位扣 0.5 分/次； ③严格执行管理制度，否则扣 1 分/次	日评
	“5S”现场管理	5	①每日辖内环境卫生整理、清洁，有 3 项不合格的，扣 0.5 分； ②生产部巡查，有不合格项扣 0.5 分/项； ③如果当月出现工伤事故，按以下标准扣分：医药费 500 元以下，扣 1 分/宗；500～2 000 元，扣 2 分/宗；2 000 元以上，扣 5 分/宗	日评
	设备保养	5	以《设备车间检查表》为准，一个不合格项扣 0.2 分	日评

（续上表）

项目	考核内容	标准分	考核标准	备注
业绩考核（10分）	执行业绩	2.5	电耗与当月指标对比，达标得满分，不达标0分	月评
		2.5	机物耗与当月指标对比，达标得满分，不达标0分	
		2.5	缺陷率与当月指标对比，达标得满分，不达标0分	
		2.5	粉损与当月指标对比，达标得满分，不达标0分	
合计		80		

十五、原料车间配料员考核标准

表8－13　原料车间配料员考核内容

项目	考核内容	标准分	考核标准	备注
岗位职责（70分）	粉料控制	10	①粉料水分超出车间内控标准每次扣0.5分； ②如因粉料水分超标造成砖坯分层的每次扣1分	日评
	缺陷控制	10	每日各线总缺陷率控制在1.5%以内，每超出一次扣0.2分	日评
	故障控制	10	造成一次缺料5分钟以内扣1分，如超出5分钟以上每5分钟加扣1分	日评
	工作落实	20	①未按要求送料扣1分/次； ②未按要求更换筛网扣1分/次； ③未按要求清洗输送带扣1分/次	日评
	粉损控制	10	每日粉损超内控标准扣0.5分/次	日评
	“5S”现场管理	10	①每日辖内环境卫生整理、清洁，有3项不合格的，扣0.5分； ②生产部巡查，有不合格项扣0.5分/项； ③如果当月出现工伤事故，按以下标准扣分：医药费500元以下，扣1分/宗；500～2 000元，扣2分/宗；2 000元以上，扣5分/宗	日评
业绩考核（10分）	执行业绩	2.5	电耗与当月指标对比，达标得满分，不达标0分	月评
		2.5	机物耗与当月指标对比，达标得满分，不达标0分	
		2.5	缺陷率与当月指标对比，达标得满分，不达标0分	
		2.5	粉损与当月指标对比，达标得满分，不达标0分	
工作表现（10分）	质量事故	5	当月未出现人为质量事故的得5分，每出现1次扣1分	月评
	投诉处理	5	辖内职能部门人员没有反映工作服务协调不及时，没有发生人员间恶意争吵行为和刻意不合作等现象；以上不良现象每出现1次扣1分	月评

（续上表）

项目	考核内容	标准分	考核标准	备注
考勤考核（10分）	日常出勤	5	①请假2天扣1分，每加1天扣1分； ②缺打卡3次扣1分，超过3天补卡的扣1分	月评
	会议出勤	5	当月会议无早退、迟到得5分，早退、迟到扣0.5分/次	月评
合计		100		

十六、原料车间粉料除铁工岗位职责及考核标准

管辖范围：负责全班磁棒清洁工作。

工作职责：

（1）负责原料车间混送料的粉料除铁工作及粉料过筛的监控工作，保证粉料完全除铁及设备正常运行。

（2）保证现场符合“5S”管理要求，做好每日交接班工作。

（3）服从混送料的班长指挥，以车间制定的与送粉工序相关的操作规程及作业指导书为操作依据。

考核具体内容：

（1）粉料合格率（10分）：由工艺车间提供数据，以车间内控标准，合格率与当月目标每±1%，则奖或罚0.5分。

（2）运行率（10分）：与当月目标对比，每±0.05%，则奖或罚3分。

（3）缺陷率（50分）：与当月目标比对，每±0.1%，则罚或奖0.6分。

（4）粉损（5分）：与当月目标比对，每±0.1%，则罚或奖0.3分。

（5）安全生产（5分）：出现工伤事故，医药费500元以下的，每宗扣5分。

（6）考试（5分）：不合格的扣2分；与三个班的平均数之比作系数，用系数除以5分，所得结果再减去不合格扣分，即为考试分。

（7）考勤（4分）：请假（顶班）两天以上，由第二天起每天扣一分（有病假单除外）。

（8）生产速度（6分）：因粉料水分及粒度影响造成压机打慢的，每次扣1分，扣完可倒扣4分为止。

（9）“5S”（5分）：以每天卫生检查及大清洁检查为依据，每个不合格项扣0.5分。

十七、原料车间混送料送粉员（压机项）岗位职责及考核标准

工作范围：负责当班压机项送粉工作。

工作职责：

（1）按照当班的作业指导书，负责各压机斗的粉料输送及供应，保证送粉工序压机楼面设备的正常运行，所送粉料达到成型所需，确保完成车间的运行率目标。

（2）服从混送料班长的指挥，按车间制定的与送粉相关的操作规程进行操作。

（3）做好当班的设备保养及“5S”现场卫生的清洁工作。

考核具体内容：

（1）故障率（10 分）：造成一次缺料事故扣 2 分；造成设备故障 5 分钟以内扣 1 分，以后每 5 分钟加扣 1 分；每班故障率与当月目标对比，每 ±10% 罚或奖 1 分；以事故率得分减去缺料事故扣分，即为故障率得分。

（2）缺陷率（15 分）：与当月目标对比，每 ±0. 1% 罚或奖 0. 6 分。

（3）粉损（5 分）：与当月目标对比，每 ±0. 1% 罚或奖 0. 3 分。

（4）安全生产（5 分）：出现工伤事故，医药费 500 元以下，每宗扣 5 分。

（5）考试（5 分）：不合格的扣 2 分；将与三个班的平均数之比作为系数，用系数除以 5 分，所得结果再减去不合格扣分，即为考试分。

（6）考勤（5 分）：请假（顶班）两天及以上，从第二天起每天扣一分（有病假单除外）。

（7）运行率（50 分）：与当月目标对比，每 ±0. 05% 奖或罚 3 分。

（8）“5S”（5 分）：以每天卫生检查及大清洁检查为依据，每个不合格项扣 0. 5 分。

十八、原料车间机修工岗位职责及考核标准

工作理念：以质量第一为目标，以企业效益为中心。

工作范围：负责原料车间所有设备。

工作职责：服从上级指挥，按车间要求对辖内范围的设备进行维修和保养工作，保障设备正常运转，完成车间下达的任务，对机物件有节能降耗的意识，富有责任感。

表 8 – 14　原料车间机修工考核内容

项目	内容	标准分	考核标准	备注
岗位职责（70 分）	工作落实	15	执行上级安排落实的各项工作任务，未按计划完成的扣 0. 2 分/项，完成效果差的扣 0. 1 分/项，全月均能良好完成的得基本分	日评
	设备保养	13	①如因设备保养不到位造成设备故障的扣 1 分/次； ②车间或生产部检查到不合格项的扣 0. 5 分/项	日评
	预防措施	12	工作中如因未做好预防措施造成质量事故的扣 1 分/次	日评
	设备故障	13	因设备故障造成缺料的扣 1 分/次，如超出 5 分钟，以后每 5 分钟加扣 0. 5 分	日评
	机件控制	10	工作中做到能用则用、能修则修的得 10 分，否则扣 0. 5 分/次	日评
	“5S”现场管理	7	①每日辖内环境卫生整理、清洁，有 3 项不合格的，扣 0. 5 分； ②生产部巡查，有不合格项扣 0. 5 分/项； ③如果当月出现工伤事故，按以下标准扣分：医药费 500 元以下，扣 1 分/宗；500 ~ 2 000 元，扣 2 分/宗；2 000 元以上，扣 5 分/宗	日评

（续上表）

项目	内容	标准分	考核标准	备注
业绩考核（10 分）	执行业绩	2.5	电耗与当月指标对比，达标得满分，不达标 0 分	月评
		2.5	机物耗与当月指标对比，达标得满分，不达标 0 分	
		2.5	缺陷率与当月指标对比，达标得满分，不达标 0 分	
		2.5	粉损与当月指标对比，达标得满分，不达标 0 分	
工作表现（10 分）	质量事故	5	当月未出现人为质量事故的得 5 分，每出现 1 次扣 1 分	月评
	投诉处理	5	辖内职能部门人员没有反映工作服务协调不及时，没有发生人员间恶意争吵行为和刻意不合作等现象；以上不良现象每出现 1 次扣 1 分	日评
出勤考核（10 分）	日常出勤	5	①请假 2 天扣 1 分，每加 1 天扣 1 分； ②缺打卡 3 次扣 1 分，超过 3 天补卡的扣 1 分	月评
	会议出勤	5	当月会议无早退、迟到得 5 分，早退、迟到扣 0.5 分/次	月评
合计		100		

第九章　原料车间的环境保护与治理

第一节　车间环境的保持与改善

洁净、优美的环境能令人心情愉快，精神饱满，身心放松。人们喜欢在干净、整洁、明亮的环境中工作，但这样的工作环境要靠自己的双手来创造。

那么，在生产实践中，怎样才能创造洁净、优美的环境呢？下面根据原料车间的生产运作特点具体阐述。

一、设备卫生的保持与改善

关于设备保养的工作，其实大部分都属于设备卫生的范畴，只是工作的侧重点不同而已。设备保养的重点在于保持设备的正常运行和延长其使用寿命，设备卫生则重在保持其良好的外观形象。

（1）喂料机、球磨机的清洁。每进完一次球料后，岗位操作人员都必须认真地将喂料机、输送线底部及沿途边缘地面、楼面乃至喂料机身、球磨机身上面洒落的泥沙细心地清扫干净，并将输送线的轴承、滚筒、链条、马达、波箱上面洒落的泥料及尘土、油污擦拭干净，使之保持光亮。另外，开启球磨机前，马达、减速箱、刹车器等设备上的灰尘、泥巴、油污都要细心、认真、彻底地清理干净，再开球运转。这样可使设备在运行过程中，不论是远观还是近看，都能给人耳目一新的感觉，从而保持良好的工作环境。

（2）放浆管、浆池、浆罐、振筛、除铁器等设备每时每刻都在与泥浆打交道，为避免淤积、堵塞、溅落、溢流等现象影响生产和环境美观，必须在放完浆后，用水冲洗浆管，把浆池口的污泥铲进垃圾堆。在交接班时，将整个环节设备的外表面再用水重新冲洗一次，并把剩余的极少量的泥冲入排水沟里，从而保持除铁、过浆设备在外观上的干净和美观。

（3）调色设备的清洁。每配完一个品种的色浆，对调色罐周围的设备，包括振筛、除铁器、过浆槽、泵浆管、配色罐及地面、楼面过筛溅落的泥屎等都要清除干净，再用水冲洗，保证所有的配浆设备无污泥、油污。

（4）对各浆池、浆罐搅拌器的外表面，每班须清扫或用风吹干净上面的灰尘。另外，加油后，用抹机布擦拭干净外表面的油污，才能再次投入使用。

（5）喷雾干燥塔的清洁。供喷粉用的柱塞泵、喷雾干燥塔、热风炉、风机、电池、油罐、发热器外表面、喷枪、油枪等设备，必须对油污积尘、泥浆、铁屑等杂物进行处理、擦拭，保持设备外表的常新状态。

（6）各送粉线、粉料色最大的污染就是粉尘。因此，每班必须将输送线的防护棚、支架、马达、波箱清扫得干干净净，无任何积尘、漏粉、漏油情况发生。另外，粉料色的仓口周围，尤其要注意清扫干净，没有灰尘，以防不同品种交叉污染。在粉料仓、输送线的清洁中，各交叉处和边角处以及人无法走到的地方，最容易被人忽略而影响整体外观，因此在平常的工作中，尤其要花大气力加以解决。

（7）各车间内所有的配电柜、配电箱不仅内部的电器元件要每周吹一次，而且外表面洒落的灰尘、溅落的污泥及不小心沾上的油污等也要每班擦拭干净。

（8）各设备的外表面，由于长时间受氧化剥落或长年使用受损等，要对其外表涂饰防锈漆或装饰漆等，以形成外观上的统一色调。

二、工作环境卫生的保持与改善

（1）车间内所有环节的地面、楼面、楼梯等都要清扫干净，包括球磨顶所有的楼面，行车轨道与球口之间的楼面，水箱、甲基池、放水管底部，行车带机脚等每一个角落；球磨机底部洒落的泥沙、油污、水等，喷雾干燥塔楼面重油箱、油泵、电柜电箱四周等；塔底振筛地面、浆池面、浆管之间，放浆管四周，浆管交叉的地面，浆池、中转缸、调色浆罐面及周围地段；送粉线楼面及线底，粉料箱楼面及仓口与轨道之间，行车带底部，球磨浆池等环水沟等。对所有的环境，每班都必须认真、细致地清扫，保证每一个角落都一尘不染，共同建设一个良好的地面环境。

（2）通道畅通，物件摆放整齐，办公设施干净。实际生产中，往往存在这样一些不良情况：用过的东西随手一丢，也不管它是在过道上还是在水沟边，碍路时，大家你踢一脚、我踩一脚也没人收捡，结果要再次使用时，又四处寻找不知去向。例如，常用的斗车、砂铲、毛扫、扫把等物到处乱扔，既影响车间内环境的美观，又增加物品损耗。另外，维修、改造设备时，使用过的工具或更换下来的配件，往往是随处丢，放上十天半个月也无人理会。还有办公室地面烟蒂、纸片到处乱丢，办公桌上的记录表乱七八糟地摆放等，这些都是因为我们在工作中疏于整理，没有细心地建设、美化好我们的工作环境。如果我们每用一件东西，用完后归还到固定位置；维修好设备后，对废旧物品加以处理；上班期间对办公室收捡整理，那么，我们的工作环境将得到大大的改善。这些做法可以说是举手之劳，但我们往往因为平常的粗心懒惰而置之不理。希望大家能够特别注意保持整洁的办公环境。

（3）配用件的分类和摆放。机修房内，各种有用和无用的备用件要整理好，废旧的一律处理掉，修复好的一律贴上标签，放入存物架，分门别类地摆放整齐，以便在日常的设备维修中能及时地找到所需的配件，从而尽快解决生产中的问题。

三、原料车间办公室环境卫生管理

（1）椅子摆放整齐，坐后要归位。办公室地面不得乱丢烟蒂、烟盒。

（2）办公台面保持清洁，茶盅及其他杂物不允许随便放在台面。

（3）各记录表写好、看完后必须按标识挂回原位。黑板填写数据要整齐清晰，不得涂抹乱画。

（4）对原料车间的缺陷砖，看完后要统一拉走，不得乱摆乱放，其他不相关物件不能摆放在办公室内。

（5）夜班跟班主责下班前必须清扫办公室一次，每天早上必须首先打扫办公室卫生。

总之，美好的工作环境需靠大家共同来创造，将原料车间的工作环境建设得像我们自己的家一样干净明亮，对车间的设备像我们自己的家产一样爱惜有加。

第二节　“5S”管理的推行

一、“5S”活动的理念

整齐、清洁与纪律化的工作环境是制造高品质产品、杜绝浪费以及维持高生产能力的必要条件。

二、“5S”活动的含义

“5S”即整理（Seiri）、整顿（Seiton）、清扫（Seiso）、清洁（Seikeetsu）和素养（Shitsuke）这5个词的缩写。因为这5个词的日语罗马拼音的第一个字母都是“S”，所以简称为“5S”。开展以整理、整顿、清扫、清洁和素养为内容的活动，称为“5S”活动。

“5S”活动的对象是生产环境，它对生产现场环境全局进行综合考虑，并制订切实可行的计划与措施，从而达到规范化管理。“5S”活动的核心是素养，如果没有职工队伍素养的相应提高，“5S”活动就难以开展和坚持下去。

三、“5S”活动的内容

1. 整理

把要与不要的物品分开，再将不需要的物品加以处理，这是改善生产现场的第一步。其要点是对生产现场摆放的各种物品进行分类，区分什么是现场需要的、什么是现场不需要的；其次，对现场不需要的物品，诸如用剩的材料、多余的半成品、切下的料头、切屑、垃圾、废品、多余的工具、报废的设备、工人的个人生活用品等，要坚决清理出生产现场。这项工作的重点在于坚决把现场不需要的东西清理掉。对于车间里各个工位或设备的前后、通道左右、厂房上下、工具箱内外，以及车间的各个死角，都要彻底搜寻和清理，做到现场无不用之物。坚决做好这一步，是树立好作风的开始。在日本，有的公司更提出口号：效率和安全始于整理！

整理活动的目的是：①增加作业面积；②现场无杂物，行道通畅，提高工作效率；③减少磕碰的机会，保障安全；④消除管理上的混放、混料等差错事故；⑤有利于减少库存量，节约资金；⑥改变作风，提高工作情绪。

2. 整顿

把需要的物品加以定量、定位。通过前一步整理后，对生产现场需要留下的物品进行科学合理的布置，以便用最快的速度取得所需之物，在最有效的规章、制度和最简捷的流程下完成作业。

整顿活动的要点是：①物品摆放要有固定的地点和区域，以便寻找，消除因混放而造成的差错；②物品摆放地点要科学合理，如根据物品使用的频率，经常使用的东西应摆放得近些（如放在作业区内），偶尔使用或不常使用的东西则应放得远些（如集中放在车间某处）；③物品摆放目视化，使定量装载的物品做到过目知数，摆放不同物品的区域应采用不同的色彩和标记加以区别。

生产现场物品的合理摆放有利于提高工作效率和产品质量，保障生产安全。这项工作已发展成一项专门的现场管理方法——定置管理（其内容将在第三节中进一步介绍）。

3. 清扫

把工作场所打扫干净，发现设备异常时马上修理，使之恢复正常。在生产过程中生产现场会产生灰尘、油污、铁屑、垃圾等，从而变脏。脏乱的现场会使设备精度降低，故障多发，影响产品质量，使安全事故防不胜防；脏乱的现场更会影响人们的工作情绪，使人不愿久留。因此，必须通过清扫来清除那些脏物，创造一个明快、舒畅的工作环境。

清扫活动的要点是：①自己使用的物品，如设备、工具等，要自己清扫，而不要依赖他人，不增加专门的清扫工；②对设备的清扫，着眼于对设备的维护保养；清扫设备要同设备的点检结合起来，清扫即点检；清扫的同时做设备的润滑工作，清扫也是保养；③清扫也是为了找到可改进之处，如当清扫地面发现有飞屑和油水泄漏时，要查明原因，并采取措施加以改进。

4. 清洁

整理、整顿、清扫之后要认真维护，使现场保持最佳状态。清洁，是对前三项活动的坚持与深入，从而消除发生安全事故的根源，创造一个良好的工作环境，使工人能愉快地工作。

清洁活动的要点是：①车间环境不仅要整齐，而且要做到清洁卫生，保证工人身体健康，提高工人劳动热情；②不仅物品要清洁，而且工人本身也要做到清洁，如工作服要清洁，仪表要整洁，及时理发、刮须、修指甲、洗澡等；③工人不仅要做到形体上的清洁，而且要做到精神上的“清洁”，待人要讲礼貌，要尊重别人；④要使环境不受污染，进一步消除混浊的空气、粉尘、噪声和污染源，消灭职业病。

5. 素养

素养即教养，努力提高人员的素养，养成严格遵守规章制度的作风，是“5S”活动的核心。没有人员素养的提高，各项活动就不能顺利开展，开展了也坚持不了。所以，抓“5S”活动，要始终着眼于提高人员的素养。

四、开展“5S”活动的原则

1. 自我管理原则

良好的工作环境，不能单靠添置设备，而应当充分依靠现场人员，由现场人员亲自动手为自己创造一个整齐、清洁、方便、安全的工作环境，使他们在改造客观世界的同时，也改造自己的主观世界，产生“美”的意识，养成现代化大生产所要求的遵章守纪、严于律己的习惯。既然是自己动手创造的成果，就应该保持下去。

2. 勤俭原则

开展“5S”活动，会从生产现场清理出很多无用之物，其中有的只是在现场无用，但可用于其他的地方；有的虽然是废物，但本着废物利用、变废为宝的精神，还能用的应尽量循环利用，需要报废的也应按报废手续办理并回收其“残值”，千万不可只图一时处理的“痛快”，一扔了之。对于那种大手大脚、置企业财产于不顾的“败家子”作风，应及时制止、批评、教育，情节严重的要给予适当处分。

3. 持之以恒原则

“5S”活动开展起来比较容易，可在短时间内取得明显的效果，但要持之以恒，不断优化，就不太容易。不少企业发生过一紧、二松、三垮台、四重来的现象。因此，开展“5S”活动，贵在坚持。为将这项活动坚持下去，企业首先应将“5S”活动纳入岗位责任制，使每一部门、每一人员都有明确的岗位责任和工作标准；其次，要严格、认真地搞好检查、评比和考核工作，将考核结果同各部门和各人员的经济利益挂钩；最后，要坚持PDCA循环，不断提高现场的“5S”水平，即要通过检查，不断发现问题，解决问题。因此，在检查、考核后，还必须针对问题，提出改进的措施和计划，使“5S”活动坚持不断地开展下去。

五、推行“5S”活动

在推行“5S”活动前，第一件事情就是先到工厂现场对周围环境拍照存证，以便将来推行“5S”活动后，再拍照比较，可以立即看出推行的成效。

（1）整理环境（Clear up the area）。在任何工厂里都有废弃或不需要的物品，这些物品目前生产用不着，应以红色标签区别，以便任何人见到都知道应搬移或抛弃。不过，厂区应先确定弃用标准以避免矛盾，然后指派第三者（通常为管理部门）着手贴上标签。

（2）整理储藏所（Organize storage places）。环境清洁后，应再整理储藏所，并以文字或数字、颜色等明显标示各项物品存放位置。整理储藏所时，应牢记三个关键因素：何地（where）、何物（what）、数量（how many），标示应清楚明白并易于识别，还应采用开放式储藏系统，否则各种工具不易保持整齐。

（3）全面清扫（Consolidate clearing procedure）。厂区清扫涵盖三大范围：仓储区、设

备、环境。应先划分责任区域，并将清扫的责任分派给现场员工。在共同责任区内，可以采用轮班制度。最好将个人责任归属与清扫项目制表公示于现场每个人都看得见的地方，让每位员工都养成每天清扫五分钟的习惯。五分钟听起来很短，但如果持之以恒，效果是十分惊人的。

把整洁的工作现场当作一项标准来追求。只要每人都付出一点小小的努力，现场就能一直保持整洁。实现工作现场整洁的秘诀在于牢记三个“没有”原则：没有不需要的物品，没有杂乱，没有肮脏。在达到这一标准前，应派人定期检查评分。

（4）直接观察检查（Implement visual control）。有批评才有进步，“5S”活动也是一样，理想的工作现场应该是一望即知问题所在，解决问题也就容易得多。经过一段时间后，现场环境如果有了很大的改变，这时再拍一些照片，然后与“5S”活动实施前的照片作比较，最好办一次照片展览，这是对现场员工最好的教育。此外，也不要忘记对推行“5S”活动后有显著成效的部门或员工给予适当的奖励。

六、“5S”活动的成效

推行“5S”活动后，工厂看起来整洁多了，但这只是“5S”活动的开始而已，千万不要松懈，下一个目标是潜移默化，把“5S”变成工厂的习惯。

（1）管制存货（Control stock level）。在不影响生产的前提下，应设法逐步减少存货，做法很简单：利用红色（红线或标签）标示存货之最多数量，黄色标示最少数量，慢慢降低红色标签的位置，如此即可加强存货管制，减少积压存货。

（2）容易取用、容易归位（Make it easy to use and return things）。各种夹具、工具与备用品放置之位置，应标示名称和编号，最好画出物品的形状，精确标示其位置所在。理想的摆放位置，应该临近相关的机器设备，才能随取随用，用后立即归位，还可以利用不同颜色区别不同之工具或原料备品，令使用者更易于识别。

（3）随时清理与清点（Always clean and check）。在现场随时清理与清点，目的是要做到零故障、零错误以及零中断。每一个与生产流程相关的环节都应该随时清理与清点，划分责任区域，指派现场具体工作人员负责清理与清点工作。应设定各相关项目与清理之顺序，并列入日常工作之一环。工厂环境的维护应该主要由现场员工自己来负责。

（4）维持整洁的工作现场（Maintain a spotless workplace）。前面提到的三个整理重点：何地、何物、数量，是否都已做到？是否已经设定标准？是否已经杜绝现场及仓储中不需要的物品？假如现场有不需要的物品，由谁来负责搬运？所有的工具是否已经归还原位？如有肮脏是否立即清扫？员工是否已经习惯每天清扫？为维持工作现场的整洁，应该派人定期及不定期检查。

（5）全企业维持相同的水平（Maintain standards throughout the company）。良好的教养来自严格的要求，各级主管应该摆正心态，既要严格要求下属，更要严格要求自己，还要虚心接受批评与监督。工人缺乏维护公共环境的意识，主管应该问责领班、组长，而不是工人。领班、组长应负责教导工人，并营造活泼积极的工作氛围。

七、预防性的“5S”

当“5S”经过潜移默化，逐渐根栖于工厂后，工厂的下一个目标就是加入世界一流公司的行列。为了达成此目标，还要加倍努力。

（1）去除不需要的物品（Avoid unnecessary items）。如果不需要的物品在清理时一再出现，请赶快找出原因。与其事后处理，不如事先防范。防范的最佳手段就是维持并降低库存数量。

（2）避免杂乱（Avoid disorganization）。关于工具的使用，可能工人已经知道用毕归位，并加以整理，但现场有时还是相当杂乱。为了解决问题，我们不能只知道杂乱的现象，却不知道杂乱的原因。可能原因如下：储藏所并非固定，或未在有明显标志的位置放置；工人素养训练不足；堆放之物品超过正常需要量。

（3）清扫后避免再次肮脏（Cleaning without getting dirty again）。往往在我们注意到时，工厂的生产环境已经再次脏乱起来了。引起脏乱的因素包括风、水、油、工人制服、鞋底、轮胎（如堆高机）等。除非消除脏乱之源，否则清不胜清、扫不胜扫，脏乱永远存在。想要清扫后不再肮脏，就必须找出原因，对症下药，且更应该避免工作本身制造肮脏，如加油时油洒落地面，或是运货卡车经过时轮胎将大量污泥带进工厂。

（4）预防环境退化（Prevent degradation of the environment）。整齐与清洁是效率的标志，一个肮脏的工厂要谈品质和效率，无异于缘木求鱼。为了防止环境之退化，我们不但要推行“5S”，还要推行预防性的“5S”，即预防性的清理、整顿与清扫。我们应该清楚自己工厂的不足，掌握“5S”的要点，致力改进，提高标准，这样才能向“5S”模范工厂迈进。

（5）有计划的训练（Systematize training）。应让现场员工自动自发地承担责任、解决问题。建设性批评虽然有效，但是一旦灾害发生，仍然于事无补，所以要不断加强对员工的训练，从根源上减少人为意外或灾害。

第三节　原料车间的“5S”管理

一、原料车间“5S”管理制度

1. 卫生检查制度

为了改善工作环境，加强现场“5S”检查，创造一个整洁、有序的工作空间，提升工作效率，应制定检查制度：

（1）地面不能有积水、积泥现象（包括泥浆）。

（2）无标识的地方不能摆放物品（除球磨楼面球口处化工料外）。

（3）输送带架、电机、波箱不能有积油、积尘或看不到原色。

（4）球墩上、轴承座不能有积油。

（5）按车间领导要求，各班长对上一班卫生应加以检查、督促。

（6）车间各主管、机修班长以及“5S”检查员于每月抽出 3 次时间一起进行评比，实施奖罚制度，把对卫生最差的员工及工序主责所扣罚的金额，奖给最好的员工及工序主责。

（7）对整改通知单进行回收，有利于复查整改任务。

（8）员工向班长反映有关问题得不到解决时，可以直接找工序主责反映情况，由工序主责对班长做出处罚，并把扣罚班长的金额奖给该员工。

（9）对整改不合格的员工或班组应由班长做出处理，若班长没处理则由工序主责对班长进行处理。

（10）如果班长没处理，工序主责也没处理，由抽检员对主管进行扣罚处理。

（11）对一个月内前三名与后三名员工进行奖罚公布。

（12）机修房要求作业完成后必须清扫，否则扣罚班长。

（13）当班整改通知不能完成的，班长或工序主责必须做出处理。

2. 卫生巡检制度

为了使当班 8 小时卫生长期保持干净、整洁，达到“5S”现场管理要求，使各员工能自觉地养成良好的习惯，共同创造一个舒适的工作环境，特制定以下生产现场卫生巡检制度。

（1）各级人员的责任划分：

①球磨班长：负责球磨工序所有卫生的监督、督促，包括砂仓、道路、泥屎仓、球底、球磨楼面的卫生。

②喷雾干燥塔班长：负责所有喷雾干燥塔工序和浆池面、水煤浆池卫生的监督、督促。

③配送粉班长：负责配送粉工序所有送粉的卫生监督、督促，包括粉箱底卫生。

④其他工序人员：按《岗位卫生制度》划分的卫生区域和《设备大清洁保养制度》的规定，负责范围内设备地面卫生的清洁。

（2）现场卫生清洁巡检标准：

①岗位上非使用中的工具，是否摆放在指定的位置并摆放整齐。

②岗位上是否有杂物、垃圾，通道是否畅通、整洁，摆放物品是否超出界限。

③岗位上是否有积泥、积水，是否及时清扫、冲洗干净。

④工作台上的物品是否摆放整齐，各种记录表是否完整、整洁，写完是否放到指定位置。

⑤各设备表面是否保持干净，各设备周围是否放有其他物品、杂物。

（3）巡检办法和奖罚办法：

①由班长不定时地对各工序卫生进行检查，没有达到标准的，对责任人进行扣罚处理。

②由车间主任、副主任不定时对各工序卫生进行检查，没有达到标准的，分别对责任人和跟班管理人员进行扣罚处理。

二、设备卫生、保养要求

1. 喂料机

(1) 操作人员每班必须对喂料机大小托轮进行一次加油。

(2) 操作人员开机前检查喂料机托轮插销有无脱落，发现插销脱落时，要马上通知机修工维修。

(3) 链板弯曲没有调整，扣罚保养负责人。

(4) 波箱加油过多或缺油，扣罚保养负责人。

2. 输送带

(1) 操作人员开机前必须检查该组输送带是否走偏，有无杂物卡住输送带，如因走偏或卡死刮烂输送带，按奖罚制度中的标准扣罚。

(2) 联轴器松开，扣罚保养负责人。

(3) 链条太长咬链齿，扣罚保养负责人。

(4) 波箱漏油或噪声大没有更换，扣罚该责任区设备负责人。

(5) 波箱多油、少油，或因无油烧电机，扣罚保养负责人。

(6) 链罩脱落或无链罩，扣罚该责任区设备负责人。

3. 球磨机

(1) 大轴承三个月加一次油，因无油或缺油使轴承出现故障，扣罚保养负责人。

(2) 操作人员在开球时不用辅机把球转均匀，直接用主机启动，扣罚操作人员。

(3) 操作人员在开球时不得用胶条垫皮带，因垫胶条拉断皮带，扣罚操作人员。

(4) 减速波箱多油或少油，扣罚保养负责人。

(5) 刹车胶磨损没有更换，扣罚该责任区设备负责人。

(6) 机座松动或振动没有维修，扣罚当班机修工。

4. 电葫芦

(1) 操作人员不得将电葫芦斜拉或拉输送带，违者扣罚操作人员。

(2) 葫芦波箱因缺油烧电机，扣罚保养负责人。

(3) 钢丝绳被卡死或卡断，扣罚操作人员。

(4) 操作人员在升吊机时撞烂葫芦，扣罚操作人员。

5. 浆池搅拌机

(1) 波箱漏油，扣罚保养负责人。

(2) 波箱缺油烧烂零件，扣罚保养负责人并按零件价值15%计标。

(3) 因缺油造成烧电机，扣罚保养负责人。

6. 振筛（湿式振筛）

(1) 更换振筛的筛网时螺丝没有装好，如少装螺丝、压杆螺丝不平，造成振筛破裂，扣罚责任人。

(2) 振动电机螺丝松，打烂机座，扣罚当班机修工。

7. 抽热风机

(1) 因过载烧电机，扣罚喷雾干燥塔该塔炉工。

(2) 波箱漏油，没有维修好，扣罚当班机修工。
(3) 波箱少油或多油，扣罚保养负责人。
8. 柱塞泵及气泵
(1) 油箱缺油，扣罚当班机修工。
(2) 漏油没有及时维修，扣罚当班机修工。
(3) 柱塞泵出现大小故障不维修，扣罚当班机修工。

三、原料车间大清洁管理制度

（一）球磨工段卫生检查

1. 清洁范围

本人或各班所负责的设备、楼面、地面及水沟卫生。

2. 清洁标准

①设备无粉尘、无油渍。②物品摆放整齐，并放在指定的位置。③工作场所无杂物。④水沟污泥低于水泥路面 20cm。⑤输送带的带架、滚轮内不能有泥沙，拖碌、电箱、轴承要无油污、无积尘且见本色。⑥球磨底及周边必须要清洁干净后再用水冲干净，不准冲水到电机电柜上面，否则按章处罚，影响生产的重罚。⑦输送带拖碌、喂料机大小齿轮、电机链条要清洁后才加油，且保持润滑良好，凡缺少拖碌或拖碌损坏的要及时通知机修工更换。

3. 扣罚标准

无人打扫、擦拭，无清理水沟，扣 0.5 分/天次。

有人打扫、擦拭，但仍有油渍、粉尘，扣 0.1 分/天次。

物品摆放散乱，没有放在指定的位置，扣 0.2 分/天次。

楼面、地面和其他地方有杂物，扣 0.2 分/天次。

检查人员：球磨主管和球磨各班长。

检查时间：每月安排 3 次固定的检查时间。

4. 球磨车间具体卫生区域划分

(1) 铲车司机清洁卫生区域划分：

一班：负责铲车的加油润滑和车身清洁。

二班：负责浆池面所有柱塞泵的加油润滑和清洁。

(2) 喂料机工清洁卫生区域划分：

一班：负责喂料机和带的加油润滑和清洁。

二班：负责带的加油润滑以及带架和栏杆的清洁。

(3) 入球工清洁卫生区域划分：

一班：负责本侧楼面移动带的加油润滑和栏杆、水箱、水玻璃箱及电柜表面的卫生。球面入球工负责移动带、电葫芦的加油润滑和栏杆、水箱、水玻璃箱及电柜表面的卫生。

二班：分别负责球及电柜的清洁。①球面入球工负责球及电柜表面的卫生；②球面入球工负责 3 号球及电柜表面的卫生。

（4）放浆工清洁卫生区域划分：

一班：负责球及电柜的清洁。

二班：负责浆池搅拌电机及电柜的清洁。

（二）喷雾干燥塔工段

1. 日检查办法

（1）由工序主管每天上午 9：00 及下午 17：00 组织跟班班长、“5S”抽检员及责任岗位人员检查“5S”的清洁整理情况，记录好不合格项。

（2）通过检查记录同工种岗位人员的“5S”执行情况并进行评比，有两项不合格项的扣罚 0.1 分/天，无不合格项的奖 0.1 分/天。奖罚评比在同工种内进行。

（3）检查标准：

①各物件、工具按标识摆放，工作场地无杂物。②各工作场地地面无积泥、积水，保持干净。③设备无积油、积尘、积泥浆，标识清晰。④粉箱面箱口、轨道及箱面无积粉。⑤垃圾槽无存粉，箱面无杂物，无运行的输送带胶瓦清扫干净，所有输送带系统胶瓦伞盖整齐。

以上检查有 5 项不合格，扣罚当班班长 0.1 分/天，有 10 项不合格，扣罚当班大班长 0.1 分/天。

2. 月度检查办法

①每月固定 3 次，由三个班的喷雾干燥塔班长及跟班主管进行集中检查。②卫生不合格的，扣罚责任人 1 分/项，把所扣罚的分奖给清洁较好的员工。③将检查的结果交给喷雾干燥塔主责进行统一扣罚和奖励并公布。④检查时必须通知车间统计员进行监督。

3. 月度检查标准

①地面卫生必须干净，不能有积泥、积尘、杂物。②胶瓦、支架不能有积尘、油污。③电机、波箱必须看见油漆、无油渍。④除铁槽、中转池、中转缸、振筛、浆管不能有积泥。⑤各种标识必须齐全、清楚。⑥油盆内必须干净无积油，所有工具、灭火器要摆放整齐、清洁。

4. 注意事项

（1）各责任人负责所辖范围内的所有物件卫生，包括清洁工具要按标识摆放整齐，不能有杂物，否则作不合格处理。

（2）应按喷雾干燥塔车间具体卫生区域划分，将喷雾干燥塔工段每个卫生点都划分到具体岗位工人身上，并按人员名单安排。

（三）配送料工段卫生检查

（1）检查时间：每月 3 次固定的检查时间。

（2）检查人员：配料主管和配料各班长。

（3）检查内容：

①员工负责区域的地面卫生；设备加油、保养，控制电箱的清洁；各类标识的清洁工

具、机物件摆放整齐，工作台的清洁等。②有不合格的扣罚负责人，班长扣总分的 20%，整月累计，月底时列入考核评定的依据。

（4）应按配料车间具体卫生区域划分，将配料工段每个卫生点都划分到具体岗位工人身上，并按人员名单安排。

四、原料车间具体目视管理标准

表 9－1　原料车间具体目视管理标准

项目名称		要求
粉箱	标识	喷漆字体清晰、完整、大小统一、显眼、简明
	箱表面	干净，不积粉，各种卫生工具按标识整齐摆放
输送带	标识	喷漆字体清晰、完整、大小统一、显眼、简明
	输送带表面	轴承、带架、胶瓦伞盖干净无积粉尘，运行正常
喷雾干燥塔	标识	喷漆字体清晰、完整、大小统一、显眼、简明
	塔身	干净，无积泥尘，外观整齐
	热风炉	无积油、积泥，油枪雾化正常
	引热风机	无积尘、漏油，运行正常
	泵油系统	无积尘、漏油，表面无积油，运行正常
	塔楼面	楼面卫生干净，无积泥、无杂物，所有物件摆放整齐
中转缸	标识	喷漆字体清晰、完整、大小统一、显眼、简明
	缸面	无积泥、无杂物
	缸底	斗车摆放整齐，地面干净无积泥
	振筛	无漏浆、积泥，运行正常

第四节　原料车间粉尘及烟气治理

一、产生颗粒物污染的环节

陶瓷墙地砖生产工业不仅在原料、辅料以及煤炭的运输过程中，而且在粉碎、筛分、配料、成型、干燥、修坯以及烧制等整个生产过程中，都会产生颗粒物污染。其中，生产过程中产生的粉尘是颗粒物的主要来源。陶瓷墙地砖生产过程中产生的颗粒物一般分为两种：一种为粉尘状污染物，产生于原料称配入磨、原料加工、泥坯料制备、釉料制备、压制成型和施釉等工段；另一种为含颗粒的气体，产生于干燥和烧成工段。根据陶企的工艺特点及粉尘产生的状况，一般采用脉冲袋式除尘器和滤筒除尘器对颗粒物进行去除。

表 9－2　产生颗粒物污染的环节

产尘点	粉尘浓度（mg/m^3）
颚式破碎机出料口	3 000～3 200
轮碾机内（干法生产）	2 000～3 000
提升机上部	500～3 000
提升机下部	5 200
提升机出料口	1 500～2 300
振动筛内	5 800 左右
人工配料	400
球磨机干法装车	150

表 9－3　喷雾干燥塔烟气排放颗粒物污染应对措施

污染物	不达标原因	应对措施
颗粒物	喷雾干燥塔烟气集中排放，执行较严的 $30mg/m^3$ 标准，而且喷雾干燥塔的氧含量有差异，导致换算值存在较大差别	增设排烟口，将窑炉和喷雾干燥塔烟气分开治理，执行不同排放标准
	布袋式除尘器的滤芯过滤精度不够	更换更高效的滤袋，选用 PTFE 覆膜滤料
	布袋式除尘器旁通阀门泄漏	重新制作不锈钢的布袋式除尘器，并检测漏风率，设置多级预警系统
	脱硫循环水含较多悬浮物，随烟气排放	割除所有旁通或加装电动闸阀防泄漏
	布袋式除尘器箱体漏风率过高	将布袋式除尘器后的烟管更换为不锈钢材质，布袋式除尘器如有故障，需及时清洗
	管道积灰未及时清除	改善循环水水质，去除水中的颗粒物，利用电导率与温度控制调整水中的盐分，避免随烟气析出

二、颗粒物处理工艺

脉冲袋式除尘器或湿法除尘器是陶企普遍采用的除尘工艺。相比湿法除尘器而言，脉冲袋式除尘器效率较高且稳定。制造陶瓷墙地砖的喷雾干燥塔采用的是脉冲袋式除尘器，此类除尘器滤袋的品质很重要，直接影响除尘效果。脉冲袋式除尘器采用 PTFE 覆膜滤袋，处理后的烟尘排放浓度小于 $10mg/m^3$。以前窑炉除尘大多是利用湿法除氟去除窑炉烟气的烟尘，一些采用干法除氟的企业在窑炉上也使用脉冲袋式除尘器。

脉冲袋式除尘器的过滤机理是一个综合效应的结果，如重力、惯性力、碰撞、静电吸附、筛滤作用等。当含烟尘、粉尘的气体经进气口进入除尘器，较大的粉尘颗粒因截面积的增大、风速下降而直接沉降；较小的烟尘、粉尘颗粒被滤袋阻留在滤袋表面。经过滤袋净化的气体，由滤袋内部进入箱体，再由阀板孔出口排入大气，达到除尘的目的。

随着过滤的不断进行，滤袋表面的烟尘、粉尘越积越多，滤袋阻力不断加大，当设备阻力达到一定的限值（1 245 ~1 470Pa）时，须及时清除滤袋表面积聚的烟尘、粉尘。清灰时由清灰控制器发出信号，首先将第一个室的控制提升阀关闭，切断过滤气流，停止过滤过程，然后打开电磁脉冲阀，以极短的时间（0.1 ~0.15 秒）向箱体内喷入压力为 0.3 ~0.7MPa 的压缩空气，在箱体内迅速膨胀并涌入滤袋内部，使滤袋产生形变、震动，令滤袋外部的粉尘被清除下来掉入灰斗。清灰完毕之后，再次打开提升阀，这个箱室的滤袋重新恢复到过滤状态，下一个箱室则进入清灰状态。如此逐一重复上述过程，直至最后一个箱室清灰完毕，此为一个清灰周期。脉冲袋式除尘器的脉冲宽度和清灰周期由清灰程序控制器自动控制，从而保证清灰效果和设备连续稳定运行。

喷雾干燥塔烟气温度一般在 80℃ ~115℃，当炉况发生变化时温度可达 150℃甚至更高，此时会发生烧袋现象；当烟气含湿量大于 35%、露点温度为 70℃时，除尘器会结露和糊袋。为了防止除尘器结露和糊袋以及由于温度过高而发生恶性事故，除尘器的进风管道、本体及灰斗都采取了温控措施，在除尘器的进风口处安装有温度检测与自动报警装置，并在除尘器进风口设计了烟气冷却装置。废气一旦超过除尘器的使用温度范围，除尘器就会发出警报，自动采取温控措施，以确保安全运行。

各箱室的脉冲宽度和清灰周期由清灰程序控制器按事先设定的程序自动设置，从而保证了压缩空气清灰的效果。整个箱体设计采用了进口和出口总管结构，灰斗可延伸到进口总管下，使进入的含尘烟气直接进入已扩大的灰斗内沉降，达到预除尘效果。所以脉冲袋式除尘器不仅能处理一般浓度的含尘气体，而且能处理高浓度的含尘气体。

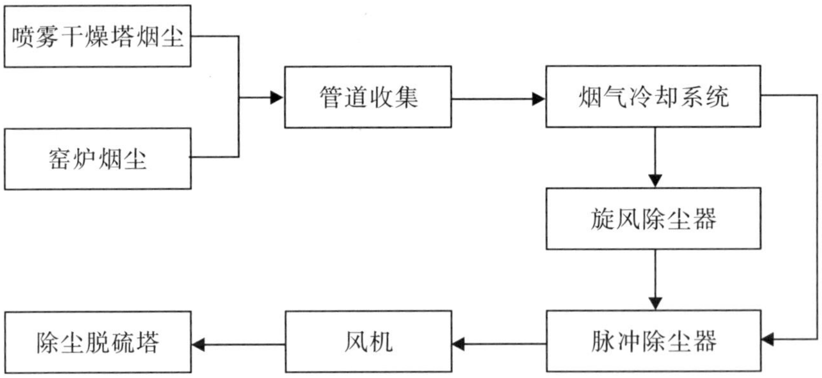

图 9－1　烟气粉尘处理工艺流程

三、脉冲袋式除尘器简介

1. 脉冲袋式除尘器结构

脉冲袋式除尘器的主体由箱体、袋室、灰斗、进出风口四大部分组成，并配有支柱、走梯、栏杆、压缩空气管路系统、清灰控制机构等。

（1）箱体。箱体主要是作固定袋笼、滤袋及气路元件之用，并制成全密闭形式。清灰时，压缩空气先进入箱体，再进入各滤袋内部。顶部设有入孔，安装和更换袋笼、滤袋全部在这里进行，十分方便。根据规格的不同，箱体内又分成若干个室，相互之间均用钢板隔开，互不透气，以实现离线清灰。每个室内均设有一个提升阀，以切换过滤气流。

（2）袋室。袋室在箱体的下部，主要用来容纳袋笼和滤袋，且形成一个过滤空间，含尘气体的净化主要在这里进行。同箱体一样，根据规格的不同也分成若干个室，并用隔板隔开，以防在清灰时各室之间互相干扰，同时形成一定的沉降空间。

（3）灰斗。灰斗布置在袋室的下部，它除了存放收集下来的粉尘以外，还作为下进气总管使用。含尘气体进入袋室前先进入灰斗，由于灰斗容积较大，使得气流速度降低，加之气流方向的改变，较粗的尘粒在这里可以得到沉降。灰斗下部布置有粉尘输送设备，出口还设有翻板阀等锁风设备，可连续进行排灰。

（4）进出风口。进出风口根据除尘器的结构形式分为两种：第一种是进风口为圆筒形，直接焊在灰斗的侧板上，出风口安排在箱体上部、滤袋室侧面，通过提升阀板孔与箱体内部相通。第二种是进出风口制成一体，安排在袋室侧面、箱体和灰斗之间，中间用斜隔板隔成互不透气的两部分，分别为进风口和出风口。这种结构虽体积大些，但气流分布均匀，灰斗内预除尘效果好，适合气体含尘浓度较大的场合使用。

2. 气箱脉冲袋式除尘器

（1）主要特点：在滤袋上口不设文氏管，也没有喷吹管，而是用脉冲阀直接往净气室喷压缩空气进而对滤袋清灰。这样既降低喷吹工作阻力，又便于逐室进行检测、换袋。电磁脉冲阀数量为每室 1～2 个。气箱脉冲袋式除尘器集分室反吹和脉冲喷吹等特点，增强了其适用性。

（2）优点：①除尘效率可达 99.9% 以上，粉尘排放浓度可控制在 $30mg/Nm^3$ 以下。②可处理 $100g/Nm^3$ 以下的高浓度粉尘。③先进的密封措施，漏风系数小于 2%。④先进的结构设计，单位体积过滤面积大，设备体积小。⑤独特有效的气箱脉冲清灰方式，可延长滤袋的使用寿命。⑥采用 PTFE 覆膜滤袋，使用寿命长。⑦性能稳定，由 PLC 智能控制，自动化程度高，日常管理维护简单。

四、喷雾干燥塔脱硫脱硝技术改造

该技术改造的具体做法是：在炉膛增设 SNCR 装置，将水煤浆 + 固硫剂喷入炉膛脱硫，采用循环流化床半干法脱硫，对已有的引风机和布袋式除尘器进行改造，取消脱硫反应塔。

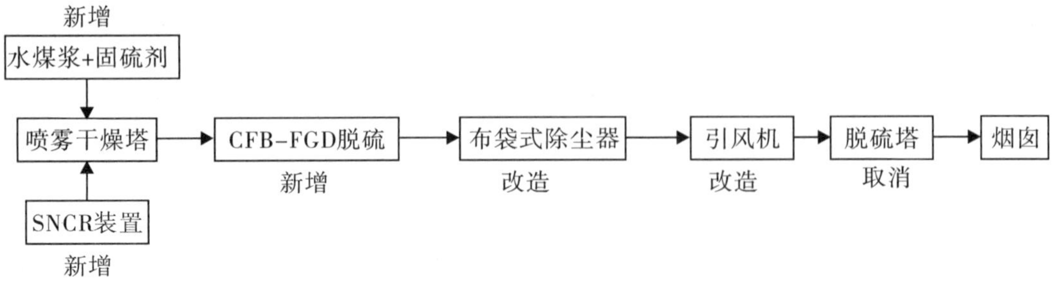

图9－2　喷雾干燥塔脱硫脱硝技术改造流程

该做法在炉膛段主要利用850℃～950℃的高温窗口进行水煤浆＋固硫剂脱硫和SNCR脱硝反应，然后在喷雾干燥塔与布袋式除尘器之间增设一套循环流化床半干法反应器，完全可将SO_2排放浓度降低到100mg/Nm^{3}以下，NOx排放浓度降低到100mg/Nm^{3}以下，并脱除部分氟。循环流化床悬浮式脱硫技术是一种半干法脱硫工艺，其副产物为干态的脱硫灰渣，出口烟温较高，可有效避免水蒸气携带析出的Na^+而造成除尘后粉尘浓度反而升高的情况发生。对布袋式除尘器进行改造或更换是为了匹配循环流化床反应器，对已有的引风机进行改造是为了克服新增设备或系统（如新增设的循环流化床反应器）的阻力，取消已有的脱硫塔，是为了简化系统流程，减小后期的运行与维护量。

循环流化床烟气脱硫工艺的特点是吸收剂的流化，通过烟气与不断循环的吸收剂的接触完成对烟气中SO_2的吸收。其技术关键在于吸收剂的再循环，正是吸收剂的再循环造成了脱硫塔内的实际钙硫比远高于表观钙硫比，从而使烟气能够在较短的时间内达到较高的脱硫效率，并提高吸收剂的利用率。

循环流化床烟气脱硫系统（CFB－FGD）反应原理如下：

循环流化床烟气脱硫系统由烟气系统、脱硫塔系统、脱硫除尘器系统、脱硫工艺水系统、物料再循环系统、吸收剂制备系统、压缩空气系统等构成。

由炉膛出来的烟气从底部进入吸收塔，吸收塔底部为文丘里装置，烟气流经时被加速。吸收剂通过一套喷射装置从吸收塔底部喷入，循环脱硫灰从吸收塔底部的另一侧输送进入吸收塔。吸收剂和循环脱硫灰受加速后的烟气冲击而悬浮起来，形成流化床，与烟气充分混合完成脱硫反应。

在吸收塔内，烟气与吸收剂处于激烈的湍动状态，循环流化床内的Ca/S摩尔比可以达到40～50：1。吸收剂颗粒与烟气之间存在较大的滑移速度，吸收剂颗粒之间的不断摩擦、碰撞，增加了脱硫反应的界面，强化了脱硫反应的传质与传热，从而使脱硫系统能够达到较高的脱硫效率。

吸收塔内设有分级喷水装置，喷入的雾化水能使烟气温度降至55℃左右，水滴喷入吸收塔后，一部分水滴会捕捉吸收剂颗粒后形成浆滴，使水分蒸发速度下降。浆滴内开始阶段的脱硫反应为离子反应，随着水分的蒸发，脱硫反应也逐渐由离子反应过渡到气固反应。

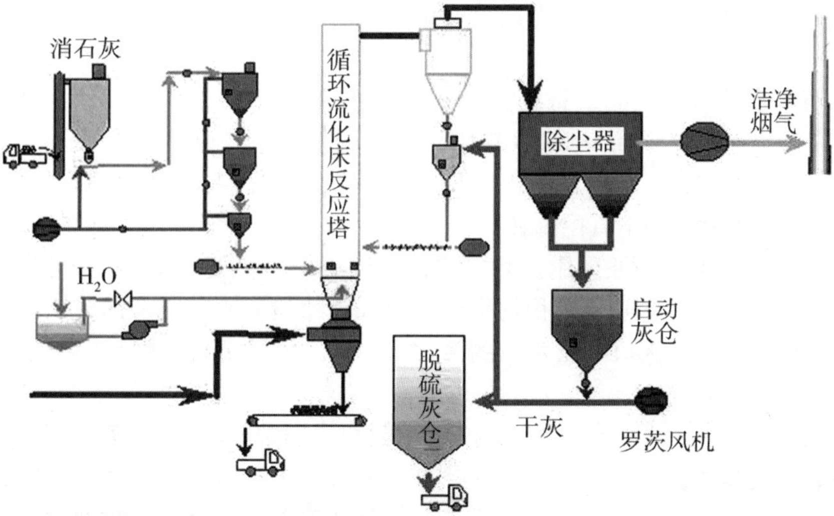

图 9－3　喷雾干燥塔脱硫脱硝工艺流程示意图

经吸收塔净化后的烟气从吸收塔的顶部排出，然后进入脱硫除尘器，再通过锅炉引风机排入烟囱。经除尘器收集下来的固体颗粒，大部分通过除尘器下的再循环系统返回吸收塔继续参加脱硫反应，从而形成脱硫剂的多次循环，小部分脱硫灰渣通过气力输送到脱硫灰仓。

吸收塔内烟气的平均流速控制在 4m/s 左右，烟气在塔内的停留时间超过 5 秒，95% 以上的脱硫反应都能够在塔内完成。

第五节　原料车间的污水处理

生产过程中用水量较大的球磨、喷雾干燥塔工序，在满足生产质量要求的同时必须制定有效合理的节水措施并严格执行，同时按有关规定设置沉淀池，污水经处理、沉淀后方可二次利用，车间产生的废水不对外排放。同时，车间污水处理工必须严格按照《污水处理作业指导书》操作。

一、《污水处理作业指导书》

目的：为规范污水处理程序，以便有效地对污水进行控制，减少其对环境的影响，特制定本指导书。

适用范围：适用于原料车间污水处理。

作业程序：

（1）首先在进入污水处理站的明渠或暗渠口放置格栅或格网，去除悬浮杂质；进入隔油池，经过隔油池进入调节池；为避免堵塞渠道或浮油进入调节池，要经常清走悬浮杂质和浮油。

（2）在进水水渠口设置的设备中加入适量碱水（石灰）、助凝剂（聚丙烯酰胺）。24小时不停地在污水进水口添加按100：2比例配制的石灰水；聚丙烯酰胺按100：0.15比例溶于水后添加，并根据水质实际情况进行加减调节。抛光原料污水pH值控制在9～11；瓷片原料和抛光车间污水pH值控制在6～9。

（3）由于水质复杂，一般采用目测方法，所以工作人员要每隔30分钟用烧杯在沉淀池取样，若发现废水中有絮凝状沉积物析出，以沉积物与上清凝液分离是否明显作为判断标准；每隔2小时测试进水口和出水口的污水pH值，如果污水呈酸性就要加大碱度，直到pH值达到本厂要求。

（4）沉淀池产生的污泥应经过柱塞泵压到板框压滤机压干脱水后经输送带送到泥仓。

（5）设备应定期检查，每班人员要在交接班前15分钟和接班后每一小时检查水泵柱塞泵、压滤机等设备的传动系统、润滑系统、密封系统是否正常，发现故障或配件损坏应立即维修、更换，杜绝有关设备的漏油、漏水、漏浆现象。

（6）废水经处理后形成的清水会流到清水池，应用水泵把清水泵回车间使用，做到污水零排放。

（7）做好日常记录，主要包括处理水量、投药量、耗电量、进水性、出水水质、压滤周期、压渣量、泥渣含水率等。

（8）每班人员在下班前30分钟要把污水车间周边环境卫生做好，等待交接班人员到来，签名后方可下班。

二、榨泥机工作操作规程

（一）开车前检查

①检查液压泵站油位（油位过低及时补油）和各种压力表、液压元件及管路系统有无损坏、泄漏、堵塞。②检查滤板有无破裂，橡胶隔膜有无撕裂，滤布是否干净无破损，滤布密封面有无残渣，中心入料孔是否畅通。③检查电控柜的仪表、指示灯、元器件以及各管道阀门，以保证运行安全，若有异常情况应及时更换或修理，并经常保持电控柜的清洁。④检查机器的各连接部件是否完好，链轮传动系统和卸料机构如轴承、链轮、链条等润滑是否良好。⑤检查压滤机操作系统有无故障。⑥检查高压风阀是否打开，管路上滤油器是否干净，空压机各指示仪表是否完好，风压压力是否大于6Pa。⑦空压机油位应加至油窗的1/2处。⑧检查入料管路闸阀是否打开，气动阀是否处于要求的开闭状态。⑨用手转动皮带轮有无妨碍运转的现象。⑩入料煤泥水浓度应稳定在300～600g/L。

（二）操作及运行中检查

1．手动操作程序

（1）开车入料：①打开压滤机电源，选择工作方式为“手动”，启动油泵，让油缸压紧滤板，待压力表指针达到上限时，指示灯 P1 亮，油泵电机自动停止。②打开入料阀，启动入料泵，开始入料；根据物料情况入料完毕后，关闭入料泵，停止入料。

（2）进气压榨及进气反吹：①关闭入料阀，打开反吹阀，将中心入料管中的料液吹空后，关闭反吹阀。②打开进气阀，同时关闭排气阀，进行二次压榨，待滤板排水管不再排水时，二次压榨结束，关闭进气阀（同时打开排气阀）。③打开反吹阀，将中心入料管中的残料及过滤水吹空后，关闭反吹阀。

（3）拉板卸料：①启动油泵电机，松开油缸，指示灯 L4 亮。②滑块上升，其上限指示灯 S1、S2 亮。③马达 1 拉开，一次拉卸料（56 ~ 39）指示灯 L1 亮。④马达 2 拉开，一次拉卸料（01 ~ 18）指示灯 L2 亮。⑤马达 3 拉开，一次拉卸料（19 ~ 37）指示灯 L3 亮。⑥拉开卸料时，应视卸料情况启动卸料机构。

（4）滤板合拢压紧：①马达 1 合拢，指示灯 L0 亮时，合拢完毕。②滑块下降，下限指示灯 S3、S4 亮。③让油缸压紧滤板，打开入料阀，进入下次循环。

2. 操作注意事项

①停车时，滑块应处于下降位置，油缸处于松开状态，关闭油泵电机，按下紧停钮。②设备运行过程中应随时注意观察，发现问题及时处理。观察压力表显示是否正常，指示灯指示是否正常。入料时，若发生喷料，应立即暂停入料泵，停车处理。③每班应清洗一次滤布，确保滤布干净。入料过程中，若发现滤液排黑水，应检查滤布是否损坏，发现损坏应及时更换。④应注意入料时间，防止入料时间过长而使中心入料孔堵塞，造成滤板损坏，发现堵塞后应及时疏通。在卸料时应注意处理干净粘料，防止夹煤饼损坏滤板。⑤严禁空腔压榨，以免损坏隔膜。过滤板和压榨板是间隔布置的，不得随意颠倒顺序和减少滤板，且两种滤板的安装方向不能颠倒。⑥应对设备进行定期维护保养，对各链轮、链条、轴承及滚动轮定期加油，注意各部件的松动情况，处理存在问题。

3. 运行中检查

①检查压滤机工作声音有无异常，如有异常立即报告。②目测滤饼的水分，检查滤饼下料是否通畅。③巡查液压系统工作情况，注意有无渗漏现象。④严格控制滤板压紧压力（主副油缸额定工作压力：P = 16MPa；锁紧油缸额定工作压力：P = 10MPa；卸料油缸额定工作压力：P = 10MPa；液压马达额定工作压力：P = 10MPa）、入料压力（0.6 ~ 0.8MPa）、压榨压力（0.6 ~ 0.8MPa），不得超过规定值。⑤检查给料桶中的物料，不得混有垃圾和杂质，不得有块状和条状物，以免堵塞进料口通道、损坏滤布。⑥入料粒度应控制在 1mm 以下，控制进料量（一般情况下当出液效果显著下降时，即可停止进料）。⑦检查空压机有无漏气，有无异常声响，管道有无剧烈振动。⑧检查各指示仪表指示是否正常，空压机温度不得超过 40℃。

图 9－4　运行中检查

4. 停机及检查

①停机后应放空压滤机及管道内的剩余矿浆，并用清水清洗过滤腔室、滤布及滤板，以免堵塞管道、滤板、滤布，影响以后正常生产。②检查滤板，如有破损和老化应及时处理。③检查滤布，如有破损应及时处理（如需更换滤布，为保证安全，须穿戴好防护眼镜、防护口罩、防护手套、防护工作服）。④检查液压系统用油，定期清洗滤油器，以保证液压系统正常工作。⑤检查控制柜内外各器件特别是外部器件，如接近开关、压力继电器等，如有异常情况要及时处理。⑥停机后做好岗位卫生工作。

第十章　原料车间安全生产管理

第一节　原料车间安全生产管理原则

在企业的生产实践中，安全第一的生产观念不容忽视。长期以来，血的教训不可谓不多，但深入分析生产中出现的各种大大小小的事故，可以说绝大多数都是因我们自我防护意识不够强而造成的悲剧。在生产现场管理中，我们应充分注意生产安全，以最大限度保护好自己生命和集体财产的安全。

一、人身安全事故的防范

（1）树立安全第一、预防为主的安全生产思想观念。在生产实践中，设备的传动、旋转、电力拖动等都有可能危及人身安全，因此我们都要预先做好防范措施。比方说，喷雾干燥塔的防火，电气设备的漏电保护，浆池口加装拦网，旋转的球磨机加装防护栏，传动的马达、链条、齿轮加装防护罩，转动的皮带加装防护棚等，凡是运转着的设备都应加装良好的防护装置，以防运行设备对人体造成意外的伤害。

（2）教育广大员工在工作中应对工作环境和运行设备达到非常熟悉的程度，以达到自我保护的目的。原料车间有可能危及人身安全的运行设备主要有：①喂料机铲料时注意铲车的运行，运送料时注意链板的传动；②球磨机入料口注意跌落，吊机吊物时注意碰撞，球磨机旋转时注意离心力；③滚动的输送带、传动的链条、旋转的齿轮、电力的拖动等注意运行的方向；④喷雾干燥塔开塔时注意燃料油的数量和所在的方位、旋转的风机、马达的风力及燃烧时的火焰的状况和位置等；⑤注意在浆池口蝶阀柄、送浆管道等地方的碰撞、跌落、绊脚等；⑥注意在楼梯、粉箱口等处的跌落；⑦注意对供给设备运转的电缆、电器、开关等的保护。以上生产环境都有造成人身伤害的可能性，在生产实践操作中，我们对以上环境因素要加以注意，提高个人人身安全的警觉性。

（3）安全生产规定。①班长在实施现场管理工作中，要时刻抓好防火、防盗、漏电的三防工作，并随时检查安全保护措施是否完好，确保发生突发事故时能迅速组织人手进行处理。②督导员在工作中要着装整齐，既保持个人的良好形象，又给自己的安全带来可靠的保证。坚决杜绝上班期间穿拖鞋、短裤、背心等情况，女职工上班期间一定要戴好安全帽或防护帽，将发辫束于帽内。这些强制性规定，并不是为了限制个人着装自由，而是为了更好地保障员工在生产中不受伤害。比如穿拖鞋上班时，容易不小心将脚趾碰伤，将脚背砸伤或者走路时被绊撞而跌伤；穿短裤、背心时，在工作中有可能造成腿部肌肉被划伤、背部被擦伤等意外，女职工的发辫也可能被传动设备带入或被其他物件挂住，等等。以上情况都有可能造成人身伤害事故，但若我们严格遵守以上穿戴规定，则最起码多了一层衣物、鞋帽的保护，减少事故发生的概率，在突发事故中所受的伤害也能减轻许多。③严禁醉酒和严重疲劳上岗，处于这两种状态时，大脑皮层对外界事物的刺激相对比较麻木迟钝，有些问题明明在自己的意识深处是能够避免的，但由于手脚不听大脑指挥，则可能导致悲剧的发生。比方说，醉酒或过度疲劳时，明知地面泥料太多、很滑，也知道迈脚跨越时得小心谨慎，可手脚不听使唤，以致滑倒，轻则摔得浑身疼痛，重则手、脚、头或者背部撞在铁角上或其他物件的凸出部位，造成严重的伤害；过于疲惫时，会对周围环境感知模糊，以致不慎跌入浆池、撞上旋转的球磨机、绞入转动的传动带等，轻则断手断臂，重则丧失性命。以上情况，希望各位班长在现场管理工作中能予以足够的重视，以确保自己和员工的人身安全。④严格按操作规程办事，如球磨机开启的顺序、喷粉时点火的顺序等，任何闪失都有可能造成人身安全事故。⑤严格遵守挂牌操作制度。在设备检修安装调试的过程中，电源开关处必须挂牌，以防误操作造成人身安全事故。例如，在清理浆池、维修搅拌机、清洗打磨机等设备时，一定要将电源开关、空气断路器等关断，并挂上“有人操作，严禁合闸”的牌子。⑥上班期间严禁打闹、看书报等，这些活动会减弱人对周围环境的感知力，也有可能造成人身安全事故。

二、设备安全事故的防范

在第六章中讲解的关于设备保养的内容，也是防止设备事故发生的必要手段。因为在设备保养过程中，对设备可能发生事故的部位、存在的隐患等，做出必要且翔实的排查和记录，并在生产前及时维修整改，既能保障生产的畅顺进行，也能消除设备事故发生的可能性。

（1）设备的巡检。对运行中的设备进行全方位的跟踪检查，根据听声音、辨颜色及比较与平常运行中的相同和不同之处，及早发现问题、解决问题，以降低设备事故发生概率。

（2）设备的点检。对开启运行前的设备，重点检查、保养，润滑传动、交接头、啮合等部位，发现磨损、断裂、脱机等情况，现场即时进行维修整改，以保障投入生产后的正常运行，从而降低设备事故发生的可能性。

（3）运转后的设备检修。生产作业完成后，在设备停止运行之前，全线跟踪检查运行情况，鉴别异同，并对异常部位做好记录；停止运行后，对整点部位润滑、焊修等重点处理，同时全面清洁保养，从而加强生产设备运行的正常化，并进一步降低设备事故的发生率。

（4）设备的安全使用防范措施要做好。比方说，防火、防盗、防漏电等防护工作若做到位，既保证了员工的人身安全不受伤害，又保证了生产设备等集体财产不遭受损失。

三、安全生产管理制度

为了保障全体员工的人身安全，确保生产的正常进行，特制定如下制度：

（1）清洗中转缸时，首先要清楚缸内是否有浆；确认无浆后，停掉搅拌机，挂好安全警告牌，然后取工具将缸底排污口打开，并以残余两人为一组，一人入内冲洗，一人在缸口负责监视缸面及缸内的情况，保证缸内人员的人身安全。不能单独一人洗缸。

（2）球磨人员、洗箱人员、进行高空危险作业的人员必须严格遵守佩戴安全带的规定。

（3）铲车的行驶速度不准超过25km/h，开车时不能升起一半的铲臂，因这样容易挡住司机的视线，存在严重事故隐患。

（4）喂料机顶的红灯亮时，无论任何情况，都不能铲料。

（5）未经车间领导批准，禁止铲车司机教他人开车或非铲车工作人员开车。

（6）进入喂料机内工作，必须打开报警用的红灯。在工作时，先通知工作伙伴，才可进入料斗内工作，工作伙伴要监视好附近其他人的操作是否会危及料斗内人员的人身安全。如有，工作伙伴有权予以制止。工作伙伴擅离职守者，发生事故时，负全部责任。

（7）喷雾干燥塔开塔点火前严禁站立在喷枪的正面，而且在启动喷枪时，只能慢慢打开气阀。如果燃气喷入热风炉内几分钟未燃烧，要马上关掉气阀，重新点火，防止爆炸及回火烧伤点火人，造成工伤事故。

（8）当输送带的滚筒有砂、石、粉料混入而走偏时，严禁用手、毛扫、砂铲等去刮输送带尾滚筒，而必须用标准的角铁，且必须要长于带架一倍以上。人要站立在带的右边，在放置角铁时要小心，且绝对要放在超出带架15厘米以上才能刮，取出时亦要小心。

（9）机修工在维修时有需要的一定要戴安全带。在割铁板时，氧气瓶、乙炔气瓶一定要距离割铁位置5米以上。

（10）严禁跨越或坐在输送带上；严禁用输送带送人；严禁用运物吊笼送人上下；开启输送带及球磨机前，需先检查带上有无人员，确认无问题后才开机。

（11）喷雾干燥塔拆喷枪时要注意安全，慎防里面存在的浆料喷到自身及他人，另拆枪时先开气阀，且不能站在正面，无气时才可拆。

（12）喷雾干燥塔炉工开湿风机时先检查好电缆有无在轨道上，喷粉转箱时需两人合作。

（13）泵浆工必须勤检查振筛电缆接头有无松动、刮烂。如发现上述问题，需及时找电工处理。

（14）开球盖时先排空蒸气，才可打开球盖，以防球盖因热气膨胀冲开伤人。

（15）清洗浆池、中转缸、中转池时，先把搅拌机停掉，才能取浆；浆池放完浆，必须及时盖好池口。

（16）清洁球底卫生时，必须先停球，并挂好“有人工作，严禁合闸”的工作牌。

四、机修工安全操作管理

（1）操作前，应按照规定穿戴好防护用品，如使用电动工具必须戴绝缘手套等。

（2）所用工具必须完好、可靠，不能使用有裂纹、带毛刺、手柄松动等不合要求的工具。使用操作必须严格遵守工具的安全操作规程。

（3）启动设备前，应检查安全防护装置、连接螺栓、电路导线、润滑油量、气压管道及各控制开关是否完好，待空载试车良好后才能投入工作。使用操作必须严格遵守设备的安全操作规程。

（4）设备上的电器线路或器件发生故障时，应由专业电工修理，不能自行拆卸或改动内部的电器接线。

（5）操作中要注意周围设备、人员及自身的安全，防止工具挥动脱落、工件滑落以及铁屑飞溅造成意外伤害，特别是两人合作工作时，要注意协调。

（6）使用台虎钳夹持工件，只能使用钳口最大行程的2/3，不能用管子套在手柄加力或用榔头敲击手柄加力。工件必须放正夹紧，虎钳上不能放置任何物品，避免操作时滑落伤人。

（7）使用榔头加工操作，应先检查榔头是否松动、手柄有无断纹，确认无安全隐患才能使用。使用操作时，动作要协调，挥动要稳，落点要准，并注意与周围物体、人员的距离，防止意外事故的发生。

（8）使用扁铲、铳子加工时，不能对着人操作，避免铁屑崩出伤人。

（9）使用锉刀工作时，推锉要平，压力和速度要均衡，回拖要轻。锉刀不能当榔头、撬棒或铳子使用。

（10）锯削加工时，工件必须夹紧，锯条安装要注意方向，松紧要适当。操作锯口应靠近钳口，压力和速度要均衡，避免锯条折断或工件滑落伤人。

（11）攻丝、套丝或铰孔操作时，工件与工具要对正、对直，用力要均匀，防止刀具因受力不均折断。

（12）钳工台应整洁，加工工具及工件应放置有序。钳工台不得作铁砧使用。

（13）清除工作台面的铁屑时，必须使用工具清扫，不能用手刨、嘴吹，避免意外事故的发生。

（14）不许乱搭接线，在接电使用器具之前应知道开关的作用及与电器是否匹配。

（15）在有毒、易燃、易爆区域作业，必须经上级相关部门的批准方可工作。

五、原料车间停电应急措施

（一）球磨工序停电应急措施

由于球磨机电机功率大、耗电多，故每次错峰用电时，生产部都会要求先停球磨机，以缓解用电紧张的局面。

1. 停电操作要求

（1）接到停球通知后，必须马上停球，要求在5分钟之内完成。

（2）停球时，大球口盖要停在主机波箱的上方。

（3）每隔3小时用辅机转动5分钟，停球时小球口盖要停在主机波箱的上方。

2. 来电操作要求

（1）接到开球通知后，必须先找到当班电工，电工和球磨班长做好沟通后，由电工到中心电房主高压电柜处看好电压和电流，如有异常情况，电工马上通知球磨班长。

（2）每个球都要先开辅机并最少先转动2分钟，待辅机停机时要把大球口盖停留在入球口位置，以便于主机启动时，电流降到最小。

（3）主机启动时要看电流和电压，刚启动时电流会超过450A，但转两圈后电流要迅速降到200A以下才算正常。电压低于360V也属不正常。要求正常电压：360～400V，正常电流：200A以下。

（4）正常生产时要注意电机电流，若超过200A要用手去触摸电机输出端是否烫手，烫手的要马上找电工并上报，查找出原因后才可开机。

（二）喷雾干燥塔工序停电应急措施

喷雾干燥塔使用煤气预防事故发生应急预案。

1. 停电、停压缩空气应急预案

（1）打电话通知煤气站停止供煤气。

（2）关闭煤气管道总阀门。

（3）打开两边塔门，疏散塔内残留煤气。

2. 预防煤气泄漏应急预案

预防措施：

（1）定期检查水封水位是否处于安全水位，确保水封有效封闭。

（2）经常检查煤气阀、煤气执行器是否正常工作，确保阀门无泄漏，执行器能及时工作关闭气阀。

（3）保持煤气管道畅通无阻，及时排除管道内的冷却水和焦油。

发生泄漏情况应急预案：

（1）通知煤气站停止供煤气。

（2）关闭煤气管道总阀。

（3）保持泄漏现场通风，用风扇将泄漏煤气吹稀。

（4）拉大风机，将负压拉到1 200～2 000Pa，并把热风炉、塔内泄漏煤气排空。

3. 预防煤气起火应急预案

（1）严格控制火种，喷雾干燥塔禁止一切火种，严禁在喷雾干燥塔吸烟、动火。

（2）煤气管道附近禁止使用电焊、风割。

（3）抢修设备必须动火时，应填写申请表，经动力部、厂部审批后，等煤气管路压力小于0.2MPa时才能动火。

（4）维修操作时，禁止铁器与铁器互相敲击，以免产生火花起火。

4. 预防煤气爆炸应急预案

（1）喷雾干燥塔点火前，必须将风机负压拉到 1 500 ~ 2 000Pa，将热风炉、塔内残留煤气全部排空，每次排空时间为 5 ~ 15 分钟，确保点火安全。

（2）禁止用电子器点火，以防电子点火时火花太小点不燃，造成煤气逸出，导致热风炉发生爆炸事故。

（3）点火时，必须用石油气瓶明火点燃煤气枪管。

（4）喷雾干燥塔停塔时，必须把负压拉到 1 200 ~ 2 000Pa，并过 5 ~ 15 分钟后，确保热风炉残留煤气排空，才准打开两边塔门。

5. 水煤浆热风炉塔预防事故发生应急预案

（1）遇到突然停电，先关好水煤浆出浆阀，打开水阀洗螺杆泵和水煤枪。

（2）关好浆阀，放掉柱塞泵浆尾，上水洗枪。

（3）打开塔门散热。

（4）拆洗水煤枪，防堵塞，如果水压不够，喷枪也要拆出清洗。

（5）待有电，要把带上的粉料送入粉箱。如果长时间没电，必须扫净带上的粉料。

（三）送料工序停电应急措施

（1）当车间突然停电后，送料员应首先将料仓底、送料系统、各斗送料的急停开关全部关掉，然后查看各压机面料正在进哪一个斗号，输送带上是否还有未进完的料，以便在来电后开始送料时，辨别出是否进错斗号。

（2）来电后，不要急于打开急停开关送料，应待电压稳定后，先打开输送带急停开关，待输送带运转后，查看是否有送错斗号，输送带上的料是否进错到另一个斗内，输送带是否运转正常、有否走偏等。当以上各项正常后，再打开料仓底急停开关，并查看料仓底送料秤是否运转正常，送其他斗的秤是否也在运转，输送带是否正常，送上去的料是否送到其他斗内。当输送带上的料全部送上去之后，再打开要进的斗的急停开关，开始送料，并核对是否有进错料的现象。

（3）如果停电时间在两小时以上，输送带上的粉料可能会变得较干，应全部接出来并丢弃，以免因粉料水分不合格而造成分层。

（4）送粉员在停电后也应将全部急停开关关掉。来电后，压机一般不会立即开机。当压机开机后，先将振筛打开，再开粉秤，再开破碎机，最后开搅拌机。注意不能破碎机还未开就先开搅拌机，这样会有未破碎的料出现。如果出现此种现象，应将未破碎的料扫下来，不能让其下到压机使用。一切正常后，还要查看压机的送料信号是否正常，否则没有信号，粉秤是不会送料的。

第二节　原料车间安全生产责任制

一、车间负责人的安全生产职责

车间正职对本车间安全生产全面负责，副职对分管业务的安全负责。

（1）在组织管理本车间生产过程中，贯彻执行安全生产方针、政策、法令和本单位的规章制度，切实贯彻安全生产“五同时”原则，对本车间职工在生产中的安全健康负全责。

（2）在总工程师领导下，制定各工种安全操作规程，检查安全规章制度的执行情况，保证工艺文件、技术资料和工具设备等符合安全方面的要求。

（3）在进行生产、施工作业前，制定和落实作业规程、操作规程和安全技术措施，并经常检查执行情况。

（4）组织制定临时任务和大、中、小修的安全措施，经设备主管部门审查后推行，并负责现场指挥。

（5）经常检查车间内生产建筑物、设备、工具和安全设施，组织整理工作场所，及时排除隐患，发现危及人身安全的紧急情况，立即下令停止作业，必要时撤出人员。

（6）经常向职工进行劳动纪律、规章制度和安全知识、操作技术等方面的教育，对特种作业人员要求经考试合格、领取操作证后方准其独立操作，对新工人、新调换工种人员在其上岗工作之前进行安全教育。

（7）发生重伤、死亡事故，立即报告总经理及安委会，并组织挽救，保护现场，参加事故调查；对轻事故负责查清原因和制定改进措施。

（8）召开安全生产例会，对所提出的问题应及时解决，或按规定权限向有关领导和部门报告，组织班组安全活动，支持车间安全员工作。

（9）做好对女职工特殊保护的具体工作。

（10）教育职工正确使用个人劳动保护用品。

二、工序负责人的安全生产职责

（1）认真执行上级有关安全技术、工业卫生工作的各项规定，对本工段工人的安全、健康负责。

（2）把安全工作贯穿到生产具体环节中去，保证在安全条件下进行生产。

（3）组织工人学习安全生产各项法规与安全操作规程，认真检查执行情况。对严格遵守安全规章制度、避免事故者，提出奖励意见；对违章蛮干造成事故者，提出惩罚意见。

（4）领导本工段班组开展安全教育活动，经常对工人进行安全生产教育，推广安全生产经验。

（5）发生重伤、死亡事故后，保护现场，立即上报，积极组织抢救，参加事故调查，提出防范措施。

（6）监督检查工人是否正确使用个人劳动保护用品。

三、班组长的安全生产职责

（1）认真执行有关安全生产的各项规定，模范遵守安全操作规程，对本班组工人在生产中的安全和健康负责。

（2）根据生产任务、生产环境和工人思想状况等特点，开展安全工作。对新调入的工人进行岗位安全教育，并在熟悉工作前指定专人负责其安全。

（3）组织本班组工人学习安全生产法规、安全生产规程，检查执行情况，教育工人在任何情况下不违章蛮干。发现违章作业，立即制止。

（4）经常进行安全检查，发现问题及时解决。对不能根本解决的问题，要采取临时控制措施，并及时上报。

（5）认真执行交接班制度。遇有不安全问题，在未排除之前或责任未分清之前不交接。

（6）发生工伤事故，要保护现场，立即上报，详细记录，并组织全班组工人认真分析，吸取教训，提出防范措施。

四、生产操作工的安全生产职责

（1）遵守劳动纪律，执行安全规章制度和安全操作规程，听从指挥，和一切违章作业的现象做斗争。

（2）保证本岗位工作地点和设备、工具的安全、整洁，不随便拆除安全防护装置，不使用自己职责范围外的机械和设备，正确使用保护用品。

（3）学习安全知识，提高操作技术水平，积极开展技术革新，提出合理化建议，改善作业环境的劳动条件。

（4）及时反映、处理不安全问题，积极参加事故抢救工作。

（5）有权拒绝接受违章指挥，并对上级部门和领导忽视工人安全、健康的错误决定和行为提出批评或控告。

五、车间安全员的安全生产职责

（1）在车间主任领导下，负责车间的安全技术工作，协助车间主任贯彻上级有关安全生产的指示和规定，并检查、监督执行情况，在业务上受企业安委会的指导，有权直接向安委会汇报工作。

（2）参与车间修订、修改有关安全生产管理制度和安全技术规程，负责编制车间安全技术措施计划，并检查执行情况。

（3）搞好本车间职工的安全教育和安全技术考核工作，具体负责新入厂人员的车间安全教育，督促检查班组、岗位安全教育的执行情况。

（4）安排本单位的安全教育活动，经常组织预防事故演习。

（5）参加车间扩建、改建工程设计审查、竣工验收和设备改造、工艺变动方案的审查。

（6）检查落实各级动火措施，确保动火安全。

（7）每天深入现场检查，及时发现隐患，制止违章作业；对紧急情况和不听劝阻者，有权停止其工作，并立即报请领导处理。

（8）负责车间安全设施、防护器材、灭火器材和事故隐患管理，掌握车间尘毒情况，提出改进意见和建议。

（9）参加车间各类事故的调查处理，做好统计分析和上报工作，协助领导落实各项安全措施。

（10）对班组安全员进行业务指导。

第三节　原料车间特种作业管理制度

一、驾驶叉车管理规定

目的：为了预防和控制在驾驶叉车过程中造成人身伤害，最大限度地减少可能产生的人身、设备事故。

适用范围：适用于原料车间内部安全驾驶叉车管理工作。

工作规定：

1. 安全驾驶叉车管理及运行控制

（1）统一按安全驾驶叉车管理相关规定执行。叉车车厂内行驶速度为15km/h；在车间行驶速度为10km/h。如违规操作将处罚。

（2）各叉车司机进行驾驶叉车作业时，应严格按照有关条款进行作业及设备维护。叉车司机必须认真遵守叉车司机的岗位职责及叉车操作规程和保养规定，及时消除安全隐患，只有当叉车安全可靠时才能够进行生产作业。如违规操作将处罚。

（3）车间每月组织一次安全检查，检查中如发现存在安全驾驶叉车方面的隐患，应及时填写《纠正和预防措施处理单》并通知相关责任部门，相关责任部门应按处理单中的要求及时进行整改，整改完毕后报安全环保办公室进行确认。

2. 安全驾驶叉车人员培训

（1）直接从事驾驶叉车作业的人员，属特殊作业人员，须按要求对其培训，并让其持证上岗。

（2）对新入厂员工，必须先进行包括安全驾驶叉车等方面的安全技术培训并考核，考核合格后方可安排上岗。

（3）一旦发生驾驶叉车安全事故，应马上处理，积极做好现场救护工作。

二、驾驶铲车管理规定

目的：为了预防和控制在驾驶铲车过程中造成人身伤害，最大限度地减少可能发生的人身、设备事故。

适用范围：适用于原料车间内部安全驾驶铲车管理工作。

工作规定：

1. 安全驾驶铲车管理及运行控制

（1）统一按安全驾驶铲车管理相关规定执行。铲车车厂内行驶速度为15km/h；在车间行驶速度为10km/h。如违规操作将处罚。

（2）各铲车司机进行驾驶铲车作业时，应严格按照有关条款进行作业及设备维护。铲车司机必须认真遵守铲车司机的岗位职责及铲车操作规程和保养规定，及时消除安全隐患，只有当铲车安全可靠时才能够进行生产作业。如违规操作将处罚。

（3）车间每月组织一次安全检查，检查中如发现存在安全驾驶铲车方面的隐患，应及时填写《纠正和预防措施处理单》并通知相关责任部门，相关责任部门应按处理单中的要求及时进行整改，整改完毕后报安全环保办公室进行确认。

2. 安全驾驶铲车人员培训

（1）直接从事驾驶铲车作业的人员属特殊作业人员，须按要求对其培训，并让其持证上岗。

（2）对新入厂员工，必须先进行包括安全驾驶铲车等方面的安全技术培训并考核，考核合格后方可安排上岗。

（3）一旦发生驾驶铲车安全事故，应马上处理，积极做好现场救护工作。

三、驾驶钩机管理规定

目的：为了预防和控制在驾驶钩机过程中造成人身伤害，最大限度地减少可能发生的人身、设备事故。

适用范围：适用于原料车间内部安全驾驶钩机管理工作。

工作规定：

1. 安全驾驶钩机管理及运行控制

（1）统一按安全驾驶钩机管理相关规定执行。钩机在厂区内行驶速度为15km/h；在车间行驶速度为10km/h。如违规操作将处罚。

（2）钩机司机进行驾驶钩机作业时，应严格按照有关条款进行作业及设备维护。动力部钩机司机必须认真遵守钩机司机的岗位职责及钩机操作规程和保养规定，及时消除安全隐患，只有当钩机安全可靠时才能够进行生产作业。如违规操作将处罚。

（3）车间每月组织一次安全检查，检查中如发现存在安全驾驶钩机方面的隐患，应及时填写《纠正和预防措施处理单》并通知相关责任部门，相关责任部门应按处理单中的要求及时进行整改，整改完毕后报安全环保办公室进行确认。

2. 安全驾驶钩机人员培训

（1）直接从事驾驶钩机作业的人员属特殊作业人员，须按要求对其培训，并让其持证上岗。

（2）对新入厂员工，必须先进行包括安全驾驶钩机等方面的安全技术培训并考核，考核合格后方可安排上岗。

（3）一旦发生驾驶钩机安全事故，应马上处理，积极做好现场救护工作。

四、操作吊机管理规定

目的： 为了预防和控制在操作吊机过程中造成人身伤害，最大限度地减少可能发生的人身、设备事故。

适用范围： 适用于原料车间内部安全操作吊机管理工作。

工作规定：

1. 安全操作吊机管理及运行控制

（1）统一按安全操作吊机管理相关规定执行。

（2）车间员工进行操作吊机作业时，应严格按照有关条款进行作业及设备维护。操作人员必须认真遵守岗位职责及吊机操作规程和保养规定，及时消除安全隐患，只有当吊机安全可靠时才能够进行生产作业。

（3）车间每月组织一次安全检查，检查中如发现存在安全操作吊机方面的隐患，应及时填写《纠正和预防措施处理单》并通知相关责任部门，相关责任部门应按处理单中的要求及时进行整改，整改完毕后报安全环保办公室进行确认。

2. 安全操作吊机人员培训

（1）直接从事操作吊机作业的人员属特殊作业人员，须按要求对其培训，并让其持证上岗。

（2）对新入厂员工，必须先进行包括安全操作吊机等方面的安全技术培训并考核，考核合格后方可安排上岗。

（3）一旦发生操作吊机安全事故，应马上处理，积极做好现场救护工作。

五、电焊作业管理规定

目的： 为了预防和控制在电焊作业过程中造成人身伤害，最大限度地减少可能发生的人身、设备事故。

适用范围： 适用于原料车间内部电焊安全管理工作。

工作规定：

1. 电焊安全管理及运行控制

（1）统一按电焊安全管理相关规定执行。

（2）各机修人员进行电焊作业时，应严格按照有关条款进行作业及设备维护。机修人员必须认真检查电焊机是否正确接好地线，保证回路畅通无阻并不通过其他设备线路；烧焊部位应尽量遮挡，避免射线伤到附近的人员；佩戴好防护面罩，及时消除安全隐患，只有当设备安全可靠时才能够进行生产作业。

（3）车间每月组织一次安全检查，检查中如发现存在电焊安全方面的隐患，应及时填写《纠正和预防措施处理单》并通知相关责任部门，相关责任部门应按处理单中的要求及时进行整改，整改完毕后报安全环保办公室进行确认。

2. 电焊安全人员培训

（1）直接从事电焊作业的人员属特殊作业人员，须按要求对其培训，并让其持证上岗。

（2）对新入厂员工，必须先进行包括电焊安全等方面的安全技术培训并考核，考核合格后方可安排上岗。

（3）一旦发生电焊安全事故，应马上处理，积极做好现场救护工作。

3. 电焊安全操作规程

（1）工作时要穿好工作鞋，电焊操作时要戴好面罩和电焊手套等防护用品。

（2）电焊机外壳应接上地线，焊钳手把和导线的绝缘应良好，以防止触电。

（3）焊钳任何时候都不得放在工作台上，以免短路烧坏电焊机。

（4）电焊机或线路发热烫手时，应立即停止工作。

（5）焊后清渣时，应注意敲渣方向，以免焊渣烫伤脸目。

（6）氧气瓶不得撞击和高温烘晒，不得沾上油脂或其他易燃物品。

（7）乙炔发生器、乙炔气瓶和氧气瓶附近严禁烟火。

（8）工作前要检查回火防止器的水位，回火时要立即关闭乙炔阀门。

（9）工作场地应通风良好，防止有害气体影响健康。

（10）焊接操作时，周围不能有易燃易爆物品。

（11）操作完毕及下班时，要检查工作场地，交回焊接工具等，并关掉电闸。

六、风焊作业管理规定

目的：为了预防和控制在风焊作业过程中造成人身伤害，最大限度地减少可能发生的人身、设备事故。

适用范围：适用于原料车间内部风焊安全管理工作。

工作规定：

1. 风焊安全管理及运行控制

（1）统一按风焊安全管理相关规定执行。

（2）各机修人员进行风焊作业时，应严格按照有关条款进行作业及设备维护。机修人员必须认真检查氧气瓶和乙炔气瓶是否有按要求分开放置；佩戴好防护面罩，及时消除安全隐患，只有当设备安全可靠时才能够进行生产作业。

（3）车间每月组织一次安全检查，检查中如发现存在风焊安全方面的隐患，应及时填写《纠正和预防措施处理单》并通知相关责任部门，相关责任部门应按处理单中的要求及时进行整改，整改完毕后报安全环保办公室进行确认。

2. 风焊安全人员培训

（1）直接从事风焊作业的人员属特殊作业人员，须按要求对其培训，并让其持证上岗。

（2）对新入厂员工，必须先进行包括风焊安全等方面的安全技术培训并考核，考核合格后方可安排上岗。

（3）一旦发生风焊安全事故，应马上处理，积极做好现场救护工作。

七、操作台钻管理规定

（1）非本车间机修人员和对本设备不熟悉者，未经车间主任同意不得使用。

（2）使用前必须全面检查，一切正常方可使用。

（3）最大钻孔直径不得超过 Φ12mm，调整高度时必须握紧手把。

（4）使用时，工件要紧固在平口钳上，钻头要夹牢，固定部位要夹紧。

（5）钻钢件必须使用冷却液，将要钻透时压力要轻，严禁手摸、嘴吹铁屑。

（6）钻孔时袖口、头发要扎紧，严禁戴手套。

（7）钻孔时应精神集中，严禁谈笑，使用后必须清理现场。

（8）钻孔时若出现意外，应立即停车。发生事故要立即报告。

八、操作砂轮机管理规定

（1）非本车间机修人员未经车间主任许可不得随便使用。

（2）操作砂轮时，必须戴好砂轮罩，托架距砂轮不得超过 5mm。

（3）使用者要戴防护眼镜，不得正对砂轮，而应站在侧面。

（4）砂轮只限于磨刀具，不得用于磨笨重的物料或薄铁板以及软质材料（铝、铜等）和木质品。

（5）启动砂轮机后，需待砂轮运转平稳后，方可进行磨削，压力不可过大或用力过猛。砂轮的三面（两侧及圆周）不得同时磨削工件。

（6）新砂轮片在更换前应检查是否有裂纹，更换后需经 10 分钟空转后方可使用。在使用过程中要经常检查砂轮片是否有裂纹、异常声音、摇摆、跳动等现象，如发现上述现象应立即停车并报告车间主任和安全员。

（7）使用后必须拉闸，要保持卫生。

第四节　原料车间员工安全健康管理措施

一、卫生保健措施——健康监护

健康监护对预防职业病有重要意义。通过预防性健康检查，能在早期发现职业病，有利于及时采取措施，防止职业性危害因素所致疾病的产生和发展，还可以为评价劳动条件及职业性危害因素对健康的影响提供资料，并有助于发现新的职业性危害因素。健康监护的内容包括健康检查、健康监护档案等方面。

1. 健康检查

健康检查可分为就业前健康检查和就业后的定期健康检查两种形式：

（1）就业前健康检查是指对准备从事某种作业的人进行的健康检查，其目的在于：①检查受检者的体质和健康状况是否适合参加该作业，是否有职业禁忌证，是否有危及他人的疾病。②根据检查结果决定受检者可否从事该作业或安排其他适当工作。③通过检查取得基础健康状况资料，特别是与该作业中可能发生的健康损坏有关的生理、生化参数，如检查涉苯作业工人的血项及检查粉尘环境作业工人的肺功能，做定期检查和动态观察时可进行对比。

（2）定期健康检查是指按一定时间间隔，对接触职业性危害因素作业工人进行的有针对性的健康检查，其目的是：①及时发现职业性危害因素对健康的早期影响和可疑征象。②早期诊断和处理职业病患者、观察对象及其他疾病患者，防止疾病发展和恶化。③检出高危人群，将该危害因素易感人群作为重点监护对象。④发现具有职业禁忌证的工人，以便调离或安排其他适当工作。⑤发现对工人健康有危害的因素时，可采取措施防止其他工人健康受损。

健康检查制度规定，接触职业性危害因素作业员工的健康检查为每年一次，无害作业职工每两年一次。

2. 健康监护档案

健康监护档案的核心内容是每一个职工都建立一份健康监护卡片，记录以下内容：①职业史和疾病史。②职业性危害因素的接触水平。③个人健康基础资料等。

二、个人防护

个人防护用品在预防职业病措施中的作用是不可忽视的，它是主要的防护手段。个人防护用品包括防护服、防护眼镜和面罩、呼吸防护器、防噪声用具以及皮肤防护剂等。

组焊、焊接（锰尘、锰烟、高温）防治措施：做好通风工作；佩戴防毒口罩；尽量采用无锰焊条；工作场所禁止吸烟、进食；一年体检一次，发现超标者及时调岗，半年后复检；采取屏风保护，防止光辐射。

噪声、震动防治措施：改革工艺，消除噪声源，如以焊接代替铆接，冷作业改为热作业，用化学处理代替敲打除锈，改进机器设备，减少金属零部件之间的摩擦和撞击，消除噪声或减弱噪声的传播；对工具和设备及时保养维护；加强个人防护，正确使用防护用品；加强围闭措施，使噪声局限在控制范围内。

粉尘防治措施：进行隔离；使用高效能的除尘设施，加强个人防护，佩戴防尘口罩；指定专门机构进行监督检查；建立员工职业健康档案，定期检查；在工艺要求许可的条件下，尽可能采用湿法作业；加强对除尘设施的维护管理，使除尘系统处于完好无损的状态。

三、女职工劳动保护规定

（1）根据原劳动部颁发的《女职工禁忌劳动范围的规定》和国务院颁发的《女职工劳动保护规定》，对女职工的保护情况进行定期监督、检查，做好女职工的“五期”保护工作，利用计算机的计生系统建立有关电子档案，对女职工的健康情况进行跟踪。

（2）对怀孕的女职工，应根据具体情况核减其劳动强度，不安排重体力、登高及野外作业，不安排焊接等需要频繁弯腰、下蹲的工作；对怀孕6个月及以上的女职工，可安排从事内勤工作。

（3）女职工产假、哺乳期保护，按《女职工劳动保护规定》执行。

（4）公司应每年为女职工组织体检，将相关情况记录在计算机的计生系统中，由公司行政部门保存。

第十一章　原料车间新型节能生产工艺

第一节　博晖机电神工快磨系统的推广与运用

陶瓷墙地砖生产是一个多环节、多工艺、高能耗的复杂流程，其中原料球磨工艺占整个生产过程能耗的40%以上，因此降低原料球磨能耗和物耗，对整个陶瓷墙地砖产业节能降耗具有非常重要的意义。博晖机电通过对陶瓷原料物理特性、传统陶瓷墙地砖生产工艺特点、陶瓷墙地砖生产设备能耗与工艺参数模型等进行深入分析，研制出陶瓷原料专用立磨破碎装备和研磨材料，建立了高效节能的陶瓷原料研磨新工艺，克服了传统陶瓷墙地砖生产工艺流程中球磨加工环节能耗巨大的缺点。

一、神工快磨系统工艺流程

1. 神工快磨系统工艺

陶瓷墙地砖生产原材料中的砂石料经过喂料机，由输送带输送至称重机进行称重，然后送到立磨设备进行粗破碎，破碎后再次经过称重机称重后，通过输送带送至筛选设备进行筛选，经筛选后粒度 <20 目的原料经输送带送至球磨机进行球磨，而粒度 >20 目的原料再通过输送带送回立磨设备进行再次粗破碎处理。

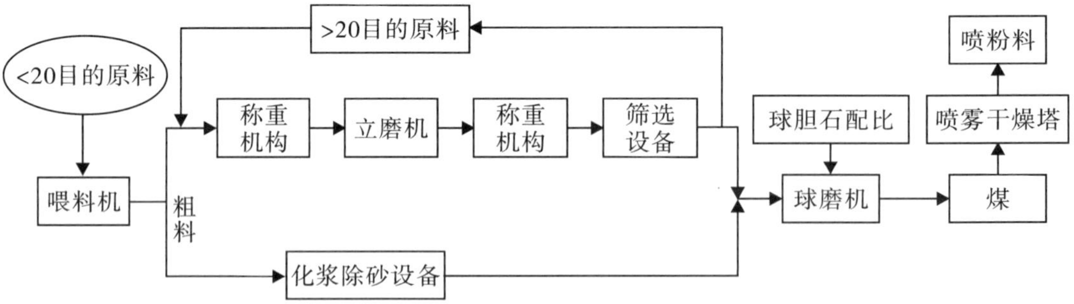

图 11-1　神工快磨系统工艺流程

在传统的陶瓷墙地砖生产工艺中，陶瓷原料主要是经过球磨机进行研磨，进入球磨机的为≤2cm的粒度大小不等的原料，球磨时间长、能耗大。神工快磨系统工艺是对陶瓷墙地砖生产原材料的物理特性及其对研磨时间不同要求、陶瓷墙地砖生产原材料研磨过程中能耗巨大的关键原因、不同原料球石的不同配比要求等进行系统的分析后，新开发的适用于陶瓷原料的研磨工艺，以解决传统工艺流程中球磨时间长、能耗高的问题。

传统的陶瓷生产装备主要是采用球磨机进行原料的研磨处理，球磨机主要是利用下落的研磨体（如钢球、鹅卵石等）的冲击作用以及研磨体与球磨内壁的研磨作用而将物料粉碎并混合，球磨时间长，工作效率低，能耗大。

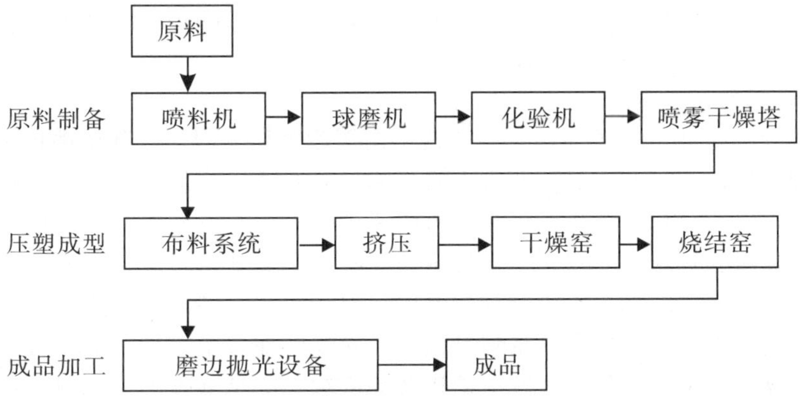

图11－2　陶瓷墙地砖生产加工全套工艺流程

立磨机是一种大型粉磨设备，它集破碎、干燥、粉磨、分级输送于一体，生产效率高，可将块状、颗粒状及粉状原料磨成所要求的粉状物料。由于陶瓷墙地砖生产加工工艺的特殊性，普通的立磨机并不适用于陶瓷原料的研磨。该系统则将立磨方法引入陶瓷墙地砖生产行业，根据陶瓷墙地砖生产加工原料的物料结构和研磨后粉料的特殊工艺要求，建立陶瓷原料配置的立磨工艺，采用试验方法确定立磨生产效率与节能情况，进一步优化立磨的工艺参数。

图11－3　陶瓷原料球磨机（左）和水泥生产中的立磨机（右）

在传统工艺中，由于进入球磨机中的是≤2cm 的粒度不等的原料，原料粒度差异较大，因此为确保原料在研磨的过程中达到使用要求，在对球石的配比过程中，要求球石直径不一、配比数量不等，而且对配比种类（球石直径分类）也要求较多。

在新的研磨工艺下，送入球磨机的是粒度≤20 目的原料，原料粒度相对均等。为进一步提高研磨原料的效能，缩短球磨时间，降低球石的磨耗，该系统对球石的配比工艺进行了大量的实验，根据进入球磨机物料结构的变化，动态调整球磨机内球石的参数配比，以使球磨机达到最高的研磨效能。

针对陶瓷原料研磨配置全流程，立磨机在主要设备上采用集中式工业控制器，对陶瓷原料的加工参数进行精确控制，既提高原料供给质量，又实现节能增效。主要控制技术包括：陶瓷原料进料输送控制、磨辊与磨盘压力控制、立磨时间控制、自动称重控制、陶瓷原料定量供给控制、全流程优化调度控制。

2. 快磨系统的技术难点

（1）立磨破碎装备中，磨辊、磨盘部件会配置耐磨层材料。因陶瓷墙地砖生产原料的含铁量对陶瓷墙地砖产品的质量有非常大的影响，若研磨后原料中的含铁量超过研磨前原料中的含铁量太多，会对最终生产出来的陶瓷墙地砖产品质量造成较大的影响，所以必须保证加工后的原料含铁量 <0.45%。常规耐磨层材料的含铁量较高，磨辊、磨盘在研磨过程中会产生一定的磨损，如果采用常规的耐磨材料作为立磨破碎装备磨辊、磨盘部件的耐磨层，经球磨机加工后的原料含铁量将远远高于陶瓷墙地砖生产工艺的要求，因此为保障陶瓷墙地砖产品的质量，必须对立磨破碎装备的磨辊、磨盘部件耐磨层材料进行改进，确保经过本系统装备处理后的成品料满足陶瓷墙地砖生产工艺的要求。

（2）立磨破碎装备中，磨辊与磨盘功能结构有以下特点：磨辊、磨盘的结构设计直接影响到装备运行的产能。磨辊与磨盘直径的大小、磨辊的工作压力在很大程度上决定了立磨破碎装备的产能，而磨盘衬板的弧形结构、坡度与磨辊的安装间隙等决定了研磨后产出料的破碎度及排料量。因此需根据陶瓷墙地砖加工工艺的特殊要求对磨辊、磨盘结构进行创新的设计，来保障立磨破碎装备的产能。

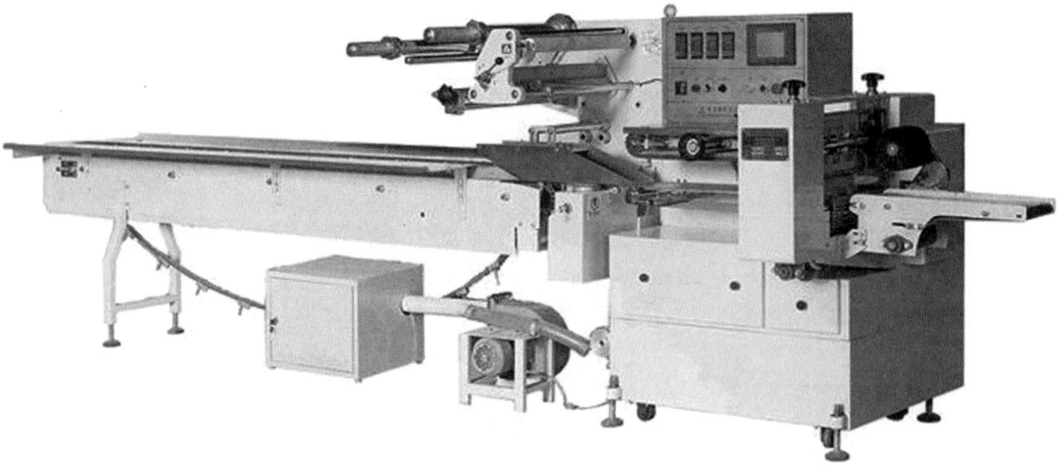

图 11－4　原料输送自动控制系统

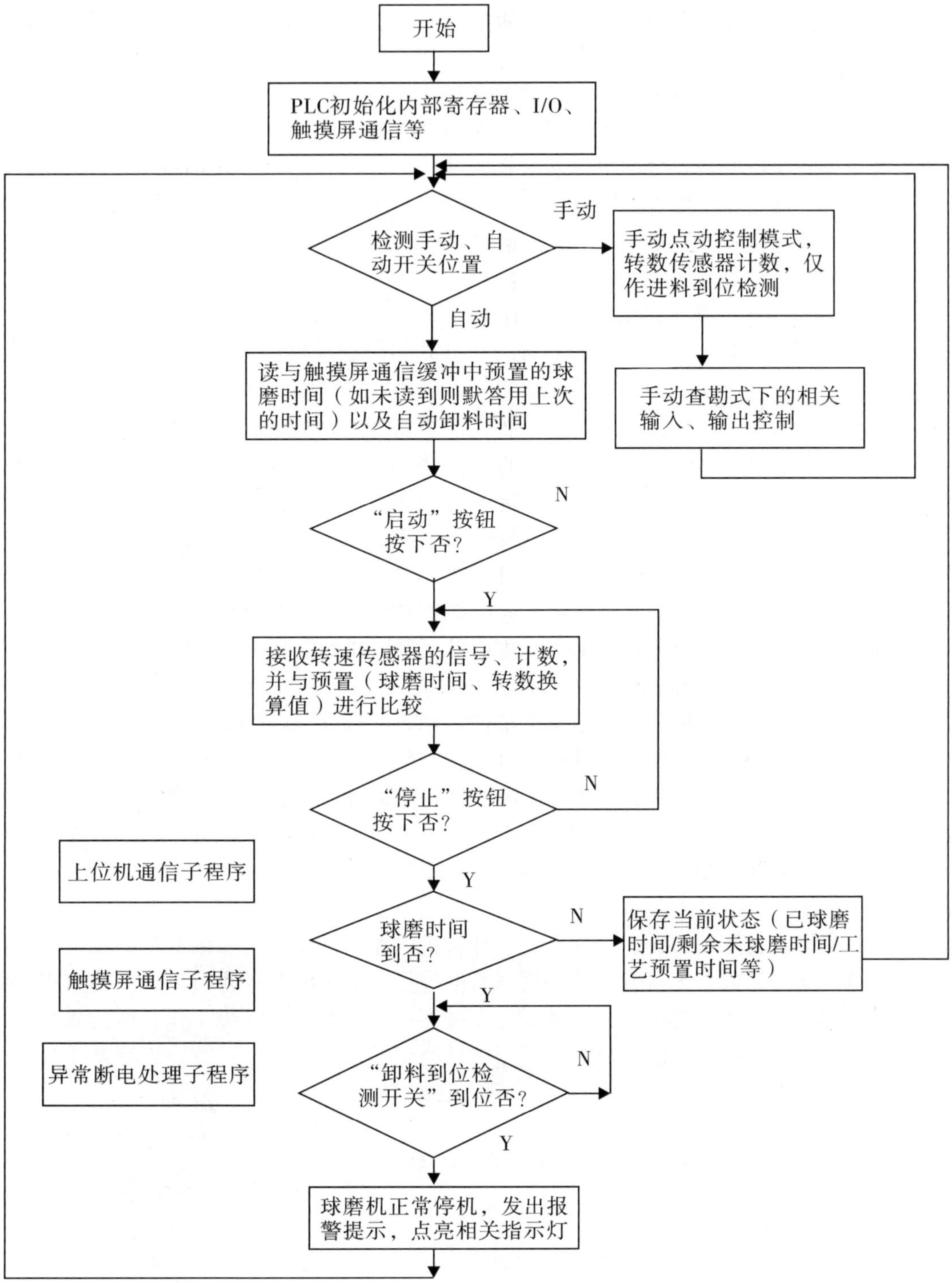

图 11－5　球磨时间控制流程

（3）立磨破碎装备中的排料结构有以下特点：为了满足陶瓷墙地砖生产的产能要求，排料结构首先必须保证原料在破碎过程中的成品率，确保整套装备达到最高的成品率；同时必须解决排料量的问题，保证在机械高速运转状态下，每小时的排料量达到70t以上。选用自然落料的排料方式，保证了排料量结构设计的合理性。

（4）立磨破碎装备中，原材料定量供给控制系统有以下特点：为保证立磨破碎装备的高效、有序而稳定的运转，必须维持立磨机的进料和出料平衡，使得立磨机内研磨物料的总体容量维持在某个设定值不变，也就是在单位时间内，必须消除进出料称量结构的累积误差，因此需要研发一套控制系统来实现立磨破碎装备中原材料的定量供给，以维持装备的进出料平衡。

3. 神工快磨系统克服的工艺难点

（1）对于砂石料，采用立磨机进行破碎，使物料研磨成粉片状，细度非常微小。部分细小的颗粒以片条状存在，因在研磨过程中受到挤压，这些颗粒内部产生了裂纹，进入球磨机后也更加容易研磨。

（2）对于泥料，因泥里面含有砂石、铁渣、木屑等各类杂质，如果直接将其送入球磨机研磨，会对陶瓷原料的加工产生很大的影响。例如，含砂石量太大会影响球磨时间，铁渣等金属元素会影响原料烧结的白度而使陶瓷墙地砖产品达不到最终的生产要求。该系统首先对其进行化浆除砂处理，然后再送入球磨机。砂石料和泥料经过以上处理后，再分别被送入球磨机进行研磨，使物料直接进入球磨机的研磨阶段，避开了球磨机在初研磨阶段的重负荷，极大地缩短了物料的球磨时长和降低了球磨机的能耗。

（3）在研磨工艺流程中，由于进入球磨机的物料结构变化，传统球磨工艺下球磨机内的球石配比已经不适用，因此需要对球磨机内的球石配比参数进行优化，使得球磨机的研磨能效达到最优，保障整套陶瓷墙地砖生产装备的生产效率和产能。

因进入球磨机的原矿颗粒粒径大小不一，在传统的球磨工艺中，球磨机内的球石配比非常复杂、球石消耗大。如果将原矿破碎至某种单一粒径的颗粒，就可以更加方便地选择球石配比。通过反复多次的球石配比试验，可得出如下论证：如果整体上减小球石的平均球径，也就相当于大大地增加了球石的数量，进而减小了球石与球石的相对空间，增加了球石与物料碰撞、挤压的机会，更加有利于球磨机内原矿的研磨。传统的球磨工艺中，由于进料粒度不均匀，因此无法合理地选配球石的球径，如果研磨的物料过大，则有很大的可能不会被球磨机粉碎、排出，而是继续留在球磨机内。随着球磨机工作时间的累积，留在球磨机内的大块物料也不断增加，严重影响球磨机的正常进料，对球磨过程产生延长球磨时间、增加球磨机负载等不利影响。

表11－1　传统球磨机球石配比情况

球石粒径规格（mm）	30	40	50	60
所占比例	20%	30%	30%	20%

运用快磨系统的立磨可将原矿破碎至单一粒径的颗粒，再在整体上减小球石的平均球径，也就相当于大大地增加了球石的数量，进而减小了球石与球石的相对空间，增加了球

石与物料碰撞、挤压的机会，更加有利于球磨机内原矿的研磨。

二、系统设备配置

高效节能的陶瓷原料专用立磨破碎装备主要由喂料机、立磨设备、筛选设备、称重机构、球磨设备和输送带等部分构成。

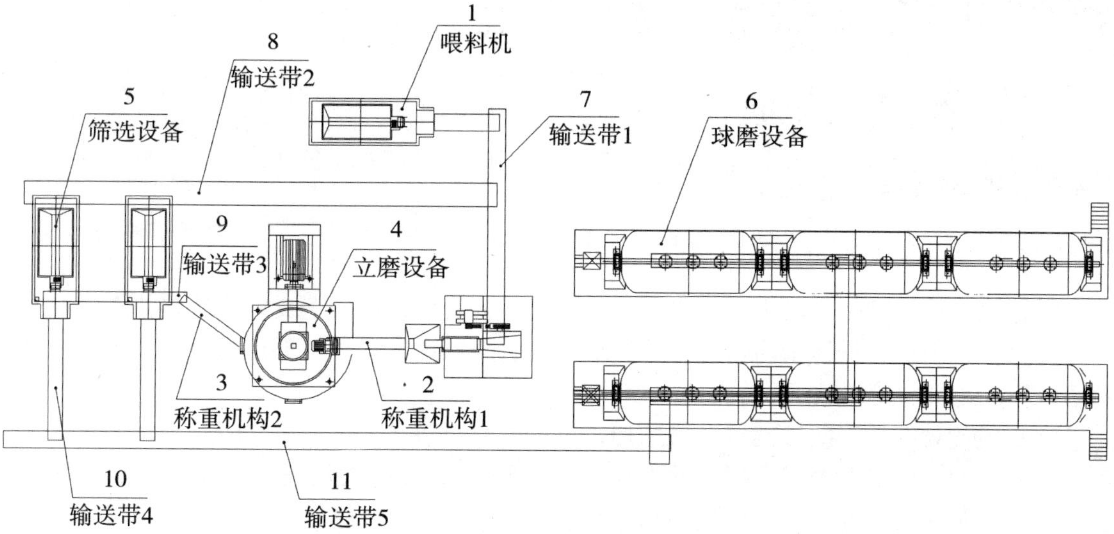

图 11－6　陶瓷原料专用立磨破碎装备总体架构示意图

流程说明：原料经过 1，由 7 输送到 2，由 2 输送到 4 进行破碎，破碎后由 3 输送到 9，再由 9 输送到 5 进行筛选，筛选后 <20 目的原料由 10 输送到 11 再到 6；筛选后 >20 目的原料由 8 输送回 7，重新进入 4 进行破碎。

1. 立磨设备

立磨设备是高效节能的陶瓷原料专用立磨破碎装备中最为关键的设备，其在整体结构、零部件材料选型、各部件结构受力、耐压耐冲击能力、整体设备的震动受力等方面的优势，充分证明了本设备设计的合理性。

立磨设备主要由基础部、架体、磨辊组、磨盘、排料装置、慢传装置、液压系统、电气系统等部分构成。与普通的立磨设备结构相比，本设备去除了热风炉、粉料分离器以及上部风机抽取装置，陶瓷原料经破碎后无须烘干，可直接经排料装置排出。

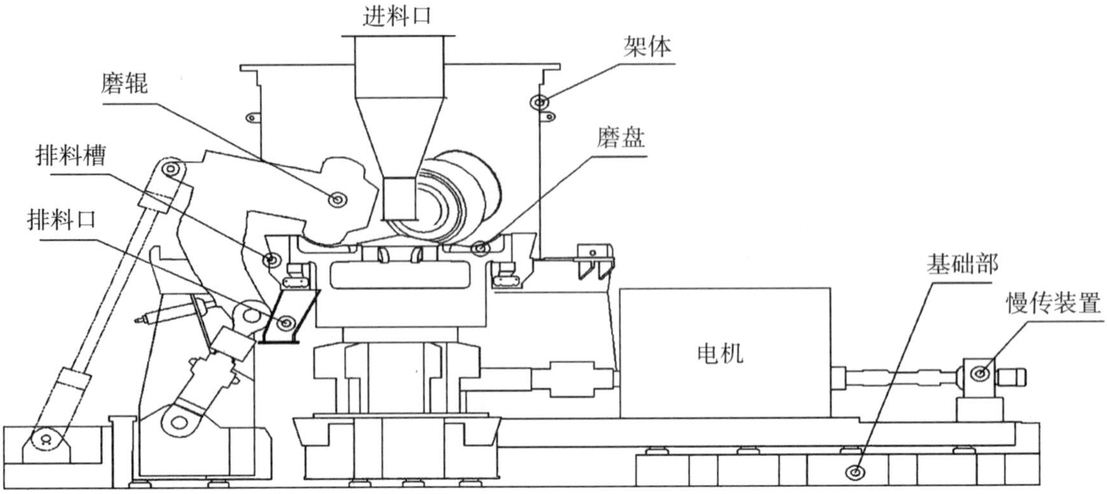

图 11－7　立磨设备结构示意图

（1）主电机选型：采用重型、水冷、高压电机，确保设备处于良好的运转状态。

（2）主减速机：设计了冷却系统、润滑系统、高温报警系统、低压力报警系统，更全面地保障减速机的正常运行。

（3）主传动结构：配备辅传电机结构，更加方便设备在调试或维修时的微动调节。

（4）磨辊、磨盘：磨辊采用从动设计，由磨盘带动。该立磨设备包含三套磨辊，每套磨辊配置独立的工作油缸，以确保磨辊的工作压力不会过大；每个工作油缸配置了两套蓄能器装备，以保证油缸工作时的压力平衡；因磨辊耐磨层材料为易损部位，则配置检修油缸，保证了检修或更换磨辊时，可以快速翻转和拆卸；工作油缸还配置液压站，独立控制每套油缸，保证在工作状态下不会相互影响。磨盘配置独立的润滑系统，保证磨辊工作时处于良好的润滑状态。

（5）称重机构：在立磨机的进料和出料环节增设称重机构，同时采用 PLC 控制系统对设备的机械运作进行控制，确保了原料的进出重量保持平衡。称重机构主要由输送带、称重仪两部分构成。

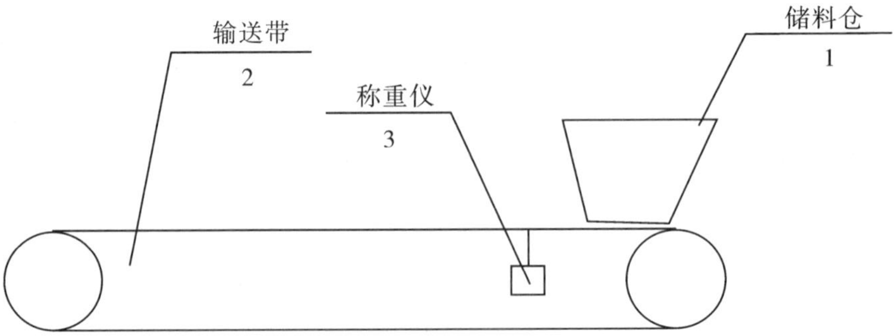

图 11－8　称重机构结构示意图

2. 筛选设备

该系统采用传统的筛分设备——滚筒筛机来实现物料的筛选。滚筒筛机由八角形滚筒、机架、漏斗、减速机、电动机五部分组成。

破碎的石料进入滚筒后，靠滚筒旋转的离心力及跳汰作用来筛分物料，再通过不同网目的筛网分类筛出；不同规格的石料被筛出后经漏斗落入输送带送至成品料场。滚筒筛机的结构简单可靠，运行平稳，具有密封好、无污染、噪声小、换网快捷、分级细、分选比例大、产量高、分选准确、故障率低、维修方便等优点，特别适用于砂石料的分级使用。

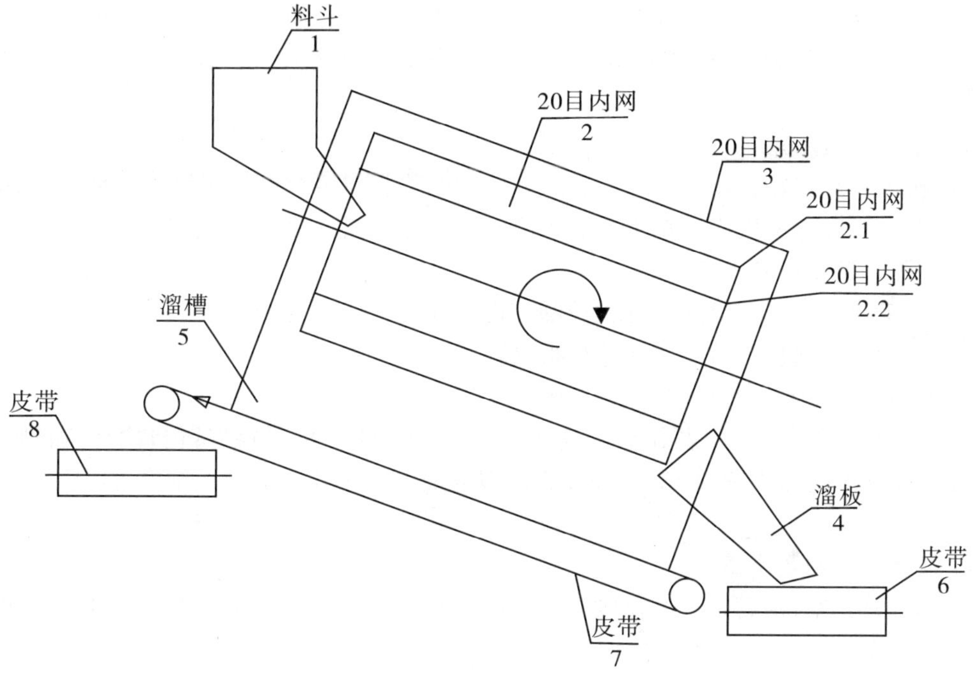

图 11－9　筛选设备结构示意图

三、快磨系统中立磨机的工作原理及优点

立磨机是一种理想的大型粉磨设备，其工作原理是：电动机通过减速机带动磨盘转动，物料从下料口落到磨盘中央，在离心力的作用下向磨盘边缘移动并受到磨辊的碾压。粉碎后的物料从磨盘边缘溢出，同时被来自风环（喷嘴环）高速向上的热气流带至与立磨机一体的高效选粉机内。粗粉经分离器分选后返回到磨盘上，重新粉磨；细粉则随气流出磨，在系统的收尘装置中被收集，即为产品。没有被热气流带起的粗颗粒物料和意外进入的金属件从风环处沉落，由刮料板刮出后，经外循环的斗提机喂入磨内再次粉磨。

立磨机集破碎、干燥、粉磨、分级输送于一体，生产效率高，可将块状、颗粒状及粉状原料磨成所要求的粉状物料。立磨机具有工艺流程简单、生产效率高、节能环保、操作简单等优势。

1. 生产投资费用大幅降低

立磨系统工艺流程简单，布局紧凑，建筑面积小，占地面积约为球磨机系统的70%，建筑空间约为球磨系统的60%，且可露天布置，直接降低了企业投资费用。且立磨机本身有分离器，不需要另加选粉机和提升设备。出磨含尘气体可直接由布袋式收尘器或电收尘器收集。

2. 生产效率高，节能环保

立磨机根据料层粉磨原理粉磨物料，粉磨系统的电耗比球磨机低20%～30%，而且随着原料水分的增加，节电效果更加明显。此外，立磨系统的能耗和球磨系统相比节约30%～40%。立磨机在工作中没有球磨机中钢球相互碰撞、撞击衬板的金属撞击声，因此噪声小，比球磨机低20～25dB。另外，立磨机采用全封闭系统，在负压下工作无扬尘，环境清洁。

3. 物料烘干能力强

立磨机采用热风输送物料，在粉磨水分较大的物料时可控制进风温度，使产品达到要求的最终水分。在立磨机内可烘干粉磨入磨水分高达15%～20%的物料。

4. 操作简便，维修方便

配备自动控制系统，可实现远程控制，操作简便；通过检修油缸，翻转动臂，可方便快捷地更换辊套、衬板，减少企业停机损失。

5. 产品质量稳定，易检测

产品的化学成分稳定，颗粒级配均齐，有利于煅烧。物料在立磨机内停留的时间仅2～3min，而在球磨机内则要15～20min，所以立磨产品的化学成分及细度可以很快被测定和校正。

6. 磨损小，利用率高

由于立磨机运行中磨辊和磨盘没有金属间的直接接触，磨损小，单位产品金属消耗量一般为5～10g/t。

四、快磨系统经济效益分析

1. 项目实施条件

（1）适配陶瓷中间粉料产能1 400t/天的原料车间。

（2）40t球磨机普通料球磨单位电耗41kWh/t，单位耗材12元/t，每次球磨用13小时。

（3）40t球磨机用40目以下物料入球球磨，每次球磨用6.5小时。

（4）立磨机的投资成本1 000万元/套，单位能耗6.5kWh/t，单位耗材2.16元/t。

（5）每年生产时间按300天计算，平均电费按每度0.72元计算。

（6）新工艺所需原料矿石直径可以增加到50mm以下，而传统工艺所需原料矿石直径为10mm以下，前者市场价平均比后者低3元/t。

2. 项目投资效益分析

（1）球磨设备投入节约300万元。

传统工艺下，陶瓷中间粉料产能1 400t/天的原料车间，需装配40t球磨机23台，每台采购价约 30 万元，而增加本砂石用立磨破碎设备和新工艺后，同样产能的车间，只需装配 13 台 40t 球磨机，节约球磨设备投入 300 万元。

（2）陶瓷原料矿石采购成本节约 126 万元/年。

新工艺所需原料矿石直径可以增加到 50mm 以下，而传统工艺所需原料矿石直径为 10mm 以下，前者市场价平均比后者低 3 元/t。该车间全年陶瓷原料矿石采购成本节约：3 元/t ×1 400t ×300 天 =126 万元/年。

（3）球磨耗材成本节约 161.28 万元/年。

传统工艺下成品单位球磨耗材费用约为 12 元/t；新工艺下成品单位立磨环节耗材费用为 2.16 元/t，球磨环节耗材费用为 6 元/t。该车间全年球磨耗材成本节约：（12 元/t－2.16 元/t－6 元/t）×1 400t ×300 天 =161.28 万元/年。

（4）电能消耗成本节约 423 万元/年。

表 11－2　新工艺下电能消耗分析

研磨工艺项目	传统球磨 40t	增加立磨设备，采用新工艺后	
		立磨砂石至 40 目以下	40 目以下材料入球
入球方式	常规砂石入球 <10mm	入磨物料尺寸 <50mm	入磨物料尺寸 <40 目
球磨需时	13h		6.5h
成品单位电耗	41kWh/t	6.5kWh/t	20.5kWh/t
成品单位能耗成本	41 ×0.72 =29.52 元	6.5 ×0.72 =4.68 元	20.5 ×0.72 =14.76 元
每天用电量	57 400kWh	9 100kWh	28 700kWh
每年用电量	1 722 万 kWh	273 万 kWh	861 万 kWh
每年电费	1 240 万元	197 万元	620 万元
每年节约电费	423 万元		

五、快磨系统技术创新

针对陶瓷墙地砖生产行业原材料加工环节中球磨工艺落后、球磨时间长、能耗物耗大的现状，神工快磨系统研发出高效节能的陶瓷原料研磨新工艺及陶瓷原料专用立磨破碎装备。

1. 建立陶瓷原料立磨新工艺，实现高效节能

针对当前正在全面使用的陶瓷原料传统加工工艺（单一的球磨工艺），神工快磨系统进行工艺创新，提出一种创新的研磨工艺，将陶瓷原料中的砂石料和泥料分别进行粗破碎和化浆除砂处理后，再分别送入球磨机进行研磨，使物料直接进入球磨机的研磨阶段，避开了球磨机在初研磨阶段的重负荷，极大地缩短了物料的球磨时长和降低了球磨机的能耗。在国内现有的陶瓷生产加工工艺中，未发现与本系统类似的研磨工艺流程。

2. 新型陶瓷原料专用立磨破碎装备

本系统对于能耗最大的球磨环节进行创新，在普通的立磨装备构造基础上、热风炉、粉料分离器、上部风机抽取装置，增加排料槽机构、滚筛机构、上部进料机构，原料经破

碎后，无须烘干，直接经排料槽排出。

3. 新型陶瓷原料专用立磨破碎装备的磨辊、磨盘部件耐磨层新材料

因陶瓷原料的含铁量对陶瓷墙地砖产品的质量有非常重要的影响，如果采用常规耐磨层材料作为立磨破碎装备磨辊、磨盘部件的耐磨层，经球磨机研磨后所排出的原料无法达到陶瓷墙地砖生产的要求。为保障陶瓷墙地砖产品的质量，本系统对立磨破碎装备的磨辊、磨盘部件耐磨层材料进行改良，采用一种适合陶瓷墙地砖生产工艺要求的新型耐磨层合金材料，可确保陶瓷墙地砖制作工艺的熔接、耐磨、耐压性能符合要求，实现极低含铁量。

第二节　珠峰电气原料车间节能电气控制系统

一、球磨机节电器

1. 技术参数

功率范围：45 ~ 400kW

节电效率：10% ~ 40%

2. 节电原理

湿法球磨机（陶企）根据滚筒直径及工艺要求和生产量来选型和配置，包含电机（原动力）减速器、液力耦合器、辅助电机、刹车线圈、皮带、皮带轮、滚筒等。原有的控制为以一个恒定的速度运行，只有依靠经验和通过试验来决定做什么产品需要多少时间，即球磨时，因同时启动力矩很大，难以启动。经过大量的试验及数据总结，现针对球磨机开发出 ACI 球磨机节电器以及各种功率段的系列产品，如 DLT – QM 和 QM11 系列。

3. 节电措施

（1）节电器采用软启动功能，可大幅降低启动电流。

（2）节电器的功率因数可达到 99% 以上，原电机的功率因数为 80% 以下。

（3）因为不同产品所需要的速度不同，又因功率与速度的平方成正比，本系统设定好不同时段、不同产品所需的速度，交由客户自由选择（通过微电脑处理器来实现）。

（4）本系统有自动实时跟踪电机的最佳运行电流，从而调整所对应的输出电压和电流，达到最佳的经济运行点。

通过以上四点，综合节电效率平均可达 15% 左右，效果非常显著。它不同于一般的变频器、软启动器、功率因数补偿器，而是三者的有机结合，是克服启动困难等因素后的完美组合，是现代陶企首选的节能产品。

4. 主要功能及特点

（1）三防：防静电，防浪涌，防雷电。

（2）ACI 球磨机节电器具有独特的动态节电功能，节电效率达到 10% ~ 35%。

（3）防水，防尘，防腐。安装 ACI 球磨机节电器后，球磨机启动变为真正软启动，

球磨机所受到的启动冲击力大大减小，球磨机的皮带和齿轮的寿命将大大延长。

（4）尤其适合在发电机和电压较低场合下的球磨机使用。使用本设备后，由于球磨机的启动冲击电流和工作电流均减小，故不会造成电网波动和电网电压降低，消除了由此引起的其他用电设备跳闸和欠压故障的现象。

（5）ACI 球磨机节电器具有完善的针对过载、过流、短路和接地等的保护功能。

（6）可以方便地设定球磨时间和自动停机时间，还可以方便地选择加磨时间。

（7）低投资高回报。所有投资有望在 5 ~ 12 个月内通过节省的电费收回。

（8）ACI 球磨机节电器是在变频的基础上，经过特殊改良及软件提升，专业针对球磨机而开发生产的，不同于一般通用变频器。陶企在安装好 ACI 球磨机节电器后，能将启动电流控制在额定电流以下，因此该设备启动性能非常优异，可大大减少球磨机台数和其余增加设备。变压器无须增容，节省了大量费用。另外，能有效延长球磨机皮带、轴承、减速机齿轮寿命，节减运行成本。

图 11 - 10　ACI 球磨机节电器

二、柱塞泵节电器

1. 技术参数

功率范围：5.5 ~ 75kW

节电效率：30% ~ 70%

2. 工作原理

在实际生产过程中，柱塞泵在正常运行的情况下，是以压力或流量来调节工作状态的。当实际压力大于需要压力时，柱塞泵会通过溢流阀来调节，使其工作压力保持稳定，让溢流阀释放超出部分，而电机一直全速运行反复动作，功耗不变。

当采用溢流阀来调节压力和流量时，有部分的余量会溢流回原系统，从而造成柱塞泵存在无用功率，工作效率低。若使用 ACI 柱塞泵节电器，溢流阀可封闭，通过节电器本身自动调整工作压力，保持工作稳定，自动追踪设备的压力，实现自动化控制，从而节省能耗。这种调节方式的最大优点是降低柱塞泵的运行能耗，节电效率达到 30% 以上。已装配 ACI 柱塞泵节电器的知名陶企有恩平百强陶瓷、高要将军陶瓷、东莞唯美陶瓷、福建安泰建材、福建恒达陶瓷等。

3. 主要功能及特点

（1）节电效率达 30% ~70%。

（2）电机软启动，减少对机械的冲击。

（3）无高压节流能量损失。

（4）具有针对欠压、过压、过载、短路等的自动保护功能。

（5）替代原来系统，降低采购设备成本（新设备购买）。

（6）减少机械的维修成本。

（7）操作简单，可实现远程控制。

表 11-3　ACI 柱塞泵节电器运行工况检测表

客户名称			部门				电话		
地址			联系人				手机		
检测人			检测时间						
序号	设备名称	电机功率	安装前			安装后			节电率
			电压	电流	每小时用电度	电压	电流	每小时用电度	
			V1	I1	P1	V2	I2	P2	
1	柱塞泵	22kW	380V	27.5A	15.9 度	380V	14.6A	7.8 度	50%
2	柱塞泵	22kW	380V	28.3A	16.2 度	380V	17.9A	9.1 度	43%
3	柱塞泵	22kW	380V	27.9A	16 度	380V	16.6A	8.7 度	45%
4	柱塞泵	22kW	380V	27.6A	16.1 度	380V	15.8A	8.3 度	48%
备注：现对 4 台 22kW 柱塞泵进行节能改造。未装节电器的平均每小时用电为 16 度；安装节电器的平均每小时用电为 8.47 度。安装节电器后平均每小时节电 7.53 度，节电效率为 47%。									
检测人员签字： 年　月　日					检测工程师签字： 年　月　日				

三、搅拌机节电器

1. 技术参数

功率范围：0.75 ~132kW

节电效率：20% ~70%

2. 性能优势

手动/自动变频；防止泥浆沉淀；节能省电，性价比极高；降低搅拌机的运行能耗，减少搅拌机的叶片与机械传动损耗。

3. 工作原理

当原料进入泥池后，为防止沉淀，需用搅拌机不停地搅拌，此过程大都采用机械方式调整或时间控制。ACI 搅拌机节电器根据搅拌机配置及运行转矩大的特点，在运行稳定后采用低速，既可防止泥浆的沉淀，又达到节电目的。也就是说，通过控制器调整电机转速，用以改变普通电机的输出功率，使其随着负载的变化而变化，节电效果明显，还可以提高功率。这种调节方式的最大优点是能够降低搅拌机的运行能耗，减少搅拌机的叶片与机械传动损耗，节电效率可达20%以上。高要将军陶瓷、东莞唯美陶瓷、福建腾达安泰陶瓷、福建恒达陶瓷等知名陶企均成功应用该设备，并达到很好的节电效果和工况效果。

图 11－11　ACI 搅拌机节电器

四、喷雾干燥塔风机节电器

1. 技术参数

功率范围：11～560kW

节电效率：15%～65%

2. 控制原理

在陶瓷墙地砖生产中，由于采用全自动压砖机，因此对坯体成型粉料的含水量、颗粒度、容重等性能有一定的要求。喷雾干燥就是用喷枪在塔内将陶瓷泥浆喷洒成雾滴状，与热风炉产生的热风相接触时，由于雾滴细，具有巨大的蒸发面积，几乎在瞬间就完成干燥，得到合乎要求的颗粒状粉料，积聚在塔底由卸料阀卸出。而喷雾干燥塔上的风机，在使用过程中能耗很大，以前的流量调节方式通过手工控制风门的开度档位来调节排烟流量，效率比较低下。

ACI 风机节电器通过控制器调整电机转速（代替原风门挡板）来调节风量，使其随着负载的变化而变化，因此电机的功率也不断变化，节电效果十分明显（节电效率可达25%以上），还可以提高功率。闭环控制的引入也进一步降低了工人的劳动强度，简化了工艺，改善了劳动条件，提高了生产率，实现了生产过程的连续化、机械自动化。

3. 性能优势

节能省电，性价比极高；简化了工艺，提高了生产效率；降低喷雾塔的运行能耗，减少维护成本。

图 11－12　ACI 喷雾干燥塔风机节电器

五、空压机变频节电器（DLT－KY11）

1. 技术参数

功率范围：7.5～400kW

节电效率：15%～65%

2. 节能改造的优点

（1）节约电能：与传统控制的压缩机相比，利用变频器控制压缩机在节约电能方面具有最实际的意义，可根据车间用气量的不同来随时改变空压机的供气量，这是最经济的运行工况，能节约电能20%以上。

（2）降低运行成本：传统压缩机的运行成本由初始采购成本、维护成本和能源成本三部分组成，其中能源成本约占77%。通过变频改造后，不仅能有效降低能源成本，而且变频启动对设备冲击减少，可以实现恒压供气，出气管（储蓄罐）压力波动为0.02MPa。此外，改造后的自动恒压定时轮换功能，提高了系统的自动化程度，能减少设备的维护成本。

（3）提高控制精度。

（4）延长空压机的使用寿命。

3. ACI 空压机变频节电器节电说明

（1）省电（以 37kW 为例）。

①用不完省电。生产上不管用气多少，普通螺旋杆机会从上班到下班一直处于卸载空运行。虽然是卸载空运行，机组仍在消耗45%的空载损耗。一般情况下，平均卸载时间约占总运行时间的 30%，一台 37kW 的普通空压机会因此浪费 28 000 元/年的电费；而变频空压机不存在卸载，因此也不存在空载浪费。

用不完浪费计算法：

30% 卸载时间 ×（卸载时间的损耗 37kW ×45% 空载电流） ×8 000 小时/年 ×0. 7 元/度 =28 000 元/年（一般情况下，空压机的实际用气量会小于机组的额定气量，有的是因为购买时考虑要有余量，有的是因为局部时间只用了一部分气，有的是因为生产上有淡旺季等，这样多供少用的情况属于“用不完”）。

②低压力省电。“高压低用”也很浪费，就像“用不完”一样，普通螺旋杆机始终 6 ~8kg 频繁进行加卸载工作，实际也就用了 6kg，那么多出来的 2kg 频繁加载就浪费了 20 300 元/年。如果是变频空压机，它始终保持 6kg 不变的供气，那么也就不存在这 2kg 的爬升损耗了。

爬升浪费计算法：

70% 加载时间 ×（加载时因 2kg 的爬升损耗 37kW ×14%） ×8 000 小时/年 ×0. 7 元/度 =20 300 元/年。

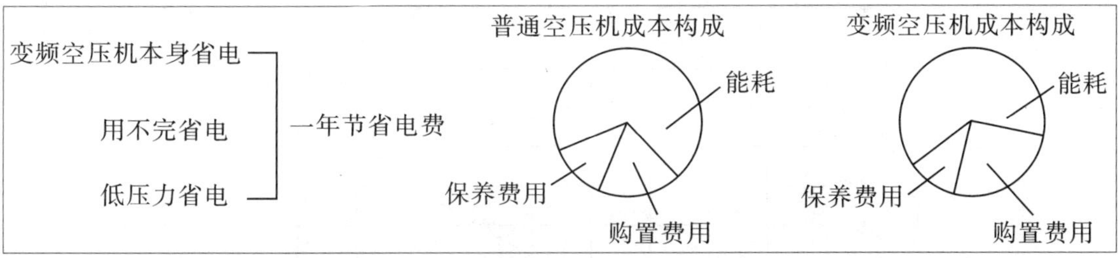

图 11 -13　空压机采用变频技术节电说明图

（2）供气压力恒定。普通空压机无论是活塞机还是螺旋机，都会存在 2kg 左右的压力差，浪费不说，大多数用户也会因此减低生产效率，严重的会降低产品质量。

（3）噪声低。变频空压机运行平稳、缓速，既无普通螺旋杆机的频繁加卸声，又不像活塞机有突然的启动声，而且避免了普通螺旋杆机长期高速运转的高负载声。

（4）寿命长、耗费低。长期全速或高速运转对任何设备都是不利的，空压机亦是如此。以前有客户采用“一用一备”的方法，一是为了备用，二是为了可以相互切换轮流使用，避免单台机组长期高速运行对机组不利。而变频空压机缓速而平稳的运转，减少了机组的磨损，既延长使用寿命，又延长维护周期，自然节省费用。

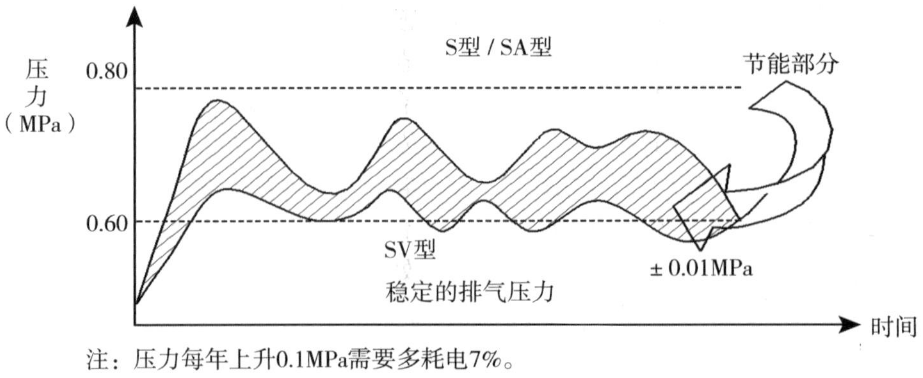

图 11－14　采用变频技术与非变频技术的压力控制对比图

（5）对自发电用户有极大帮助。用普通空压机自发电时，空压机的启动电流是相当大的（是普通螺旋杆机的 3 倍、活塞机的 7 倍），空压机频繁启动或加卸载时会使发电机冒黑烟甚至噎死，并且影响其他设备的正常工作，这是非常普遍的现象。而改为变频空压机后，能几乎以零负荷状态启动和长期缓速平稳运行。

（6）真正的便宜。一年省下的电费已相当于变频空压机的投资费用，这才是真正的便宜。一年运行 8 000 小时，平均负载 70%，直接省电结果为：

表 11－4　年均省电结果

功率	11kW	15kW	22kW	30kW	37kW	55kW	75kW	110kW
省电量（元/年）	14 300	19 600	28 600	39 100	48 300	71 700	97 800	143 500

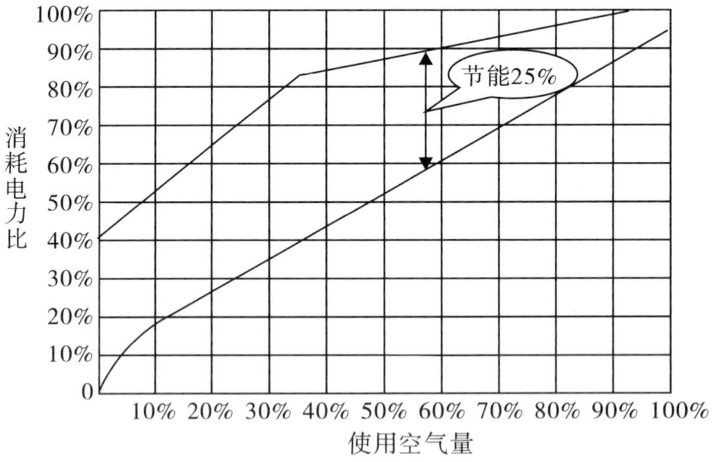

图 11－15　采用变频技术与非变频技术的节电效果对比图

4. 节能改造的必要性

控制原理：系统由空压变频成套控制柜、控制器、传感器和低压电气组成，控制器为系统核心，根据压力传感器 AS 将空压机输出压力转换成电信号输入控制器，再由控制器运行并控制空压变频成套控制柜运行频率。若传感器反馈压力低于设定值，则控制空压变频成套控制柜加速，使输出管网压力上升至设定值为止；若空压变频成套控制柜加速至速度上限而压力仍未达到设定值，则自动启动第二台空压机，以此类推，依次启动第三台、第四台空压机，直至压力上升至设定值为止。若传感器反馈压力高于设定值，则控制空压变频成套控制柜减速，使输出管网压力下降至设定值为止。若空压变频成套控制柜减速至速度下限而压力仍高于设定值，则自动停止第二台空压机，以此类推，依次停止第三台、第四台空压机，直至压力下降至设定值为止。当处于用气低峰时，只有一台空压机运行，处于休眠状态，当压力低于一定值时则自动唤醒。这样能保证供气系统处于恒压状态，提高空压机供气质量。

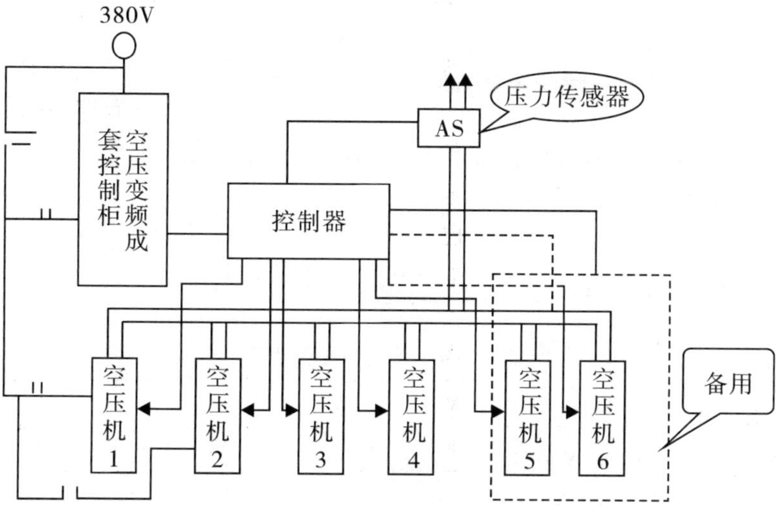

注：── 代表电路；═══ 代表管网线；---- 代表控制线。

图 11－16　空压机节能改造原理

六、风机水泵变频器（DLT－P11）

1. 技术参数

功率范围：0.75～400kW

节电效率：70%～254%

图 11－17　风机水泵变频器

2. 产品特点

软启软停：延长设备寿命，降低设备维护成本。

提高功率（>0.95%）：减少无功损耗。

节能降耗：提高单位产出比，一年内收回投资。

工艺要求：变频调速取代其他调速，已成各行业首选。

一体化设计：设备可靠、功能齐全和自动化程度高。

3. 应用领域

该设备应用领域广泛，如冶金、风机、电力、水泥、市政、制药、化工、采油采矿、陶瓷、纺织染整。

4. 节能原理

由流体力学可知：

Q（流量）$\propto N$，与转速 N 的 1 次方成正比

H（管压）$\propto N^2$，与转速 N 的平方成正比

P（功耗）$\propto Q$（流量）$\times H$（管压）$\propto N^3$，与转速 N 的立方成正比

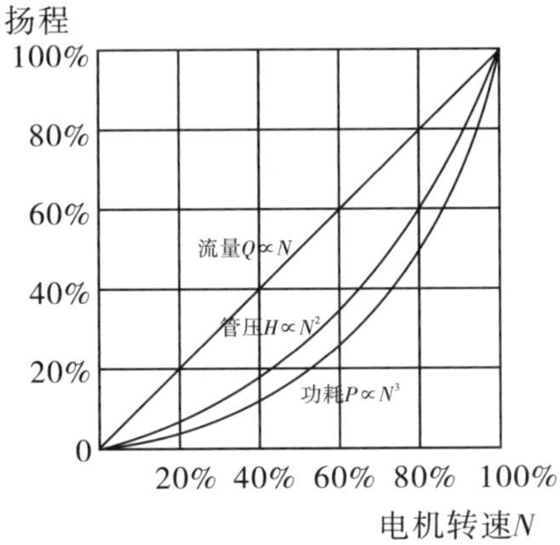

图 11－18　节能原理

如果水泵的效率一定，当要求调低流量时，转速 N 可成比例地下降，而此时轴输出功

耗 P 成立方关系下降。

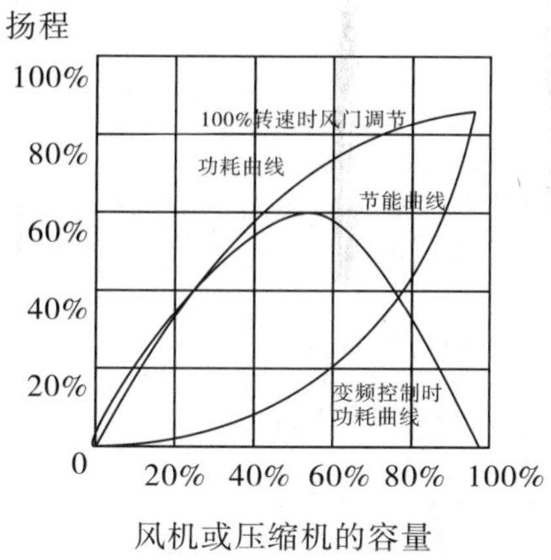

图 11－19 节能效果

风机、水泵、压缩机采用变频调速技术，最高节能效率达 60%，节电效果显著。

5. 节能计算示例

电动机效率：96.5%

DLT 系列变频器效率：>96%

风机额定功率：400kW

风机特性：风量 $Q=0$ 时，风压 $H=1.4\text{Pa}$

年运行时间：8 760 小时

风机运行情况：$Q=100\%$ 的年运行时间为 25%

$Q=70\%$ 的年运行时间为 50%

$Q=50\%$ 的年运行时间为 25%

对应风量 Q：Q100＝100%，Q70＝70%，Q50＝50%

电费单价＝0.51 元/kW

挡风控制时：

对应功耗：P100＝1 000/0.965＝1 036kW

P70＝876kW

P50＝674kW

平均功耗：$P=1\,036\times0.25+876\times0.5+674\times0.25\approx866\text{kW}$

电费＝866kW×8 760×0.51≈387（万元）

变频控制时：

对应功耗值：P100＝1 000/0.965＝1 036kW

P70＝370kW

P50＝135kW

平均功耗：$P=1\,036\times0.25+370\times0.5+135\times0.25\approx478\text{kW}$

电费 = 478kW × 8 760 × 0.51 ≈ 214（万元）

年节电量 = 387 − 214 = 173（万元）

七、恒压供水节电器

该设备的优点包括以下方面：

(1) 节能效果明显，可达 25% 以上。

(2) 降低维修费用。

(3) 提高供水品质。

(4) 实现无人值班，减轻工人劳动强度。

(5) 延长泵和阀门的使用寿命。

(6) 可消除启动和停机时的水锤效应。

(7) 无塔供水，无贮压供水。

(8) 自动化程度高，操作简单，维护方便。